彩图 1　部分国产大理石的品种

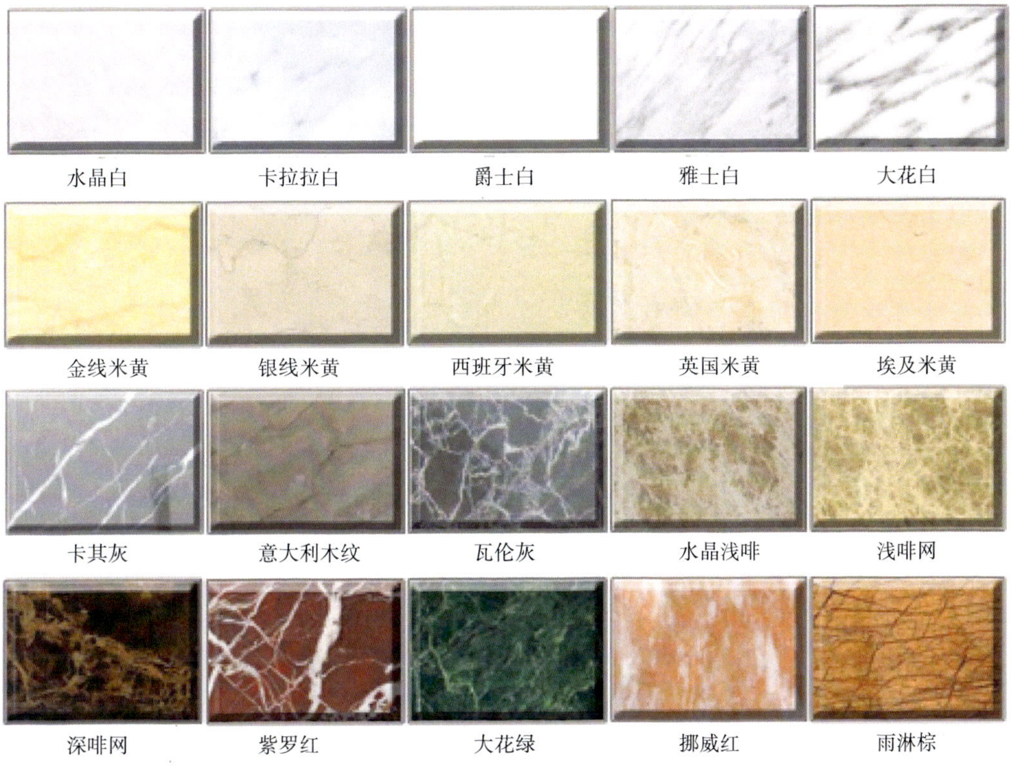

彩图 2　部分进口大理石的品种

彩图3　部分国产的花岗石品种

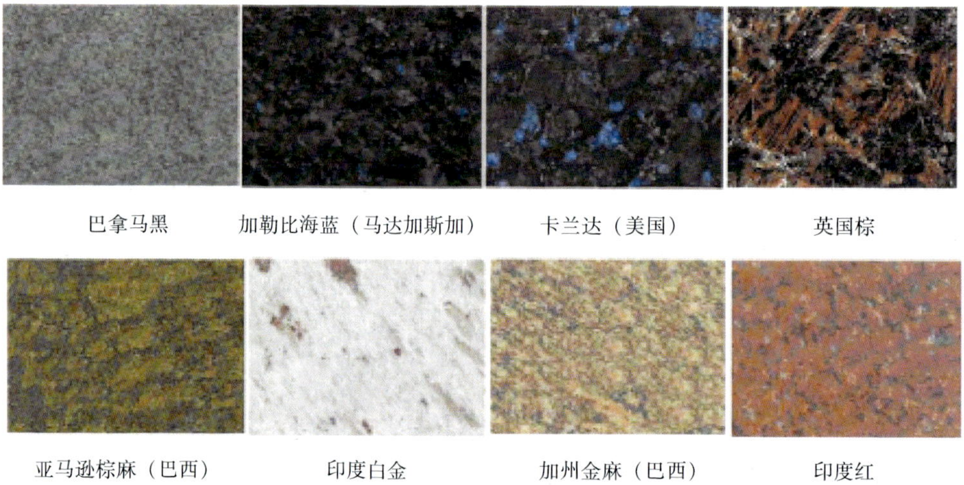

彩图4　部分进口的花岗石品种

彩图 5　青石的使用效果

彩图 6　天然洞石应用实例

彩图 7　国家大剧院的外立面钛锌板和玻璃幕墙的结合

彩图 8　镭射玻璃

彩图 9　艺术夹层玻璃

彩图 10　热熔壁饰玻璃

彩图 11　彩晶玻璃

彩图 12　彩钻玻璃

彩图 13　彩釉玻璃

彩图 14　艺术彩绘玻璃

彩图 15　幻彩胶片（一）

彩图 16　幻彩胶片（二）

彩图 17　幻彩胶片（三）

彩图 18　幻彩胶片（四）

彩图 19　艺术人造石桌面

彩图 20　七彩透光石

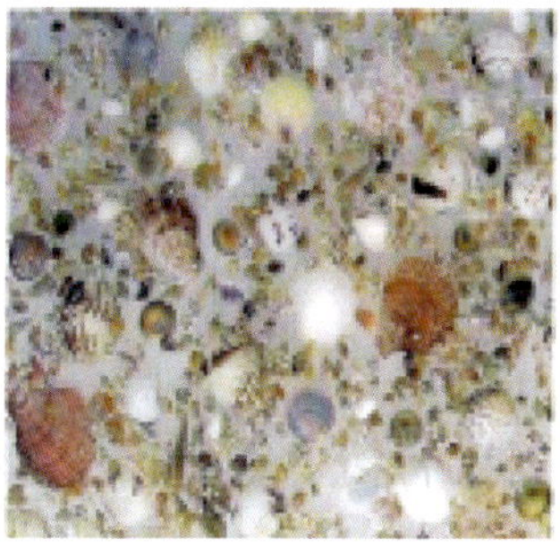

彩图 21　彩贝透光石

彩图 22　海螺透光石

彩图 23　生态艺术透光石（一）

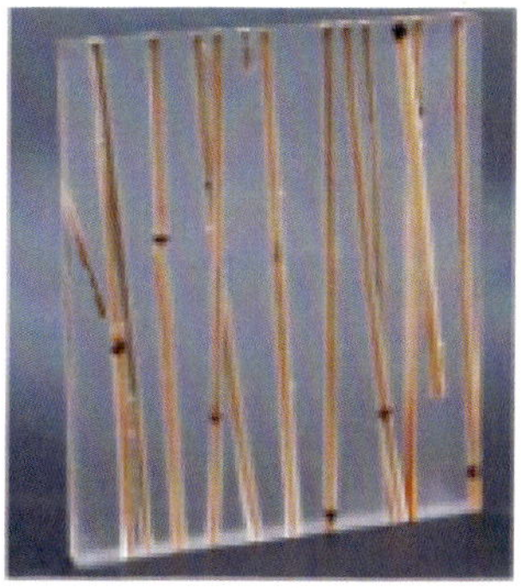

彩图 24　生态艺术透光石（二）

彩图 25　天然文化石

彩图 26　人造文化石

彩图 27　数码艺术马赛克（一）

彩图 28　数码艺术马赛克（二）

彩图 35　暗藏光源应用实例

彩图 36　冰雕玻璃

职业教育改革与创新系列教材

建筑装饰材料与构造

主　编　崔东方
副主编　李宏魁
参　编　高书霞　李　蓉　郑　欣
　　　　张庆新　李心力
主　审　焦　涛　童　霞

机械工业出版社

本书主要介绍了常用建筑装饰材料的分类、品种、规格、应用、检测标准，典型吊顶装饰材料与构造，典型墙（柱）面装饰材料与构造，典型地面装饰构造，常用装饰五金材料，常用水暖装饰材料，常用装饰灯具及其安装，新型建筑装饰材料及其应用等内容。

本书针对职业院校建筑装饰专业的特点，配有丰富的插图，力求简单实用、通俗易懂、突出技能培养。本书适合作为职业院校建筑装饰专业教材，也可作为建筑装饰行业岗位培训教材。

本书配有精美电子课件，选用本书的老师可通过登录 www.cmpedu.com 注册、下载，或联系编辑（010-88379934）索取。

图书在版编目（CIP）数据

建筑装饰材料与构造/崔东方主编．—北京：机械工业出版社，2015.10（2025.1 重印）

职业教育改革与创新系列教材

ISBN 978-7-111-50358-3

Ⅰ.①建… Ⅱ.①崔… Ⅲ.①建筑材料-装饰材料-职业教育-教材②建筑装饰-建筑构造-职业教育-教材 Ⅳ.①TU56②TU767

中国版本图书馆 CIP 数据核字（2015）第 112203 号

机械工业出版社（北京市百万庄大街 22 号　邮政编码 100037）

策划编辑：王莹莹　责任编辑：王莹莹　王海霞　李　超

责任校对：佟瑞鑫　封面设计：马精明

责任印制：单爱军

北京虎彩文化传播有限公司印刷

2025 年 1 月第 1 版第 8 次印刷

184mm×260mm · 11.5 印张 · 4 插页 · 285 千字

标准书号：ISBN 978-7-111-50358-3

定价：32.00 元

电话服务	网络服务
客服电话：010-88361066	机　工　官　网：www.cmpbook.com
010-88379833	机　工　官　博：weibo.com/cmp1952
010-68326294	金　　书　　网：www.golden-book.com
封底无防伪标均为盗版	机工教育服务网：www.cmpedu.com

前　言

本书针对职业院校建筑装饰专业的特点，力求简单实用，突出技能培养，以适应岗位需要。

本书包括8个单元。单元1为建筑装饰材料简介，单元2为典型吊顶装饰材料与构造，单元3为典型墙（柱）面装饰材料与构造，课题4为典型地面装饰构造，单元5为常用装饰五金材料，单元6为常用水暖装饰材料，单元7为常用装饰灯具及其安装，单元8为新型建筑装饰材料及其应用。

本书由河南省建筑工程学校崔东方担任主编。具体编写分工为：崔东方编写单元1的1.1~1.10、单元2、单元6；河南省建筑工程学校高书霞编写单元3的3.3~3.6；河南省建筑工程学校李蓉编写单元4；李宏魁编写单元5；河南建筑职业技术学院郑欣编写单元1的1.11~1.14；郑州市商业技师学院张庆新编写单元7、单元8；河南三源装饰设计工程有限公司李心力编写单元3的3.1~3.2。全书由河南省建筑工程学校焦涛、童霞主审。

为突出新材料、新技术，新工艺的内容，全书在编写过程中除参考了国家和行业的有关最新标准和规范外，还参考了较多的文献资料和网络资料，谨向这些资料的作者致以诚挚的敬意。

由于编者水平有限，书中难免有不妥之处，敬请读者批评指正。

编　者

目　录

单元1　建筑装饰材料简介

单元概述

本单元主要介绍建筑装饰材料的作用、分类、基本性质和基本性能；常用建筑装饰材料的品种、规格、分类、特点、应用、质量标准和鉴别方法。

学习目标

通过本单元的学习，了解建筑装饰材料的分类方法、基本性质和基本性能；会选用建筑装饰材料；了解国家标准的有关规定，会对常用的建筑装饰材料进行质量鉴别。

1.1　建筑装饰材料的作用及选用原则

1.1.1　建筑装饰材料的概念

1）建筑装饰装修工程中应用的材料统称为建筑装饰材料。建筑装饰材料不但包括应用于装饰面上能看得见的材料（如吊顶材料中的面板及灯具、油漆涂料、墙面的干挂石材、家具面板），而且包括装饰部位内部构造中看不见的材料（如吊顶上部的骨架材料及各种连接件、膨胀螺栓等生根材料、电线等；干挂石材的骨架材料及干挂件、石材干挂胶等）。

2）建筑装饰材料既可应用于建筑物的表面（如建筑装饰涂料、陶瓷墙地砖等），也可应用于建筑室内外空间（如吊顶材料、窗帘、吊灯、路灯等）。

3）建筑装饰材料起装饰和保护作用，并具有一定的实用功能。

4）建筑装饰材料是集材料、工艺、造型设计和美学于一体的材料。

1.1.2　建筑装饰材料的作用

1. 装饰美化作用

（1）外墙装饰材料的功能　装饰外墙立面，美化室外环境。

（2）内墙装饰材料的功能　装饰立面，创造良好的室内环境。

（3）地面装饰材料的功能　装饰室内地面，美化室内环境。

（4）顶棚饰面材料的功能　美化空间环境，创造富于变化的空间。

装饰美化作用是以好的设计、正确使用材料和规范的施工为前提的。

2. 保护作用

（1）外墙装饰材料的功能　保护外墙的墙体。

（2）内墙装饰材料的功能　保护室内墙体。

（3）地面装饰材料的功能　保护楼板和地坪。

（4）油漆装饰材料的功能　保护门窗、家具等免受腐蚀。

需要注意的是，保护作用是在合理选用装饰材料、规范施工、正常使用材料的前提下才具有的装饰材料的作用，如果材料选用不正确、施工不规范、在非正常条件下使用，则装饰材料不但起不到保护作用，还有可能加速建筑结构主体的破坏。

3. 实用功能

实用功能是指通过装饰装修，使建筑空间及功能得到更合理、更方便的使用。

例如：地面使用地板砖、花岗石等建筑装饰材料时，更耐磨，更容易清洁；地面使用地毯等装饰材料时，不但更防滑，而且脚感舒适，行走时声音很小；吊顶面板使用矿棉板、穿孔石膏板、微穿孔铝板时，更具有良好的吸声性能，能降低房间内的反射声和噪声，使室内听音效果更好，同时由于吊顶的特殊构造，使其上方有一定厚度的密闭空气层，从而增加了房间的隔热和隔声效果。

1.1.3　建筑装饰材料在建筑装饰工程中的地位

（1）建筑装饰材料是建筑装饰工程的物质基础　没有建筑装饰材料的支持，就不可能有建筑装饰设计，不可能画出建筑装饰施工图；同样没有建筑装饰材料，建筑装饰装修施工也就成了无米之炊。

（2）建筑装饰材料在建筑装饰工程的总造价中占有很大的比重，一般为30%～60%　随着我国现阶段及将来劳动力成本的不断上升，建筑装饰材料在建筑装饰工程总造价中所占的比重会呈现下降的趋势。

（3）可以体现建筑装饰的风格和时代特点　建筑装饰的风格是由设计决定的，设计师通过运用不同的建筑装饰材料，通过材料的色彩、质感、规格、立体造型来表达其风格和创意效果，或古朴、或庄重、或典雅、或豪华，都要充分运用建筑装饰材料来表达。建筑装饰材料的发展更新速度很快，具有鲜明的时代性，不同的年代、不同的阶段，都会有不同的典型材料和设计理念，在某一时期对建筑进行装饰装修的时候，已经赋予了建筑装饰的时代气息。很多时候，观察一个建筑的装饰装修所应用的材料，往往能够知道此建筑是从什么时间开始装饰装修的。

（4）建筑装饰材料与建筑装饰设计、装饰构造、装饰施工的关系密切　不管是装饰设计、装饰预算、装饰构造、装饰施工工艺，都是以现有的装饰装修材料为前提的，有什么样的材料，才可能有什么样的设计，才可能有相应的装饰构造和装饰施工工艺，才有可能更准确地编制装饰工程预算。

1.1.4　学习建筑装饰材料相关知识的意义

1）能够合理地使用装饰材料，使设计更合理、更美观。

2）能鉴别和检测装饰材料，更好地控制施工质量和工程安全。

3）能更好地控制装饰装修工程的成本，准确地编制预算。

1.1.5 建筑装饰材料的选用原则

1. 安全、环保、美观、实用、经济

虽然装饰的主要目的是美观，但是安全始终是第一位的，任何时候都要重视安全。为了美观，可以牺牲一定的实用性能，可以多付出装饰装修成本，但决不能忽视安全。

安全直接关系到人们的生命和财产，环保关系到人的身体健康。为了美观而忽略了环保，可能会使人们的身体健康受到损害，就背离了建筑装饰的初衷，将得不偿失。

2. 考虑地区特点，有针对性地使用

就地取材、因地制宜，如在风景名胜区的建筑装饰要与景区风格协调，避免破坏风景。

3. 要保证供给

要选择市场上有售的或容易进行预制加工的材料。例如，对于工期要求较紧的工程，应尽可能选择成品定型材料或提前订做半成品材料；当工期允许或有加工条件的，也可以用原材料进行现场加工。

4. 要考虑施工工艺和施工条件

要根据现有的施工工艺、水平和施工条件选择合适的材料。比如钢琴漆的性能和装饰效果要远胜于聚酯漆，但无法现场施工，只能在工厂车间进行涂装，所以如果要进行现场施工，就不能使用钢琴漆。

5. 综合考虑短期投资和长期效益

例如，中空玻璃的节能效果远高于单层玻璃，虽然其价格比单层玻璃高出数倍，但考虑长期效益，其投资的回报要远高于单层玻璃，所以有条件的话，门窗幕墙玻璃应选用中空玻璃。又如，商铺的装修，如果是短期租用的，其装饰时所用的材料就不必考虑耐久性要求。

1.2 建筑装饰材料的分类方法

市场上有成千上万的建筑装饰材料品种，每一种更有多个系列、规格和花色。对建筑装饰材料进行合理的归类和划分，才能更好地了解和把握建筑装饰材料，不管市场上的建筑装饰材料如何变换花样，不管材料的具体品种有多少，只要属于同一类别的材料，都有其共同的特点和性能。

1. 按照建筑装饰材料的化学成分分类（见表1-1）

表1-1 按照建筑装饰材料的化学成分分类

金属装饰材料	钢铁材料装饰材料	普通钢材、不锈钢板、彩色不锈钢板、轻钢龙骨、压型钢板	
	非铁金属装饰材料	铝及铝合金、铜及铜合金、金箔、银箔、铝箔、铝单板、穿孔铝板	
非金属装饰材料	无机装饰材料	天然石材	大理石、花岗石、洞石、青石、砂岩、火山石
		陶瓷装饰材料	内墙砖、外墙砖、地板砖、陶瓷踢脚线、陶瓷洁具
		玻璃装饰材料	平板玻璃、安全玻璃、镀膜玻璃、中空玻璃、装饰玻璃、玻璃砖、玻璃镜、玻璃门芯
		无机胶凝材料	普通水泥、白水泥、石膏及其制品、水玻璃及其制品
		无机纤维装饰材料	岩棉保温材料、矿棉吸声板、玻璃棉保温材料、玻璃纤维墙布

（续）

非金属装饰材料	有机装饰材料	实木装饰材料	微薄木、木龙骨、实木地板、实木装饰线
		木质人造板及其制品	普通胶合板、贴面胶合板、纤维板、细木工板、刨花板、生态木、指接板、竹地板、强化地板
		塑料装饰材料及其制品	塑料扣板、阳光板、亚克力制品、塑料壁纸、塑料地板、塑料地毯、高分子踢脚线、高分子扶手、塑料管材、塑料五金件
		装饰涂料	醇酸清漆、醇酸瓷漆、硝基漆、聚氨酯漆、聚酯漆、氟碳漆、内墙乳胶漆、外墙乳胶漆
		有机纤维装饰材料	纯毛地毯、混纺地毯、化纤地毯、装饰墙布
		胶粘剂	白乳胶、万能胶、耐候密封胶、干挂胶、云石胶
复合材料	有机与无机复合材料		人造石、石材复合板、纸面石膏板、水泥木丝板
	金属与非金属复合材料		铝塑板、铝塑管、彩钢夹芯板、彩色涂层钢板

2. 按照建筑装饰材料的使用部位及作用分类（见表1-2）

表1-2 按照建筑装饰材料的使用部位及作用分类

外墙装饰材料	天然花岗石、安全玻璃、铝塑板、蜂窝铝板、人造石复合板、铝单板、钛锌板、水泥木丝板、外墙面砖、外墙涂料、防腐木、生态木
内墙装饰材料	内墙涂料、内墙砖、壁纸、胶合板、油漆、木龙骨、轻钢龙骨、纸面石膏板、防火板、水泥木丝板、埃特板、细木工板、胶合板、奥松板、铝塑板、铝单板、装饰玻璃
地面装饰材料	地板砖、花岗石、大理石、安全玻璃、地毯、塑料地板、实木地板、强化地板等
顶棚装饰材料	塑料扣板、集成吊顶板、纸面石膏板、铝塑板、轻钢龙骨、内墙涂料、装饰吸声板
门窗家具材料	胶合板、细木工板、纤维板、实木装饰线、白乳胶、油漆、门窗合页、拉手
水暖材料	PP-R水管及管件、PEX水管及管件、铝塑管及管件、龙头、冷热水混合器、阀门
卫生洁具	洗手台盆、坐便器、浴缸、淋浴器、花洒、卫生间挂篮、托盘、毛巾架
灯具及电线开关	吊顶、吸顶灯、射灯、筒灯、斗胆灯、壁灯、床头灯、电线、穿线管、开关、插座
小五金及配件	合页、拉手、门吸、滑轮、滑道、门锁、螺钉、膨胀螺栓、各种钉子及连接件
室内配饰及软装饰材料	挂画、布艺、桌布、沙发靠垫、沙发坐垫、窗帘、盆景、陈设品

3. 按照建筑装饰材料的燃烧性能等级分类（见表1-3）

表1-3 按照建筑装饰材料的燃烧性能等级分类

A级（非燃烧材料）	天然石材、地板砖、内墙砖、马赛克、钢材（型钢、轻钢龙骨、不锈钢等）、铝合金、铜及铜合金、石膏板、石膏装饰线、硅钙板、玻璃、混凝土制品、水泥及其制品
B1级（难燃材料）	纸面石膏板、纤维石膏板、水泥刨花板、矿棉装饰吸声板、玻璃棉装饰吸声板、珍珠岩装饰吸声板、难燃胶合板、难燃中密度纤维板、铝箔玻璃棉复合材料、防火塑料装饰板、难燃玻璃钢板、阻燃PVC塑料装饰板、阻燃人造板、难燃墙布、难燃塑料壁纸、人造石、人造石复合板、硬质PVC塑料地板、水泥木丝板、三聚氰胺装饰板、难燃木材
B2级（可燃材料）	各类天然木材、木质人造板、竹材、塑料贴面板、塑料壁纸、无纺墙布、墙布、复合壁纸、天然纤维壁纸、人造革、半硬质PVC塑料地板、PVC卷材、化纤制品、聚乙烯材料、聚丙烯材料、泡沫塑料

1.3　建筑装饰材料的基本性质

要掌握建筑装饰材料的性能，就必须了解建筑装饰材料的基本性质，因为建筑装饰材料的性能实际上是由建筑装饰材料的基本性质决定的。

建筑装饰材料的基本性质主要包括以下几个方面：

1）建筑装饰材料与装饰有关的性质。

2）建筑装饰材料的基本物理性质。

3）建筑装饰材料的基本力学性质。

1.3.1　建筑装饰材料与装饰有关的性质

建筑装饰材料与装饰有关的性质主要包括以下五个方面：

1）装饰材料的色彩。

2）装饰材料的光泽和透明性。

3）装饰材料的质地和质感。

4）装饰材料的形状和规格尺寸。

5）装饰材料的立体造型。

这五个方面的性质共同作用，使建筑装饰材料有着不同的装饰效果。只要其中一个基本性质发生变化，建筑装饰材料的装饰效果就会有所不同。

1.3.2　建筑装饰材料的基本物理性质

1. 装饰材料与质量或内部结构有关的性质

（1）密度ρ（绝对值）　密度是材料在绝对密实状同下单位体积的质量。其公式为

$$\rho = \frac{m}{V}$$

式中　ρ——密度（g/cm^3 或 kg/m^3）；

m——材料的质量（g 或 kg）；

V——材料在绝对密实状态下的体积，是指不包括孔隙体积在内的固体物质所占有的实际体积（cm^3 或 m^3）；测含孔材料的体积时，一般用磨细后排水法或排油法求得。

（2）表观密度ρ_0（自然值）　表观密度是材料在自然状态下单位体积的质量。其公式为

$$\rho_0 = \frac{m}{V_0}$$

式中　ρ_0——表观密度（g/cm^3 或 kg/m^3）；

V_0——材料在自然状态下的体积，又称表观体积，是指包括内部孔隙的体积（cm^3 或 m^3）。

表观密度一般是指材料在气干状态下的表观密度，在烘干状态下的表观密度称为干表观密度。

(3) 堆积密度ρ_0'(针对散粒材料或粉末状材料) 堆积密度是指粉状、粒状和纤维材料在堆积状态下(包括了颗粒内部的孔隙和颗粒之间的空隙)单位体积的质量。其公式为

$$\rho_0' = \frac{m}{V_0'}$$

同种材质的材料在不同的状态下,它们的密度、表观密度、堆积密度之间的关系为

$$\rho > \rho_0 > \rho_0'$$

(4) 密实度D与孔隙率P 密实度(D)是指材料体积内被固体物质所填充的程度,孔隙率(P)是指材料体积内孔隙体积所占的比例,即$D + P = 1$。

常用建筑装饰材料的密度、表观密度和堆积密度见表1-4。

表1-4 常用建筑装饰材料的密度、表观密度和堆积密度

材 料	密度ρ/(g/cm^3)	表观密度ρ_0/(kg/m^3)	堆积密度ρ_0'/(kg/m^3)
陶瓷砖	2.50	1000~1400	—
花岗石	2.80	2500~2800	1400~1700(散粒)
水 泥	3.10	—	1200~1300
木 材	1.55	400~800	—
钢 材	7.85	7850	—
铝合金	2.75	2750	—
泡沫塑料	1.04~1.07	20~50	—

2. 建筑装饰材料与水有关的性质

(1) 亲水性与憎水性 材料与水接触时很快将水吸入内部或使水在材料表面散开来,这种与水的亲和性称为亲水性。具有亲水性质的材料称为亲水材料,如木材、砖、混凝土、石材等。

材料与水接触时使水呈珠状存在于材料表面,这种不易被润湿的性质称为憎水性。具有憎水性质的材料称为憎水材料,如沥青、石蜡等。

(2) 吸水性与吸湿性 材料在水中能吸收水分的性质称为吸水性,材料吸水性的测量指标为吸水率。

$$W_m = \frac{m_b - m_g}{m_g} \times 100\%$$

式中 W_m——材料的质量吸水率;

m_b——材料在吸水饱和状态下的质量(g);

m_g——材料在干燥状态下的质量(g)。

材料在空气中能自发地吸收空气中的水分的性质称为吸湿性,材料吸湿性的测量指标为含水率。

$$W_h = \frac{m_k - m_g}{m_g} \times 100\%$$

式中 W_h——材料的质量含水率;

m_k——材料在(空气中)含水状态下的质量(g);

m_g——材料在干燥状态下的质量(g)。

材料的吸水率与其孔隙率有关，更与其孔特征有关。因为水分是通过材料的开口孔吸入并经过连通孔渗入内部的。材料内与外界连通的细微孔隙越多，其吸水率就越大；如果材料的孔隙特征是闭孔构造（即内部孔隙相互不连通，又与外界不连通），如 EPS 泡沫塑料，则材料的吸水率仍然不大。

装饰材料吸水后，其保温性变差，吸声性能变差，强度变低。

（3）耐水性　耐水性是指材料长期处于水的作用下不破坏，其强度也不严重降低的性质。耐水性的测量指标为软化系数。

$$K_R = \frac{f_b}{f_g}$$

式中　K_R——软化系数；

f_b——材料在吸水饱和状态下的抗压强度（MPa）；

f_g——材料在干燥状态下的抗压强度（MPa）。

一般认为，$K_R \geqslant 0.85$ 的材料是耐水性材料。要求长期受水浸泡或潮湿环境中的重要建筑物的 $K_R \geqslant 0.85$，次要建筑物的 $K_R \geqslant 0.70$。

3. 装饰材料与热有关的性质

（1）导热性　材料能够传导热量的性质称为导热性。其测量指标为导热系数 λ，材料的导热系数越大，表示该材料在相同条件下传热越快，该材料的隔热（保温）性能就越差；导热系数越小，则材料的保温性能越好，通常将 $\lambda \leqslant 0.20\text{W}/(\text{m}\cdot\text{K})$ 的材料称为保温材料。

（2）热变形性　材料随温度的变化产生热胀冷缩变形的性质称为材料的热变形性，又称材料的温度变形，其测量指标为线膨胀系数，线膨胀系数越大，材料的热变形性就越强。

4. 材料与声学有关的性质

（1）吸声性　材料对声音具有一定的吸收作用的性质称为吸声性，吸声性的衡量指标为吸声系数。吸声系数越大，则材料的吸声能力就越强，通常把吸声系数大于 0.2 的材料称为吸声材料。

（2）隔声性　材料能够隔绝声音的性质称为隔声性，隔声性的衡量指标为隔声量，单位是分贝（dB），隔声量越大，则材料的隔声能力越强。好的隔声材料，其隔声量可以达到 40dB。

隔声又分为隔空气声和隔固体声。空气声是由空气振动传播过来的声音，固体声主要是指物体受直接撞击产生振动而发出的声音。隔空气声主要采用厚且密实的材料，如混凝土、钢板、玻璃等，并且要做好门窗的密封；隔固体声主要靠减振和吸收作用，如在被撞击的物体表面包上弹性材料。

1.3.3 建筑装饰材料的基本力学性质

1. 强度

材料的强度是指材料抵抗破坏的能力。通常情况下，材料内部的应力多由外力（或荷载）作用引起，随着外力的增加，应力也随之增大，直至应力达到材料内部质点所能抵抗的极限，即强度极限，材料发生破坏。

根据受外力作用方式的不同，材料的强度有抗拉强度、抗压强度、抗弯（抗折）强度和抗剪强度四种基本的强度。

材料的抗拉、抗压、抗剪强度的计算式为

$$R=\frac{F_{\max}}{A}$$

式中　R——材料的强度（MPa）；

$F_{\max}$——材料破坏时的最大荷载（N）；

A——试件受力面积（mm^2）。

材料抗弯强度的计算公式为

$$\alpha_{bb}=\frac{3F_{\max}L}{2bh^2}\times100\%$$

式中　α_{bb}——材料的抗弯强度（MPa）；

$F_{\max}$——材料破坏时的最大荷载（N）；

L——试件两支点的间距（mm）；

b、h——试件矩形截面的宽和高（mm）。

2. 硬度

材料的硬度是指材料表面的坚硬程度，是其抵抗其他硬物刻划、压入其表面的能力。通常用刻划法、压入法测定材料的硬度。

刻划法用于天然矿物硬度的划分，按滑石、石膏、方解石、萤石、磷灰石、长石、石英、黄玉、刚玉、金刚石的顺序，分为10个硬度等级。

3. 弹性与塑性

材料在外力作用下产生变形，当外力取消后能够完全恢复原来形状的性质称为弹性。这种完全恢复的变形称为弹性变形（或瞬时变形）。

材料在外力作用下产生变形，在外力撤消后仍保持变形后的形状和尺寸，并且不产生裂纹的性质称为塑性。这种不能恢复的变形称为塑性变形（或永久变形）。

大多数材料受力变形往往既有弹性变形，又有塑性变形，其中能够恢复的那一部分变形为弹性变形，不能恢复的那一部分变形为塑性变形。

4. 脆性与韧性

材料受力达到一定程度时突然发生破坏，并无明显的变形，这种性质称为脆性。大部分无机非金属材料均属脆性材料，如天然石材、烧结普通砖、陶瓷、玻璃、普通混凝土、砂浆等。脆性材料的另一特点是抗压强度高而抗拉、抗折强度极低，往往只有抗压强度的1/10左右。在工程中使用时，应注意发挥这类材料的抗压性能，而避免其受拉或受弯曲作用。

材料在冲击或动力荷载的作用下，能吸收较大能量而发生不破坏的性能，称为韧性或冲击韧性。韧性以试件破坏时单位面积所消耗的功表示。钢材、木材、纤维材料、橡胶材料等都具有很高的韧性。

1.4 建筑装饰材料的基本性能

1. 建筑装饰材料的耐久性

耐久性是指材料在正常使用条件下抵抗各种内、外因素的破坏和腐蚀，保持其原有性质的能力。材料在使用过程中，除了要受到各种外力的作用之外，还经常要受到环境中许多自然因素的破坏作用。这些破坏作用包括物理、化学、机械及生物的作用。所以耐久性是材料的一项综合性质，一般包括耐蚀性、耐擦洗性、耐水性、耐老化性、耐污染性等。

金属材料主要是由于化学作用引起的腐蚀；木材常因生物作用而破坏；高分子材料在阳光、空气和热的作用下，会逐渐老化而使材料变脆或开裂。

建筑装饰材料耐久性的指标通常用使用年限来表示，如花岗石具有很好的耐久性，可正常使用上百年甚至数百年。

2. 建筑装饰材料的耐磨性

耐磨性是材料表面抵抗磨损的能力。材料的耐磨性用磨损率表示，磨损率用试件在标准试验条件下磨损前后的质量差与试件受磨面积之比来表示。磨损率越小，材料的耐磨性就越强。

材料的耐磨性与材料的表面硬度，材料的强度、密实度和韧性有关。木地板等有表面涂层的装饰材料的耐磨性多用耐磨转数来表示（如强化地板表面的耐磨层）。

3. 建筑装饰材料的耐擦洗（刷洗）性

耐擦洗性是衡量表面涂层质量的一个重要指标，与耐磨性类似，耐擦洗性分耐干擦性能和耐湿擦性能，一般常用耐擦洗或耐刷洗次数来表示耐擦洗或耐刷洗性能的高低。

4. 建筑装饰材料的耐污染性

耐污染性是建筑装饰材料不易被有色颜料污染且容易清洗的性能。耐污染性对材料的装饰性能有很大的影响。如果装饰材料的耐污染性很差，则在短时间内其表面就会污染严重，丧失装饰性能。

内墙砖（釉面砖）表面有一层不吸水的釉层，所以有很好的耐污染性，常用于卫生间和厨房的墙面装饰。外墙涂料应比内墙涂料有更好的耐污染性。

5. 建筑装饰材料的耐燃性（防火性）

耐燃性是指材料在使用状态下抵抗燃烧的性能。按燃烧性能可将建筑装饰材料分为非燃烧材料（A级）、难燃材料（B1级）、可燃材料（B2级）和易燃材料（B3级）。非燃烧材料（A级）使用时没有限制；可燃材料（B2级）的使用要受到严格限制；禁止直接使用易燃材料（B3级），虽然油漆装饰工程中的稀料多为易燃材料，但油漆涂刷后，稀料会很快挥发掉。

6. 建筑装饰材料的耐火性（抗高温性）

耐火性是材料在高温或火灾发生时，保持不破坏、性能不明显下降的能力。其性能的好坏用耐火极限（或耐受时间）来表示。钢材虽然是A级非燃烧材料，但火灾发生时，钢材会在短时间内（15min左右）被软化而失去结构承载能力，从而使建筑物倒塌，所以钢材的耐火性差，钢结构必须要做防火措施。同样普通玻璃也是A级非燃烧材料，但火灾发生时，玻璃会因局部冷热不均而发生开裂，失去原有的性能，所以普通玻璃的耐火性差。陶瓷、砖、混凝土等材料的耐火性就非常好，一般耐火极限在2h以上。

7. 建筑装饰材料的耐老化性

处于暴露环境的有机材料（如塑料、橡胶、皮革、纤维等），在空气、阳光、氧气、紫外线、热、冷等的作用下，会发生变色、变形裂纹、变脆甚至被破坏，这种现象称为老化。材料抵抗老化的能力称为材料的耐老化性。

用于室外的有机装饰材料可用抗老化性能来表示其耐久性。

8. 建筑装饰材料的抗冲击性能

抗冲击性能是材料抵抗冲击力的作用而不被破坏的性能。脆性材料的抗冲击性能一般较差（如石材、陶瓷制品、普通玻璃等），韧性材料抵抗冲击的能力较强（如钢材、木材、橡胶制品等）。最简单的抗冲击检验方法是简支梁冲击试验和悬臂梁冲击试验，它们是把待测材料制成规定尺寸和形状（有缺口或无缺口长条形）的试样，用一定能量的摆锤击打，以冲断试样所消耗的功除以试样（若有缺口为缺口处）的横截面积来表示，单位为 kJ/m^2。另外，还有很多实用性的抗冲击检验方法，如玻璃的落锤（或钢球）试验、管件的坠落试验等。

9. 建筑装饰材料的抗热冲击性

抗热冲击性是材料在承受急剧温度变化时，评价其抗破损能力的重要指标，也称抗热振性、抗温度急变性、耐急冷急热性等。

不同的建筑装饰材料，对其抗热冲击性的测试方法不同。例如，陶瓷砖的抗热冲击性测试是将陶瓷砖在 (15±5)℃的水中浸泡后取出，在烤箱中烤至 (145±5)℃后取出，再投入(15±5)℃的水中，是一次冷热循环，然后观察材料是否出现开裂或剥落。国家标准中对陶瓷墙地砖的抗热冲击性的规定是经过 10 次热振性试验不开裂。

10. 建筑装饰材料的抗冻性

抗冻性是指材料在吸水饱和状态下，能经受反复冻融循环作用而不破坏，强度也不显著降低的性能。

材料吸水后，在低温下，水在材料毛细孔内冻结成冰，体积膨胀所产生的冻胀压力使材料产生内应力，从而使材料遭到局部破坏。随着冻融循环的反复，对材料的破坏作用逐步加剧，这种破坏称为冻融破坏。

抗冻性以试件在冻融后的质量损失、外形变化或强度降低不超过一定限度时所能经受的冻融循环次数来表示，或称为抗冻等级，用 F*n* 表示。例如，F15、F25、F50、F100 分别表示材料可承受 15 次、25 次、50 次、100 次的冻融循环。材料的抗冻性与材料的强度、孔结构、耐水性和吸水率等有关。

11. 建筑装饰材料的隔热性能

材料的隔热性能与材料的导热系数有关，导热系数越小，则材料的隔热性能越好，将 $\lambda \leq 0.175$W/(m·K) 的材料称为绝热材料。

小常识　保温、隔热、绝热

人们常将防止内部热量散失称为保温，将防止外部热量进入称为隔热，将保温盒隔热统称为绝热。一般将 $\lambda \leq 0.20$W/(m·K) 的材料称为保温材料；将 $\lambda \leq 0.175$W/(m·K) 的材料称为绝热材料；将 $\lambda \leq 0.05$W/(m·K) 的材料称为高效保温材料。

密闭空气的 $\lambda = 0.024$，由于纤维状材料等内部具有较多密闭的空气，所以纤维状材料、夹层材料、泡沫塑料等材料具有很好的保温隔热效果。真空的导热系数更低，真空保温杯就是利用这个原理制成的。

为最大限度地发挥材料的隔热性能，还要从阻止热的传导、辐射、对流三个方面进行考虑。例如：高性能中空玻璃利用中间的密闭空气层和玻璃表层镀热反射膜来增加隔热效果；高性能门窗不但采用中空玻璃，而且门窗缝隙应做好密封措施，以防止空气对流。

因为水的导热系数约为空气的30倍，冰的导热系数约为空气的100倍，当材料吸水受潮或结冰时，材料的导热系数会增加很多倍，使材料的保温隔热性能急剧下降或丧失。所以，多孔类、纤维类保温隔热材料要防止受潮或浸水。

12. 建筑装饰材料的装饰性能

装饰性能是指装饰材料具有独特的装饰效果，保持美观、清洁、不变形、不开裂、不变色等的性能。影响建筑材料装饰性能的基本性质有材料的颜色、光泽、质感、透明性、规格等。另外，材料的耐水性、耐擦洗性、抗污染性、热稳定性、耐老化性等都会在一定程度上影响材料的装饰性能。

13. 建筑装饰材料的可加工性能

建筑装饰材料的可加工性能是指建筑装饰材料在使用时，容易锯切、刨削，可钉、可钻孔等方面的性能。例如，实木材料及木质人造板都有很好的可加工性能，铝合金、石膏制品也都有良好的可加工性能。

14. 建筑装饰材料的环保性能

随着人们环保意识的增强，建筑装饰材料在生产和使用的过程中将更加注重对生态环境的保护，向营造更安全、更健康的居住环境的方向发展。现代建筑装饰材料中，天然的较少，人工合成的较多，大多数建筑装饰材料中或多或少地含有一些对人体有害的物质（如甲醛、苯、二甲苯、氡、TDI等）。但那些符合国家环保标准的材料，其有害物质对人体的危害可以忽略不计。

所谓装修污染，更多的是因为施工中采用了劣质材料和达不到国家环保标准的材料造成的。

小常识　装修污染的主要来源

（1）甲醛　甲醛是一种无色、易溶解的刺激性气体，是世界卫生组织认定的高致癌物质。吸入过量的甲醛后，会引起慢性呼吸道疾病、过敏性鼻炎、免疫功能下降等问题。此外，甲醛还是鼻癌、咽喉癌、皮肤癌的主要诱因。甲醛污染的主要来源有胶合板、细木工板（大芯板）、中密度板、刨花板等人造板材及胶粘剂、化纤地毯、油漆涂料等材料。

（2）苯、二甲苯　苯、二甲苯可以抑制人体的造血机能，致使白、红血球和血小板减少。人吸入过量的苯、二甲苯，轻者会导致头晕、恶心、乏力等问题，过度吸入则会使肝、肾、呼吸系统等器官衰竭，甚至诱发血液病，严重的可导致直接昏迷；二甲苯还能够麻醉中枢神经。苯污染的主要来源是合成纤维、塑料、涂料、橡胶及其他合成材料等。二甲苯污染主要来自于油漆、各种涂料的添加剂以及各种胶粘剂、防水材料等。

（3）氡　氡是一种天然放射性气体，无色无味。氡能够影响血细胞和神经系统，严重时还会导致肿瘤的发生。氡污染的主要来源是放射性超标的花岗石等天然石材。

（4）TDI　TDI（甲苯二异氰酸酯）主要用于生产软质聚氨酯泡沫及聚氨酯弹性体、涂料、胶粘剂等。

TDI是高度危害级物质，它在装修中主要存在于双组分胶粘剂和油漆的固化剂中，超出标准的游离 TDI 会对人体造成伤害，主要是致敏和刺激作用，使人体出现眼睛疼痛、流泪、结膜充血、咳嗽、胸闷、气急、哮喘、红色丘疹、斑丘疹、接触性过敏等症状。国际上对游离 TDI 的限制标准是 0.5% 以下。

1.5 水泥、石膏材料简介

水泥、石膏都属于无机胶凝材料，但水泥和石膏的凝结硬化又有所不同。水泥既可以在空气中凝结硬化，又能在水中凝结硬化，这种既能在空气中凝结硬化，又能在水中凝结硬化的胶凝材料称为水硬性胶凝材料；石膏只能在空气中硬化，这种只能在空气中凝结硬化的材料称为气硬性胶凝材料。

1.5.1 建筑石膏及其制品

建筑石膏也叫熟石膏，是由生石膏在干燥条件下加热脱水制成的 β 型半水石膏。建筑石膏遇水会发生化学反应，凝结硬化生成生石膏，实际上建筑石膏制品已经变成生石膏了。在石膏的硬化过程中，实际添加的水要远高于化学反应需要的用水量，多余的水分蒸发后在制品内部形成很多微小的孔隙，因此石膏制品的孔隙率大、吸水率大、耐水性差、强度低。

1. 建筑石膏制品的特点

1）质轻、保温、防火、吸声。

2）制品不收缩（硬化过程有 0.5% ~1% 的线膨胀率），不易产生裂纹。

3）制品具有良好的加工性能：可锯、可钉、可钻、可粘，施工方便。

4）石膏制品吸水率大、耐水性差、强度较低。

5）环保无毒、价格便宜。

2. 建筑石膏的用途

1）用来生产石膏装饰制品，如装饰石膏板、纸面石膏板、石膏装饰线条、石膏花饰等。

2）由于建筑石膏加水后，硬化过程中不收缩，不易产生裂纹，所以石膏粉通常用于调制腻子，用来批墙或修补裂缝。

3）用来对石膏制品进行粘贴、粘接或修复。

3. 常用石膏装饰制品简介

（1）纸面石膏板

1）分类。按用途分主要有普通纸面石膏板、防火纸面石膏板、耐水纸面石膏板等。

2）特点。具有良好的可加工性能，安装方便，环保、无污染，价格低廉，防火性能好。

3）规格。市场上的定型规格有 1200mm × 2400mm、1200mm × 3000mm 两种，厚度有 9.5mm、12mm、15mm 等。

4）用途。

① 主要用于室内吊顶、隔断、隔墙的基层板。

② 表面必须作面层处理（如批腻子后贴壁纸、刷涂料等）。

③ 不宜用于潮湿环境或与水接触的环境。

④ 当与轻钢龙骨配合使用时，普通质面石膏板可作为A级非燃烧材料使用。

⑤ 使用时要区分正反面，一般印刷有文字的一面是反面，正面没有文字和符号；护面纸在长边有搭接缝的一侧为反面。使用时纸面石膏板的正面朝外。

（2）装饰石膏板

1）分类。根据板边的形式，装饰石膏板分为平口式装饰石膏板和嵌装式装饰石膏板（企口式）两类；根据表面特征，装饰石膏板分为平板、孔板、浮雕板和PVC贴膜板四类。

装饰石膏板的常用规格有500mm×500mm×9mm、600mm×600mm×11mm等。

PVC贴膜装饰石膏板背面一般贴铝箔，以保证顶棚在高温环境下仍能有效隔热，防止结露下陷，防火防水、防尘防蛀。此类石膏板经久耐用、图案精美、环保，广泛应用于宾馆、酒店、办公楼、住宅楼及公共场所等领域。其常用规格为600mm×600mm×8mm。

2）特点。

① 一般都不带护面纸，表面为石膏本色，表面多有图案或穿孔，美观、洁白，可直接作为面层板用。

② 质轻、防火、吸声、隔热、施工简单、维修方便。

3）用途。多用于会议室、商场、办公室、礼堂、音乐厅、报告厅、候车厅、公共走道等公共建筑室内的吊顶装饰或墙面装饰。湿度较大的场所不宜采用普通装饰石膏板，应采用防潮装饰石膏板。

1.5.2 通用硅酸盐水泥

1. 通用硅酸盐水泥的分类

硅酸盐系水泥应用最广，故又叫通用硅酸盐水泥。通用硅酸盐水泥包括以下几类。

（1）硅酸盐水泥　凡以硅酸钙为主要成分的硅酸盐水泥熟料，含5%以下[㊀]的石灰石或粒化高炉矿渣，用适量石膏磨细制成的水硬性胶凝材料统称为硅酸盐水泥，又称波特兰水泥。

Ⅰ型（P·Ⅰ）硅酸盐水泥：熟料＋石膏＋未掺混合材料的硅酸盐水泥。

Ⅱ型（P·Ⅱ）硅酸盐水泥：熟料＋石膏＋不超过水泥质量的5%混合材料的硅酸盐水泥。

（2）普通硅酸盐水泥（P·O）　由硅酸盐水泥熟料、5%～20%的混合材料及适量石膏组成。其中允许含有不超过水泥质量5%的窑灰和不超过水泥质量10%的非活性混合材料。

（3）矿渣硅酸盐水泥（P·S）　由硅酸盐水泥熟料、20%～70%的粒化高炉矿渣和适量石膏组成。

（4）火山灰质硅酸盐水泥（P·P）　由硅酸盐水泥熟料、20%～50%的火山灰质混合材料和适量石膏组成。

（5）粉煤灰硅酸盐水泥（P·F）　由硅酸盐水泥熟料、20%～40%的粉煤灰和适量石膏组成。

（6）复合硅酸盐水泥（P·C）　又叫复合水泥，由硅酸盐水泥熟料、15%～50%的两种或两种以上混合材料和适量石膏组成。

㊀本书中若无特殊说明，含量百分数均为质量百分数。

2. 通用水泥的主要技术要求

根据国家标准《通用硅酸盐水泥》（GB 175—2007），对六大常用水泥的主要技术要求如下。

（1）细度　细度是指水泥颗粒的粗细程度。硅酸盐水泥和普通硅酸盐水泥的细度用比表面积表示，不小于 $300m^2/kg$；其他四种水泥的细度用筛余表示，80μm 方孔筛筛余不大于 10% 或 45μm 方孔筛筛余不大于 30%。水泥颗粒小于 40μm 才具有较高的活性，大于 100μm 活性就很小了。

（2）凝结时间　凝结时间是指水泥从加水开始到失去流动性，即从可塑状态发展到固体状态所需要的时间，分为初凝时间和终凝时间。

1）初凝时间。是从水泥加水拌和时起至水泥浆开始失去可塑性所需要的时间。初凝时间不宜过早，国家标准规定六大通用水泥不早于 45min。

2）终凝时间。是从水泥加水拌和时起至水泥浆完全失去可塑性所需要的时间。终凝时间不宜过迟，国家标准规定硅酸盐水泥不迟于 390min（6.5h），其他五类水泥不迟于 600min（10h）。

由于拌和水泥浆时的用水量多少对凝结时间有影响，因此测试水泥凝结时间时必须采用标准稠度用水量。

（3）体积安定性　指水泥在凝结硬化过程中体积变化的均匀性。

体积安定性不合格的水泥在硬化后会产生不均匀的体积变化，使水泥混凝土构筑物产生膨胀性裂缝，甚至引起严重事故。体积安定性不合格的水泥均作为废品处理，不能用于工程中。

（4）强度及强度等级　水泥石强度发展的一般规律：3～7d 强度增长最快，28d 内强度增长较快，超过 28d 后强度将继续发展但增长较慢。

水泥强度是选用水泥时的主要技术指标，也是划分水泥强度等级的依据。

国家标准规定采用软练胶砂法测定水泥强度：将水泥和标准砂按 1∶3 混合，水胶比为 1∶2，按规定制成 40mm×40mm×160mm 的标准试件，标准养护 24h 后脱模，放在标准养护箱中养护（水泥的标准养护条件：养护温度为（20±3）℃，相对湿度大于 90%），分别测 3d 和 28d 的抗压及抗折强度。根据测定结果确定该水泥的强度等级。

国家标准规定：硅酸盐水泥分为 42.5、42.5R、52.5、52.5R、62.5、62.5R 六个强度等级；普通硅酸盐水泥分为 42.5、42.5R、52.5、52.5R 四个强度等级；其他四种水泥分为 32.5、32.5R、42.5、42.5R、52.5、52.5R 六个强度等级。其中有代号 R 者为早强型水泥。各强度等级的六大水泥的 3d 和 28d 的强度不得低于标准规定的值。

3. 影响水泥及其制品的因素

（1）养护条件（温度、湿度）的影响　水泥的水化反应及凝结硬化必须在水分充足的条件下进行，环境湿度大，水分不易蒸发，水泥浆中保持有水化所需的足够水分。如环境干燥，则水分将很快蒸发，水化将不能正常进行，甚至停止水化，强度不再增长，同时可能使水泥制品表面产生干缩裂纹。

温度升高，水泥的水化反应加速，其硬化速度及强度增长也快；温度降低，则水化作用减慢，硬化速度及强度增长也缓慢，负温下水化停止。

上述影响主要表现在水化初期，对后期影响不大。

为了使水泥制品有较高的强度，一般要在制品成形24h后进行洒水养护。

(2) 龄期的影响 随着养护时间的增加，水泥的水化程度增加，凝胶体数量增加，毛细孔减少，强度不断增加。一般在28d内强度发展较快，28d后显著减慢。

(3) 水胶比（W/B）的影响 拌和水泥浆时，水与水泥的质量比称为水灰比，在新标准中，更准确地来说是水胶比（即水与胶凝材料的质量比），注意区别两者的含义。在这里可认为水灰比＝水胶比。水灰（胶）比越大，水越多，水泥浆越稀，凝结硬化和强度发展越慢，且硬化后的水泥石中的毛细孔含量越多，强度越低；反之，凝结硬化和强度发展越快，则强度越高。因此，水泥制品在配制时，在保证施工性能的前提下，应降低水灰（胶）比，以提高水泥石的硬化速度和强度；在成型后应及时洒水养护，确保水化作用能正常进行。

(4) 储存条件的影响

水泥在运输和储存过程中应达到以下要求：

1）按水泥的品种、标号、类型及出厂日期分别进行储运。

2）采取通风、防潮、防水等措施。

3）散装水泥应分库存放，袋装水泥的堆放高度不得超过10袋（50kg/袋）。

4）应先储先用。

5）一般储存时间不超过三个月，储存期超过三个月的水泥须重新试验，确定其标号。

即使是良好的储存条件（较为干燥），水泥也不宜久存。因为水泥在存放的过程中会吸收空气中的水蒸气和二氧化碳，使水泥丧失胶结能力，造成强度下降。储存时间超过三个月的水泥，其强度降低10%～20%；六个月后强度降低15%～30%；一年后强度降低25%～40%。

1.5.3 白色硅酸盐水泥

凡以适当成分的生料烧至部分熔融，所得以硅酸钙为主要成分、氧化铁含量很少的白色硅酸盐水泥熟料，加入适量石膏，磨细制成的水硬性胶凝材料，称为白色硅酸盐水泥，简称白水泥。

白水泥的性能与硅酸盐水泥基本相同，所不同的是要严格控制水泥原料中的铁含量，并严防在生产过程中混入铁质。白水泥中Fe_2O_3的含量（质量分数）一般小于0.5%，并尽可能除掉其他着色氧化物（MnO、TiO_2等）。

白水泥的技术要求应满足国家标准GB/T 2015—2005《白色硅酸盐水泥》的规定。白水泥按白度级别与标号划分产品等级，各等级应满足国家标准的相关规定。

白水泥一般用于在装饰工程中制作装饰构件、花饰、栏杆、白水泥雕塑等；也可以用白水泥抹灰装饰墙面、调制外墙腻子、制作艺术水磨石；还可用于石材或陶瓷砖施工后的勾缝。

1.5.4 彩色硅酸盐水泥

生产彩色硅酸盐水泥有三种方法：一是在水泥生料中加入着色物质，烧成彩色熟料再磨成彩色水泥；二是将白水泥熟料或硅酸盐水泥熟料、适量石膏和碱性着色物质共同磨细，制成彩色水泥；三是将干燥状态的着色物质掺入白水泥或硅酸盐水泥中。

白色和彩色硅酸盐水泥在装饰工程中常用于配制各类彩色水泥浆、砂浆和混凝土，用于制造各种艺术水磨石、水刷石、斩假石等饰面及雕塑和装饰部件等制品。

1.6 建筑装饰石材

建筑装饰石材是指建筑装饰装修工程中使用的石材，包括天然石材和人造石材两大类。用于建筑装饰工程的天然石材有天然大理石、天然花岗石、天然洞石、青石、砂岩、火山石等；建筑装饰工程中使用的人造石材主要有水泥型人造石材、烧结型人造石材、聚酯型人造石材、微晶石、石英石、透光石、人造石复合板等。

天然石材的优点如下：

1）结构致密，抗压强度高，大部分可超过100MPa。

2）耐久性好，使用年限可达百年以上。

3）装饰性好。天然石材以其天然的纹理效果、厚重的质感，加上可加工成多种表面，在装饰工程中是其他材料无法取代的。

天然石材的缺点如下：

1）自重大，脆性大，易损耗，成本高。

2）施工难度大。

3）有色差及其他天然缺陷且不可避免。

1.6.1 天然大理石

1. 天然大理石的特点

1）天然大理石属于变质岩，广义上可以是沉积岩类或变质岩类。

2）天然大理石的主要矿物成分是方解石和白云石。

3）天然大理石的主要化学成分是碳酸盐。

4）质地密实，可以磨平、抛光，抗压强度高，吸水率低。

5）硬度一般，属于中硬石材，能被陶瓷或玻璃刻划出痕迹。

6）抗风化性较差，易被酸雨侵蚀。在各种颜色的天然大理石中，暗红色、红色最不稳定，绿色次之。因此除少数质纯、杂质少，比较稳定耐久的品种，如汉白玉、艾叶青等可用于室外，绝大多数大理石品种只宜用于室内。

7）表面多为纹理状，抛光后颜色更明显。

8）品种繁多，分布地区广。

2. 天然大理石的应用

1）工程上常用来加工成抛光板材，有标准板和异形板。

2）用于室内墙面、柱面、门贴脸、门套板、窗台板、台面、踢脚等处。

3）光面板材一般不宜用于室外，尤其是红色系和黄色系。

4）在室内使用时一般不宜用于地面。但汉白玉因材质硬、质地坚实可以用于地面或楼梯栏杆及踏步板的装饰。

5）可以加工成石粒用于装饰抹灰或人造石材。

工程上一般选用600mm×600mm或以上的规格，常用的工程板的厚度为15~20mm。干挂法施工时，板材的厚度不宜小于18mm，楼梯踏步贴面工程板的厚度不宜小于20mm。大理石采用水泥砂浆粘贴施工时，应作防碱背涂处理，否则容易出现泛碱变色现象。

3. 天然大理石的主要品种和产地

天然大理石品种繁多，仅国产的、有商业使用价值的就达400多个品种。大理石饰面板的品种常以其磨、抛光后的花纹、颜色特征及产地命名。彩图1所示为部分国产大理石的品种，彩图2所示为部分进口大理石的品种。

小常识　天然大理石的分类及品种

天然大理石可以按颜色分类：

(1) 白色系　国产的主要有北京房山汉白玉，云南大理苍山白，四川宝兴蜀白玉、水晶白，广西的广西白等。进口的比较有名的有希腊的爵士白、雅士白，意大利的大花白、中花白、细花白等。

(2) 黑色系　国产的主要有北京房山的房山黑，广西的桂林黑、黑白根，河南安阳的墨豫黑等。进口的有意大利的黑金花、法国的劳伦特黑等。

(3) 红色系　国产的主要有辽宁铁岭的东北红、四川南江的南江红、河北曲阳的桃红、安徽灵壁的红皖螺、江苏宜兴的红奶油等。进口的有法国的玫瑰红、意大利的紫罗红、西班牙的珊瑚红等。

(4) 绿色系　国产的主要有台湾的大花绿、辽宁丹东的丹东绿、山东莱阳的莱阳绿、山东栖霞的栖霞绿、河南桐柏的荷叶绿等。进口的有巴西的巴西绿、意大利的大花绿等。

(5) 黄色系　国产的主要有湖北黄石的锦黄，江苏宜兴的金花米黄，广西桂林的桂林黄，湖北黄石的锦黄、虎皮黄，河南内乡的木纹黄、松香玉等。进口的有埃及的金线米黄和银线米黄、法国米黄、西班牙米黄、莎安娜米黄、欧亚米黄、雅典米黄、罗马米黄、新西米黄、意大利木纹、阿曼米黄等。

(6) 灰色系　国产的主要有云南的大理云灰、浙江杭州的杭灰、广西来宾的灰姑娘。进口的有葡萄牙灰、意大利灰网纹、土耳其西西里灰等。

(7) 咖啡色系　主要为啡网纹。

4. 天然大理石的规格

天然大理石的加工规格有定型和不定型两类，一般厚度为20mm，不定型规格可根据用户要求加工。天然大理石定型材料的规格见表1-5。

表1-5　天然大理石定型材料的规格　（单位：mm）

长×宽×高	长×宽×高	长×宽×高	长×宽×高
300×150×20	400×200×20	610×610×20	1070×750×20
300×300×20	400×400×20	900×600×20	1200×600×20
305×152×20	600×300×20	915×610×20	1200×900×20
305×305×20	600×600×20	1067×762×20	1220×915×20

5. 天然大理石的质量标准

天然大理石的规格尺寸偏差、平面度公差、角度公差、磨光板材的光泽度、外观、色调与花纹、物理力学性能等应符合现行行业标准《天然大理石建筑板材》（GB/T 19766—

2005）的规定。

（1）外观质量要求

1）大理石饰面板应表面平整、边缘整齐，棱角不得损坏。

2）天然大理石装饰板的表面不得有隐伤、风化等缺陷，不宜采用易褪色的材料包装。

3）天然大理石板材分为优等品、一等品和合格品三个等级，外观质量应符合规定；其普通型板材的外观质量应符合表1-6的规定。

表1-6　天然大理石普通型板材的外观质量要求

类　别	名　称	指　标		
		优等品	一等品	合格品
正面外观缺陷	翘曲	不允许	不明显	有，但不影响使用
	裂纹（长度超过10mm）	不允许	不明显	有，但不影响使用
	砂眼（直径在2mm以下）	不允许	不明显	有，但不影响使用
	凹陷	不允许	不明显	有，但不影响使用
	污点	不允许	不明显	有，但不影响使用
	色斑（面积不超过6cm^2，面积小于2cm^{2}的不计）每块允许个数/个	不允许	1	2
	正面棱缺陷（长度不大于8mm，宽度不大于1.5mm）每块允许个数/个	不允许	1	2
	正面角缺陷（长度不大于3mm，宽度不大于3mm）每块允许个数/个	不允许	1	2

（2）规格尺寸偏差、平面度公差和角度公差（见表1-7）

表1-7　天然大理石普通型板材的规格尺寸偏差、平面度公差和角度公差　（单位：mm）

类　别	分类等级		指　标		
			优等品	一等品	合格品
规格尺寸允许偏差	长度、宽度		0 -1.0	0 -1.0	0 -1.5
	厚度	≤15	±0.5	±0.8	±1.0
		>15	+0.5 -1.5	+1.0 -2.0	±2.0
平面度公差	板材长度（L）范围	L≤400	0.2	0.3	0.5
		400<L<800	0.5	0.6	0.8
		800≤L<1000	0.7	0.8	1.0
		L≥1000	0.8	1.0	1.2
角度公差	板材宽度范围	≤400	0.3	0.4	0.6
		>400	0.5	0.6	0.8

注：异形板材规格尺寸的允许偏差由供需双方商定。

（3）物理性能

1）镜面光泽度。一般不低于70。

2）物理力学指标。吸水率不大于0.5%，表观密度不小于2.3g/cm^3，干燥抗压强度不小于50MPa，抗弯强度不小于7.0MPa。

6. 天然大理石的检验

1）查看包装是否完整，标记是否清晰完整。

2）查看产品合格证书及性能检测报告。

3）查看天然大理石的品种、规格、数量是否与要求一致。

4）查看外观花纹和色调是否和样品一致。

5）对产品表面缺陷进行检查（按国家标准规定）。

6）对产品规格尺寸偏差进行复检（送专业检测部门按国家标准规定进行检查）。

7）对主要物理力学性能进行复检（送专业检测部门按国家标准规定进行检查，或双方商定）。

1.6.2　天然花岗石

1. 天然花岗石的特点

1）天然花岗石属于火成岩。

2）天然花岗石的主要矿物成分是石英和长石。

3）天然花岗石的主要化学成分是硅酸盐。

4）质地密实，可以磨平、抛光，抗压强度高，吸水率低。

5）属于硬石材，质地坚硬、耐磨，一般陶瓷、玻璃及刀片无法将其表面划伤。

6）有很强的抗风化性，室内外都可使用，使用年限可达百年以上甚至上千年。

7）表面特征多为均匀的粗细粒状、斑状、结晶状，抛光后颜色更明显。

2. 天然花岗石的应用

1）用于室内外墙面、地面、柱面、窗台板、台面、踢脚等处。

2）由于天然花岗石具有很好的抗风化性能和耐久性，所以非常适合用于室外地面、墙面及有纪念意义的建筑物或构筑物。

3）由于天然花岗石的硬度高、耐磨性好，因此很适合用于人流量大处的地面装饰。

4）天然花岗石的表面可加工成多种形式，如镜面板、粗磨板、火烧面板、锤纹面板、剁斧面板、刨槽面板等。镜面板表面平整、色泽光亮如镜、晶粒显露，多用于室内外墙面、柱面、地面等的装饰；剁斧板多用于室外建筑基座或外墙，表现古朴、厚重、坚实的设计风格；火烧板、锤纹板等表面粗糙，具有规则的条状斧纹，防滑，一般用于室外地面、基座等处；机刨板表面平整，具有平行刨纹，一般用于台阶、踏步等处；粗磨板表面平滑无光，一般用于室外地面、台阶、基座、纪念碑等处。

5）天然花岗石可能有一定的天然放射性，国家标准《建筑材料放射性核素限量》（GB 6566—2010）规定为A、B、C三个等级，A级的放射性最低，使用最安全，没有限制；B级的不能用于住宅建筑；C级的只能用于道路、桥梁等构筑物。

3. 天然花岗石的主要品种和产地

天然花岗石常以其颜色、表面特征及产地命名。国产的有商业使用价值的花岗石有100多个品种。部分国产花岗石品种如彩图3所示，部分进口花岗石品种如彩图4所示。

小常识　天然花岗石的主要品种和产地

(1) 白色系　国产的有莱州白（白底黑点）、山东白麻（白底黑点）；进口的有美国白麻、印度白金等。

(2) 黑色系　国产的有蒙古的丰镇黑（又称蒙古黑，为纯黑色）、山西黑（纯黑色）、济南青（纯黑色）、河北黑（又称中国黑）、莱州棕黑（黑底棕点）；进口的有非洲黑、巴西黑、印度的黑金沙（纯黑底，有金色或银色亮点）等。

(3) 红色系　国产的有山东的五莲红、河北的将军红、四川的石棉红；进口的有印度红、芬兰的红钻等。

(4) 绿色系　国产的有山东的泰安绿（暗绿色）、承德绿、桂林绿、江西的中国绿、福建的珊瑚绿；进口的有巴西的蝴蝶绿、南非绿等。

(5) 黄色系　国产的有广西的蝴蝶金麻、新疆的哈密金麻、福建的虎皮黄、山东的金沙黄等；进口的有巴西的金钻麻、世贸金麻、紫点金麻，沙特的黄金钻、印度的金丝缎等。

(6) 咖啡色、灰色、棕色　国产的有河南的中国猫灰、山东的鲁灰、崂山灰、广东的金穗灰麻；进口的有芬兰的啡钻、巴西的皇室啡、英国棕。

(7) 蓝色系　蓝色的花岗石极为少见，价格很高。我国主要有河北承德的承德蓝，内蒙的蓝钻、雪花蓝、蝴蝶蓝和紫星蓝钻；进口的有美国的卡兰达、挪威的蓝珍珠。

4. 天然花岗石的分类与规格

天然花岗石板材按形状分有毛光板（MG）、普型板（PX）、圆弧板（HM）、异型板（YX）四类，工程上用得最多的是普型板。

天然花岗石板材按表面加工程度分为镜面板（JM）、细面板（YG）和粗面板（CM）三大类。

天然花岗石普型板的加工规格有定型和不定型两种，不定型规格可根据用户要求加工。天然花岗石定型板材的常用规格见表1-8。

表1-8　天然花岗石定型板材的常用规格　（单位：mm）

边长系列	300、305、400、500、600、800、900、1000、1200、1500、1800
厚度系列	10、12、15、18、20、25、30、35、40、50

注：加黑的为常用规格。

5. 天然花岗石的标识

标记顺序：名称—类别—规格尺寸—等级—标准号。

如：济南青花岗石（G3701）　PX　JM 600×600×20 A GB/T 18601—2009。

上述标识表示的是规格为600mm×600mm×20mm的普型、镜面、优等品济南青花岗石（国家标准规定的名称编号为G3701），执行标准号为GB/T 18601—2009。

6. 天然花岗石板材的质量标准

天然花岗石板材的规格尺寸偏差、平面度公差、角度公差、外观质量、物理性能、天然放射性等应符合现行标准《天然花岗石建筑板材》（GB/T 18601—2009）的规定。

下面介绍普型板的质量标准。

（1）产品等级划分 天然花岗石普型板根据规格尺寸偏差、平面度公差、角度公差、外观质量分为优等品、一等品和合格品三个等级。

（2）普型板规格尺寸允许偏差（见表1-9）

表1-9 普型板规格尺寸允许偏差 （单位：mm）

项目		技术指标					
		镜面和细面板材			粗面板材		
		优等品	一等品	合格品	优等品	一等品	合格品
长度、宽度		0 -1.0	0 -1.0	0 -1.5	0 -1.0	0 -1.0	0 -1.5
厚度	≤12	±0.5	±1.0	+1.0 -1.5	—		
	>12	±1.0	±1.5	±2.0	+1.0 -2.0	±2.0	+2.0 -3.0

（3）普型板平面度公差（见表1-10）

表1-10 普型板平面度公差 （单位：mm）

板材长度 L	技术指标					
	镜面和细面板材			粗面板材		
	优等品	一等品	合格品	优等品	一等品	合格品
$L \leqslant 400$	0.20	0.35	0.50	0.60	0.80	1.00
$400 < L \leqslant 800$	0.50	0.65	0.80	1.20	1.50	1.80
$L > 800$	0.70	0.85	1.00	1.50	1.80	2.00

（4）普型板角度公差（见表1-11）

表1-11 普型板角度公差 （单位：mm）

板材长度 L	技术指标		
	优等品	一等品	合格品
$L \leqslant 400$	0.30	0.50	0.80
$L > 400$	0.40	0.60	1.00

注：普型板正面与侧面的夹角不应大于90°。

（5）外观质量 同一批板材的色调应基本调好，花纹应基本一致。

普型板的外观质量要求应符合表1-12的规定。

表1-12 普型板的外观质量要求

缺陷名称	规定内容	技术指标		
		优等品	一等品	合格品
缺棱	正面棱缺陷长度不大于10mm，宽度不大于1.2mm（长度不大于5mm，宽度不大于1.0m不计）周边每米长允许个数/个	不允许	1	2

（续）

缺陷名称	规定内容	技术指标		
		优等品	一等品	合格品
缺角	沿板材边长正面角缺陷长不大于3mm，宽不大于3mm（长不大于2mm，宽不大于2mm不计）每块允许个数/个	不允许	1	2
裂纹	长度不超过两端顺延至板边总长度的1/10（长度小于20mm的不计）每块板允许条数/条	不允许	1	2
色斑	色斑面积不超过15mm×30mm（面积小于10mm×10mm的不计）每块允许个数/个	不允许	2	3
色线	长度不超过两端顺延至板边总长度的1/10（长度小于40mm的不计）每块板允许条数/条	不允许	2	3

注：干挂板材不允许有裂纹存在。

（6）物理性能

1）镜面光泽度一般不低于70。

2）天然花岗石的物理性能应符合表1-13的规定。

表1-13　天然花岗石的物理性能

项　　目		技术指标	
		一般用途	功能用途
体积密度/(g/cm^3)，≥		2.56	2.56
吸水率（%），≤		0.60	0.40
压缩强度/MPa，≥	干燥	100	131
	水饱和		
弯曲强度/MPa，≥	干燥	8.0	8.3
	水饱和		
耐磨性/(g/cm^3)，≥		25	25

注：用于地面、踏步、台面等承受较大磨损部位的花岗石有耐磨性要求。

（7）放射性　天然花岗石可能含有一定的放射性气体——氡气，人吸入过量的氡气会影响造血细胞和神经系统，严重时会导致肿瘤的发生。天然花岗石的放射性应符合《建筑材料放射性核素限量》（GB 6566—2010）的规定。

7. 天然花岗石的检验

天然花岗石的检验内容与天然大理石的检验内容相同。

1.6.3　青石

青石又称青石板或板岩，学名为石灰石，是水成岩中分布最广的一种岩石，全国各地都有产出。青石的主要成分为碳酸钙及黏土、氧化硅、氧化镁等，当氧化硅含量高时，青石板的硬度就高。青石板的表观密度为1000～2600kg/m^3，抗压强度为10～100MPa，其材质软、易风化。

1. 青石的应用

青石板易于劈制成面积不大的薄板，过去常用于园林中的地面、山区房屋的屋面瓦及墙面材料等。因其古朴自然，在一些室内装饰中还将其用于局部墙面装饰，营造返璞归真的效果。青石板取其劈制的天然效果，表面一般不经打磨。用于装饰的青石板规格一般较小，也不承受较大的作用力，应选择表面花纹均匀、比较平整、没有裂纹的板岩，以四个切角边割整齐为佳。青板的色泽基本均匀，但白板很难完全同色，只要色差不过大，略有不同反而更添自然的韵致。墙面选用白板，显得比较敞亮，更适合面积不是很大的卫生间，如彩图5所示。

2. 青石的品种

青石有青（青绿）色、锈（锈红）色、黑（黑蓝）色、白（黄白）色等多种颜色，颜色越浅的越贵，因此白板最贵，其次为青板，锈板和黑板的价格较便宜。

青石板根据表面加工形式有平板（用于墙面、地面）、毛板（用于墙面）、文化石（用于墙面）、碎拼板（用于墙面、地面）、瓦板（用于建筑物屋顶，代替普通房瓦、墙面）等。

3. 青石的规格

青石有多种规格，贴墙一般用100mm×200mm、150mm×300mm、200mm×300mm、200mm×400mm等规格，地面一般用的是300mm×600mm。

4. 青石的特点

（1）装饰效果新颖　青石板体现的是一种自然清新、返璞归真、乡土风情的自然景象。

（2）表面防滑　青石板（平板）表面不经过人工刻磨，最大限度地保持了天然板岩原始的自然风貌。

（3）价格便宜　如青色、锈色、黑色（平板），规格为300mm×200mm、300mm×150mm的青石板，每平方米售价一般多为十几元至几十元左右。

5. 青石的镶贴

青石板与瓷砖的镶贴方法基本一样，用水泥或专用胶粘剂镶贴，但青石板一定要错缝铺贴，看起来才更自然朴实，贴完后应使用哑光硝基清漆或聚酯清漆刷上1~2遍，干后即可，防止石材表面受污染或细菌滋生侵蚀。

1.6.4　砂岩

砂岩是一种沉积岩，其中砂粒含量要大于50%，绝大部分砂岩是由石英或长石组成的。砂岩结构稳定，通常呈淡褐色或红色，主要含硅、钙、黏土和氧化铁。

1. 砂岩的特点和应用

砂岩是使用最广泛的建筑用石材之一。几百年前用砂岩装饰而成的建筑至今仍风韵犹存，如巴黎圣母院、罗浮宫、英伦皇宫等，砂岩高贵典雅的气质以及坚硬的质地成就了世界建筑史上一朵朵奇葩。近年来，砂岩作为一种天然建筑材料，被追随时尚和自然的建筑设计师所推崇，广泛地应用在商业和家庭装修上。

2. 砂岩的分类

（1）根据产地分类　目前世界上已被开采利用的有澳洲砂岩、印度砂岩、西班牙砂岩、中国砂岩（主要产地有四川内江、云南和山东等地）。其中，色彩、花纹最受建筑设计师欢迎的是澳洲砂岩。澳洲砂岩是一种生态环保石材，其产品具有无污染、无辐射、无反光、不风化、不变色、吸热、保温、防滑等特点。

（2）根据颜色分类　常见的有黄木纹砂岩、红砂岩、绿砂岩、黄砂岩、白砂岩和青砂岩等。

3. 砂岩产品及其特点

砂岩产品有砂岩圆雕、浮雕壁画、雕塑喷泉、雕刻花板、艺术花盆、风格壁炉、罗马柱、门窗套、线条、镜框、灯饰、拼板、家居饰品；环境雕塑、建筑细部雕塑、园林雕塑等。所有产品均可以按照要求任意着色、彩绘、打磨明暗、贴金，并可以通过技术处理使作品表面呈现粗犷、细腻、龟裂、自然缝隙等效果。砂岩产品耐磨、经久耐用、美观、环保。

小常识　砂岩及其制品使用时的注意事项

（1）不可直接用水冲洗　砂岩与天然木材一样，为一种“会呼吸”的多孔材料，很容易吸收水分或经由水溶解污染而造成各种病变，如崩裂、风化、脱落、浮起、吐黄、水斑、锈斑、白华、雾面等。

（2）不可接触酸性或碱性物质　所有石材均怕酸碱，因为酸碱会侵蚀砂岩表面造成变色污染现象。

（3）不可随意上蜡　蜡质不但会堵塞石材呼吸的毛细孔，还会沾上污尘而形成蜡垢，造成石材表面产生黄化现象。倘若在行人及货物流通频率极高的场所必须上蜡时，则必须请专业保养公司指导用蜡及保养。

（4）不可乱用非中性清洁剂　为求快速清洁效果，一般清洁剂均有酸碱性，故若长时间使用不明成分的清洁剂，会使石材表面光泽尽失。

（5）不可长期覆盖地毯、杂物　为保持石材呼吸顺畅，应避免在石材面上长期覆盖地毯及杂物，否则石材中的湿气将无法通过石材毛细孔挥发出来而造成病变发霉。

1.6.5 天然洞石

洞石因石材的表面有许多孔洞而得名，如图1-1所示，其学名是凝灰石，商业上将其归为大理石类。凝灰石大多在河流或湖泊、池塘里快速沉积而成，这一快速沉积使有机物和气体不能释放，从而出现了美丽的纹理和孔洞。

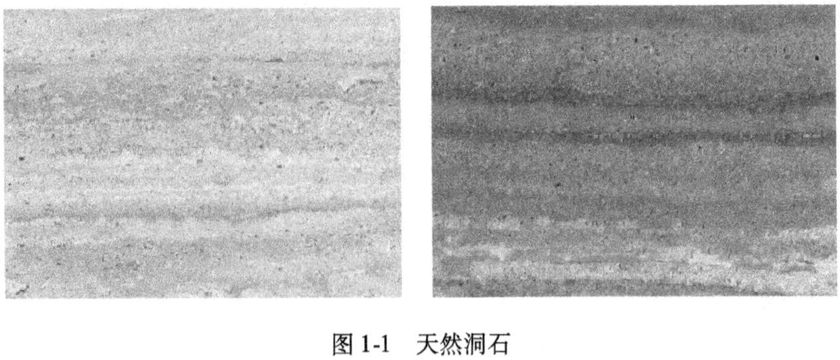

图1-1　天然洞石

1. 洞石的特点及应用

近年来，洞石被设计师大量用于建筑内、外墙装饰（彩图6）和室内地板装饰，使人感到温和，其质感丰富、条纹清晰，使被装饰的建筑物具有强烈的文化和历史韵味。洞石的色调以米黄居多，但洞石因为有孔洞，单位密度并不大，强度较低，故不适合做建筑的结构材料。人类对该石材的使用年代很久远，最能代表罗马文化的建筑——角斗场就是洞石杰作。

洞石的优点如下：

1）岩性均一，质地软、硬度小，非常易于开采加工，容易雕刻和加工成异型用材。

2）具有良好的隔声性和隔热性，是优异的建筑装饰材料。

3）颜色丰富、纹理独特，有特殊的孔洞结构，有着良好的装饰性能。同时，由于洞石天然的孔洞特点和美丽的纹理，也是做盆景、假山等园林用石的好材料。

2. 洞石的分类

洞石的颜色有米黄色、白色、灰色、紫色、粉色、绿色、咖啡色等多种。各类颜色的洞石一般有罗马洞石、伊朗洞石和土耳其洞石等，其中罗马洞石的颜色较深、纹理较明显、材质较好。我国河南郑州地区也发现了大量的米黄色洞石。

3. 洞石使用时的注意事项

洞石本身的真密度是比较高的，但是由于存在大量孔洞使其本身表观密度偏低、吸水率升高、强度下降。因此，洞石的物理性能低于正常的大理石。由于洞石存在大量的纹理、泥质线、泥质带、裂纹等天然缺陷，因此这种材料的性能均匀性很差。所以在加工和运输、搬运过程中要小心，应轻搬轻放。

由于洞石本身存在大量孔洞，所以在加工后期要进行表面封孔处理。

1.6.6 火山石

火山石是一种功能型环保材料，又称浮石或多孔玄武岩，是火山爆发后由火山玻璃、矿物与气泡形成的非常珍贵的多孔型石材，如图 1-2 所示。

火山石的特点及应用如下：

1）性能优越。火山石除具有普通石材的一般特点外，还具有其自身的独特风格和特殊功能，可以安全用于人类生活居住场所，无放射性污染。此外，它具有吸声、降噪作用，有利于改善听觉环境；能够吸水、防滑、阻热；具有“呼吸”功能，能够调节空气湿度，改善生态环境。

2）质地坚硬、抗风化、耐候、经久耐用。

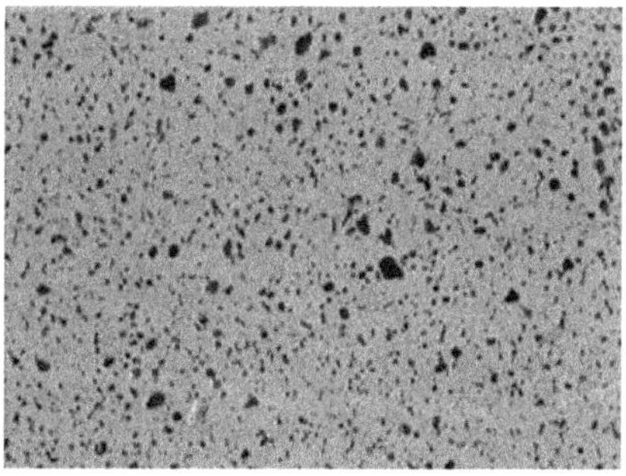

图 1-2 火山石

3）可以满足当今时代人们在建筑装修上追求古朴自然、崇尚绿色环保的新时尚。可用来生产出超薄型板材，经表面精磨后光泽度可达 85 度以上，如图 1-3 所示；其色泽光亮纯正、外观典雅庄重，被广泛用于各种建筑外墙装饰、市政道路广场（图 1-4）、地面铺装，更是各类仿古建筑、欧式建筑、园林建筑的首选石材，深受国内外广大用户的喜爱和欢迎。

1.6.7 人造饰面石材

人造饰面石材是指使用一定量的天然石材作为原料，采用通过胶结成型、烧结成型或粘贴复合成型等特殊工艺制成的能够用于室内外装饰且外观类似于天然石材的产品。

图 1-3　火山石地板

图 1-4　火山石栏杆

人造饰面石材根据所使用的原料及生产工艺可分为水泥型、树脂型、烧结型人造石材和石材复合板。

1. 水泥型人造石材

水泥型人造石材有水磨石等，主要用于简易装修的地面和窗台板等。

2. 树脂型人造石材

树脂型人造石材有实体面材、岗石（人造花岗石）、石英石、透光石、生态水晶石等。

实体面材是用细石粉作为主要原料，以不饱和树脂为胶粘剂浇筑成型，再经锯切打磨制成的板材。岗石的填料采用天然花岗石颗粒，以不饱和树脂为胶粘剂真空压缩成形。

实体面材和岗石属于中低端产品，主要用于制造普通饰面板材。

石英石（详细内容参见本书 8.7）属于高端产品，是在岗石的基础上，以石英砂为主要填料制成的，其产品具有很高的强度、硬度和耐磨性，常用于高档橱柜的台面和高档装饰的地面材料。

透光石是在实体面材的基础上发展而来的，采用大量的不饱和树脂和少量的氢氧化铝粉末制成。透光石透光不透视，主要用于装饰上制作灯柱、灯箱、透光吊顶、服务台立面等。

生态水晶石（详细内容参见本书 8.9）既透光又透明，是采用高透光率的树脂和天然石料或完整的动植物标本、贝壳等材料模压制成的高端装饰材料。生态水晶石多用于加工制作高档家具，如茶几或餐桌的台面、洗手台、展示台、形象墙的点缀等。

3. 烧结型人造石材

烧结型人造石材有陶瓷地砖、微晶石等。

微晶石（详细内容参见本书 8.8）也称微晶玻璃、玉晶石、结晶化玻璃、微晶陶瓷等。它是由无机矿粉经过高温熔制，再高温烧结而得到的多晶体。微晶石集中了玻璃与陶瓷的特点，性能却超过它们，其机械强度、耐磨损性、耐蚀性、电绝缘性、介电常数、导热性、热稳定性和耐高温性等均优于现有的陶瓷、玻璃等。

4. 石材复合板

将名贵稀有的天然石材分切成 2～3mm 的薄板，或者使用高档的人造石薄板，用专业胶粘剂粘贴在其他材料的表面制成的装饰板材称为石材复合板。石材复合板如图 1-5～图 1-10 所示，主要用于建筑内、外墙挂板。

石材复合板主要有以下类别：

1）石材-瓷砖复合板。

图1-5　石材-铝塑板复合板

图1-6　石材-玻璃复合板

图1-7　石材-铝蜂窝板复合板

图1-8　石材-石材复合板

图1-9　石材-瓷砖复合板

图1-10　石材-微晶石复合板

2）石材-石材复合板。
3）石材-玻璃复合板。
4）石材-铝塑板复合板。
5）石材-铝蜂窝板复合板。
6）石材-塑料蜂窝板复合板。
7）人造石-天然石复合板。
8）人造石-金属复合板。
9）石材-硅酸盐复合板。

石材复合板主要有以下特点：

1）重量轻、强度高。

2）美观、易控制色差、不易污染。

3）节能、环保。

4）运输安装方便、损耗低。

1.7 陶瓷装饰材料简介

陶瓷属于人造石材（烧结型人造石材），是以黏土为主要原料，经配料、制坯、干燥、焙烧等工艺制成的。

1.7.1 建筑陶瓷装饰品的特点

建筑陶瓷装饰品的特点有：

1）坚固耐用。

2）耐火、耐水、耐磨、耐蚀。

3）装饰效果好，可根据需要设计色彩和图案。

4）易清洗，表面有釉的更易清洗。

5）易施工。

6）价格低。

1.7.2 陶瓷制品的分类

按吸水率的大小、结合断面的粗细及声音，陶瓷制品可分为以下三大类：

1. 陶器

（1）粗陶　吸水率 $E>15\%$，如砖、瓦。

（2）精陶　$10\%<E\leqslant15\%$，最大不超过 21%，如内墙砖（釉面砖、瓷片）。

2. 炻器

（1）粗炻器　$6\%<E\leqslant10\%$，如釉面地板砖。

（2）细炻器　$3\%<E\leqslant6\%$，如外墙砖。

（3）炻瓷砖　$0.5\%<E\leqslant3\%$，如广场转。

3. 瓷器

（1）粗瓷　$E\leqslant0.5\%$，如抛光地板砖。

（2）细瓷　$E=0$（不吸水），如日用餐具。

1.7.3 内墙面砖

内墙面砖又称釉面砖，或白瓷片、瓷砖。内墙面砖主要用于室内卫生间、浴室、厨房等墙面镶贴。其表面有釉，属于精陶制品，采用低温快烧工艺制成。

1. 内墙面砖的特点

1）表面光滑，釉面不吸水，易清洗。

2）防火、防水、耐蚀。

3）烧结程度低，强度较低。

4）坯体有较大的吸水率（一般为10%～15%，最大可达18%～20%），可能导致釉面开裂。

2. 内墙面砖的应用

1）主要用于浴室、卫生间、厨房、医院、实验室等卫生条件要求较高的场所的室内墙面、柱面、操作台面的装饰，如图1-11所示。

2）不能用于地面及外墙面，因为其耐磨性较差，强度低、吸水率较大，抗冻性差。

3）粘贴前必须用水泡透，晾至表面无明水再用，以免造成空鼓、脱落现象。

图1-11 内墙面砖的应用实例

3. 内墙面砖的分类

1）白色釉面砖。

2）彩色釉面砖（单色）。

3）装饰釉面砖，包括花釉砖（多色）、结晶釉砖、仿石釉砖、斑纹釉砖。

4）图案砖，包括白底图案砖、色底图案砖。

5）浮雕图案砖。

6）镶嵌金属图案砖。

4. 内墙面砖的规格类型

标准砖的规格为300mm×450mm、300mm×600mm等，其厚度通常为5～8mm，以300mm×450mm的规格最为常用。

5. 内墙面砖的质量要求

内墙面砖的质量标准应符合《陶瓷砖》（GB/T 4100—2006）的规定。

（1）内墙面砖的表面质量要求及物理性能要求（见表1-14）

表1-14 内墙面砖的表面质量要求及物理性能要求

剥边、落脏、釉泡、斑点、坯粉、釉缕、桔釉、波纹、缺釉、棕眼、裂纹、图案缺陷、正面磕碰	95%的砖其主要区域无明显缺陷
色差	不明显
吸水率	平均值大于10%，单个值不小于9%，且一般不超过20%
弯曲强度	平均值不小于15MPa，单个值不小于12MPa
耐急冷急热性（抗热振性）	10次釉面无裂纹
耐污染性	经耐污染试验后不低于3级（5级性能最好）

（2）内墙面砖的尺寸允许偏差　内墙面砖的规格尺寸偏差、边直度偏差、直角度偏差和平面度偏差的要求见表1-15。

表1-15 内墙面砖的规格尺寸偏差、边直度偏差、直角度偏差和平面度偏差的要求

项目名称	%
长、宽允许偏差	±0.3
厚度允许偏差	±10

（续）

<table>
<tr><th colspan="2">项目名称</th><th>%</th></tr>
<tr><td colspan="2">边直度（正面）相对于工作尺寸的最大允许偏差</td><td>±0.3</td></tr>
<tr><td colspan="2">直角度（正面）相对于工作尺寸的最大允许偏差</td><td>±0.5</td></tr>
<tr><td rowspan="3">表面平整度</td><td>中心弯曲度</td><td>+0.5
-0.3</td></tr>
<tr><td>边弯曲度</td><td>+0.5
-0.3</td></tr>
<tr><td>角翘曲度</td><td>±0.5</td></tr>
</table>

小常识　鉴别和选购釉面砖的方法

市场上的釉面砖品牌多达数百个，质量鱼龙混杂，购买时一定要认真挑选。

（1）规格　一般房间较小时宜选用 300mm×450mm 的规格；当房间较大时，可采用 300mm×600mm 的规格，并应优先选用无缝砖。

（2）尺寸精度　应尽量选用尺寸偏差较小的釉面砖。

（3）表面质量　任意选取几块砖观察其表面有无缺陷（如砂眼、杂点、缺釉、釉面不平滑、釉裂、图案不吻合、色差等）。

（4）釉面硬度　用铁钉或小刀刮擦釉面砖的表面，观察是否有明显的划伤。

（5）听声音　用左手拿起一块釉面砖，右手指敲击砖面，听声音是否清脆。声音越清脆，其瓷质越好。

（6）测试吸水速度　将釉面砖背面朝上放平，用水杯将水倒在砖上，观察其吸水速度，吸水速度越慢，说明砖的吸水率越低，砖越密实。

（7）釉面的厚度　观察釉面砖的侧面釉层，釉层厚的釉面砖镶贴后不易变色；釉面过薄，则施工后易出现透底变色的现象。

（8）检查产品包装及标示　正规厂家的产品包装精致，标示完整。

（9）查看产品合格证书　查看同批次同型号的产品合格证书。

1.7.4　全瓷抛光地砖

全瓷抛光地砖又称玻化石，是采用优质瓷土为主要原料加入一定的脊性原料（如陶瓷粉、石英砂等）经粉碎筛分、布料，在 4800～7800t 的压力下进行干压成形，经高温焙烧后，再进行抛光、磨边处理而制成的高档陶瓷地砖。

1. 全瓷抛光地砖的分类

全瓷抛光地砖根据生产工艺可分为普通渗花砖系列、微粉砖系列、超微粉砖系列、聚晶超微粉系列、透精微粉系列、普拉提超洁亮系列、仿洞石系列等，其档次和价位依次增高。

（1）渗花砖系列　是最早的抛光砖品种，价格也是抛光砖中最便宜的。它将原料颗粒在球磨机上打磨得稍粗糙一些，色泽较暗，成坯密度较小，表面通过颜料渗透技术渗透成花纹，图案生硬、有规律，砖的花纹很浅，一般可到达表面以下 0.5～1mm 处，长期使用表面花纹会磨损。渗花砖的吸水率小于 0.5%，砖体表面不耐磨，且耐污性能较差。

（2）微粉砖系列 所使用的坯体原料颗粒研磨得非常小（一般在150目以上，是渗花砖原料颗粒大小的1/20），通过计算机随机布料制坯，经过高温高压焙烧，然后经过表面抛光而成。由于成坯密度较大，表面花纹不能通过渗透技术来处理，只能采用颜料布料法来制作花纹。其主要局限在于微粉布料技术手段单调，易造成砖面图案杂乱无章，而且纹理与色彩不够丰富逼真。尽管在色调与肌理等方面尚有诸多不足，但其吸水率明显小于渗花砖，表面有更好的光泽度和耐污染性。

（3）超微粉砖系列 所使用的坯体原料颗粒研磨得比微粉砖更小，融入了更先进的表面花纹布料工艺和技术。超微粉砖的问世，大大改善了传统抛光砖花色图案单调、呆板，砖体表面光泽度差，耐磨性差，耐污、抗渗透能力低等弊端。超微粉砖的表面图案是由几种颜色的超微细粉经过计算机随机布料而成的，形成了强烈的层次感，更具天然石材的效果。超微粉砖的表面光泽度一般比渗花砖高5～10度。

（4）聚晶超微粉系列 是超微粉的一种升级产品，是在超微粉砖的基础上，于砖体中融入了一些晶体的融块或颗粒，经过表面打磨抛光后，砖表面的图案立体感更强，耐磨性和耐污性都更好。聚晶超微粉砖的砖体比较厚实，其吸水率（小于0.1%）远低于渗花砖，耐磨性更好。

（5）透晶微粉系列 透晶微粉砖的材料粒度小到纳米级，在砖体上形成保护屏，接近镜面效果，使地砖表面光洁明亮、清新华丽。透晶微粉砖表面的光泽度可达90度以上，而普通抛光砖的光泽度为55～70度。

（6）普拉提超洁亮系列 是在超微粉砖或聚晶超微粉砖的基础上增加了超洁亮技术（在玻化砖的表面通过添加纳米防护层而成），并且采用特殊的技术处理成表面呈水纹状的花纹，整体砖面更耐污、抗划伤，并且止滑效果更佳。砖表面的光泽度可达90度以上。

（7）仿洞石系列 是在超微粉砖或聚晶超微粉砖的基础上，采用特殊的工艺处理成表面呈天然洞石般的花纹和质感，砖面更加自然优雅、高贵大气。

2. 全瓷抛光地砖的特点及应用

全瓷抛光地砖经高温烧制而成，质地极为密实，吸水率极低（小于0.5%），其表里如一、强度高、超耐磨、易维护、表面光滑如镜、尺寸精密，是常用于室内地面的高档装饰，如图1-12所示。但由于普通渗花抛光地砖没有釉面，且经烧制后最外层的表面（陶瓷制品最外层因承受的烧结温度更高所以更密实）又被打磨抛光，所以渗花砖表面耐颜色污染的性能不如釉面地砖。全瓷抛光地砖在使用过程中应避免颜料污染，一旦粘上颜色，应立即擦干净，不易清洗时可用洗洁精擦洗。另外全瓷抛光地砖表面光滑，如果地面上有粉尘就会更滑，所以应经常用半干的拖把将地面清理干净，以防人员摔倒。

图1-12 全瓷抛光地砖的应用实例

全瓷抛光地砖的常用规格有600mm×600mm、800mm×800mm等，厚度为10～12mm。

3. 全瓷抛光地砖的等级划分及质量要求

全瓷抛光地砖的质量应符合《陶瓷砖》（GB/T 4100—2006）的有关规定。

（1）产品等级 按板材规格尺寸偏差、平面度公差、角度公差和外观质量等指标，全瓷抛光地砖分为优等品和合格品两个等级。

（2）规格尺寸偏差　长度和宽度：每块砖的两条或四条边的平均尺寸相对于工作尺寸的允许偏差为±1.0mm；厚度：允许偏差为±5%。

（3）边直度、直角度、平面度的允许偏差　边直度、直角度、平面度的允许偏差为±0.2%，且最大偏差不超过2.0mm。

（4）正面外观质量　至少95%的砖其主要区域无明显缺陷。

（5）物理性能（见表1-16）

表1-16　全瓷抛光地砖的物理性能

项　目	指　标
吸水率	平均值不大于0.5%，单个值不大于0.6%
耐急冷急热性	经10次急冷急热循环，不出现炸裂或裂纹（有要求时测试）
抗冻性	经20次冻融循环，不出现破裂、剥落或裂纹（有要求时测试）
弯曲强度	平均值不低于35MPa，单个值不低于32MPa
耐磨性	依据耐磨试验，耐深度磨损体积不大于175mm³
光泽度	不低于55度
耐高浓度酸、碱腐蚀性能	耐酸、耐碱性能分为UHA、UHB、UHC三个等级，以UHA级最好；全瓷抛光地砖要求不低于UHB级（有要求时测试）
耐低浓度酸、碱腐蚀性能	分为ULA、ULB、ULC三个等级，以ULA级最好；全瓷抛光地砖要求不低于ULB级。制造商应报告耐蚀等级（新规范）
耐家用化学试剂性能	分为UA、UB、UC三个等级，以UA级最好；全瓷抛光地砖要求不低于UB级
耐污染性	分为一、二、三、四、五个等级，五级最好；全瓷抛光地砖一般要求不低于二级，但新规范无强制要求

小常识　鉴别和选购地砖的方法

（1）规格　卫生间、厨房、浴室地面宜选用300mm×300mm或330mm×330mm的釉面地砖；大厅及面积较大的房间宜选用800mm×800mm的全瓷抛光地砖；面积较小的房间宜选用600mm×600mm的全瓷抛光地砖。

（2）尺寸精度　应选用规格偏差不超过1mm，对缝高度差不超过1mm的地砖。

（3）表面质量　任意选取几块砖观察表面有无缺陷，如砂眼、杂点、缺楞掉角、图案不吻合、色差等。

（4）表面硬度　用铁钉或小刀刮擦地砖的表面，观察是否有明显的划伤。

（5）听声音　用左手拿起一块地砖，用手指敲击砖面，听声音是否清脆。声音越清脆，其瓷质越好。

（6）称重量　同规格的砖，单块重量越重，则地砖越密实，吸水率越低。

（7）表面的光亮度　表面越光亮，则质地越密实，吸水率就越低。

（8）耐污染性　用2B铅笔在砖的正面用力画出痕迹，然后用湿毛巾擦，越容易擦净的说明砖的吸水率越低，砖越密实，耐污能力越强。

1.8　玻璃装饰材料简介

1.8.1　玻璃在建筑及装饰上的功能和作用

玻璃在建筑及装饰上的功能和作用有：

1）建筑门窗等处的采光和围护。

2）降低建筑物自重。

3）控制光线、调节热量、隔声降噪。

4）装饰室内外环境。

1.8.2　建筑玻璃的分类

玻璃根据其作用可分为以下几类：

（1）普通建筑玻璃　如平板玻璃（现多为浮法玻璃）。

（2）安全玻璃　如钢化玻璃、夹丝玻璃（图1-13）、夹层玻璃（图1-14）、防弹玻璃。

图1-13　夹丝玻璃

图1-14　夹层玻璃

（3）装饰玻璃　如压花玻璃、乳化玻璃、刻花彩绘玻璃（图1-15）、冰裂玻璃（图1-16）、镭射玻璃、艺术夹层玻璃、磨砂玻璃等。

图1-15　刻花彩绘玻璃

图1-16　冰裂玻璃

装饰玻璃也叫艺术玻璃，详细内容可参见本书8.1。

（4）特种玻璃　如热反射玻璃、吸热玻璃、中空玻璃、防火玻璃等。

（5）玻璃装饰制品　如玻璃镜、玻璃饰品、玻璃马赛克、玻璃门芯等。

1.8.3　安全玻璃及其应用

1. 安全玻璃的特点

安全玻璃主要包括钢化玻璃、夹层玻璃、夹丝玻璃等，它们具备以下特点：

1）强度高，不易被破坏。

2）即使被破坏，也不容易对人造成伤害。如钢化玻璃破碎后不产生尖锐的棱角，不易对人造成伤害；夹层或夹丝玻璃破坏后，碎块不脱落，也不易伤害到人。

3）具有一定的防范作用，如防火、防盗等。

2. 钢化玻璃

钢化玻璃又称强化玻璃，是用平板玻璃经过物理或化学方法进行钢化加工而成的。经过钢化后的玻璃，已经形成稳定的预应力状态（沿玻璃表面方向内部受拉，外表面受压），这种状态能够抵抗较强的外部的拉力、折弯力或冲击力。钢化玻璃一旦局部发生破损，便会发生应力释放，会先形成网状裂纹，而后破碎成无数均匀的小块，这些碎块没有尖锐的棱角，不易伤人。

（1）钢化玻璃的特点

1）机械强度高，是普通玻璃的 3 ~5 倍。

2）弹性好。一块 1200mm ×350mm ×6mm 的钢化玻璃，其中间受弯后可发生 100mm 的弯曲变形而不发生破坏；而普通玻璃在受弯破坏前的弯曲变形仅为几毫米。

3）热稳定性高。具有很好的抗热冲击性，安全工作温度最高为 287℃，能承受 204℃的温差剧变。

4）安全性高。钢化玻璃破碎后不产生尖锐的棱角，不易对人造成伤害。

（2）钢化玻璃的应用　钢化玻璃是最常用的安全玻璃，在建筑上主要用于高层建筑的门窗、幕墙、楼梯栏板、架空玻璃地面、玻璃家具、玻璃洁具、整体浴室、玻璃隔断等。

小常识　钢化玻璃使用时的注意事项

1）钢化玻璃不能进行切割、磨边、钻孔、弯曲等二次加工。如需一定的形状和尺寸，必须先用平板玻璃加工好再进行钢化。

2）玻璃幕墙上使用的钢化玻璃，其单块厚度不得小于 6mm；如果采用钢化中空玻璃，则其中空层厚度不得小于 9mm。对于落地式玻璃幕墙，钢化玻璃的厚度不得小于 10mm，其高度为：采用 10mm 厚的钢化玻璃不得大于 3m，采用 12mm 厚的钢化玻璃不得大于 4m，采用 15mm 厚的钢化玻璃不得大于 5m。

3）合格的钢化玻璃的某个边角须有 3C 认证标志。

4）虽然钢化玻璃对垂直于其表面的抗冲击强度很高，但沿四个侧边平行于表面方向的强度很低（远不及普通玻璃）。所以使用时应避免侧边承受与表面平行方向的挤压，玻璃嵌装时应注意四边要留有足够的间隙，并且与金属框架一定要采用弹性软连接。搬运钢化玻璃时一定要保护好其四个侧边，如侧边方向受磕碰或撞击，则玻璃很容易破碎。

5）钢化玻璃的自爆现象。钢化玻璃在使用过程中由非人为因素造成的突然爆炸破碎称为自爆。一般认为钢化玻璃的自爆与玻璃中含的硫化镍杂质有关，现代浮法玻璃生产技术不能完全消除硫化镍杂质的存在，所以钢化玻璃的自爆不可避免，目前世界上没有任何国家的标准对钢化玻璃的自爆加以限制。据有关部门统计，我国钢化玻璃的自爆率为3‰左右。

现实生活中，钢化玻璃的自爆有很多与使用不当有关。例如，钢化玻璃安装时四边挤压过紧，有孔的钢化玻璃安装时螺钉拧得太紧或边角部位局部经常受磕碰或振动等。

3. 夹层玻璃

夹层玻璃是在两层或两层以上的原片玻璃（平板玻璃或钢化玻璃等）之间嵌夹树脂膜，经加热、加压、粘合而成的一种安全玻璃。夹层玻璃比钢化玻璃成本更高，也更安全，即使玻璃被破坏，碎片仍粘在原来的玻璃上，只产生裂纹，不会对人造成伤害。当夹层数够多时，即使枪弹也不能穿透玻璃，称为防弹玻璃。

夹层玻璃根据所采用的玻璃原片，可分为普通夹层玻璃、钢化夹层玻璃、镀膜夹层玻璃等。

夹层玻璃主要用于防范要求高的场所，如银行业务窗口、珠宝店的柜台、博物馆展柜、高级宾馆门窗幕墙、机场候机厅、玻璃踏步、玻璃采光顶等。

1.8.4 热反射玻璃

热反射玻璃又称镀膜玻璃，它是通过化学热分解、真空镀膜等技术，在玻璃表面形成一层热反射镀层（金属或金属氧化物薄膜）的玻璃。对来自太阳的红外线，其反射率可达30%～40%，甚至可高达50%～60%。这种玻璃具有良好的节能和装饰效果。热反射玻璃的颜色有金色、银色、青铜色、茶色、灰色、紫色、褐色和浅蓝色等。

1. 热反射玻璃的特点

（1）对太阳光有较强的反射能力，但仍有良好的透光性　有较强的热反射性能，可有效地反射太阳光线，包括大量红外线，在有日照时可使室内的人感到清凉舒适，可以克服普通平板玻璃造成的暖房效应。

（2）单向透视性和镜面效应　热反射玻璃具有单向透视性，即人从光线弱的一侧能看到光线强的一侧，白天能在室内看到室外景物，而室外看不到室内的景象，只能看到室外建筑环境的镜面反射效果。但晚上如果室内亮灯，则室内的人看不到室外的景物，而从室外能看到室内。

（3）良好的防眩光性能　热反射玻璃能反射大量的可见光，使进入室内的光线减弱并且变得柔和，从室内向室外观察时不会有刺眼的感觉。

2. 热反射玻璃的应用

1）用于炎热地区的门窗、玻璃幕墙、私密隔离部位。

2）因为热反射玻璃有单向透视性和良好的防眩光性能，所以比较适用于办公楼、写字楼等白天工作的场所，这样室内可以不用挂窗帘。

3）热反射玻璃单独使用时，镀膜侧应朝向室内，因为镀膜层是金属或金属氧化物，易被酸雨腐蚀而脱落。

4）可以用作加工中空玻璃的原片玻璃。

5）如果大面积使用热反射玻璃幕墙，则有可能由于光线的强烈反射效应而形成光污染，甚至会使周围某处局部过度升温。

1.8.5 中空玻璃

中空玻璃（图1-17）是用两片或三片玻璃，使用高强度、高气密性复合密封胶，将玻璃片与内含干燥剂的铝合金框架粘接（图1-18），两层玻璃之间形成密闭的空气夹层，而制成的高效能隔声隔热玻璃。中空玻璃的多种性能均优于普通双层玻璃，从而得到了世界各国的认可。

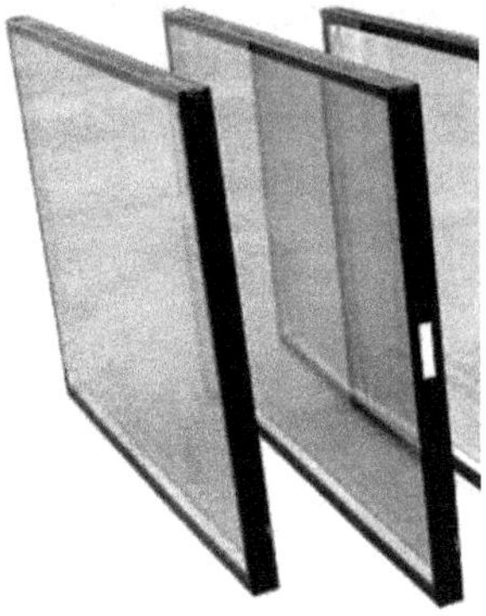

图1-17 中空玻璃

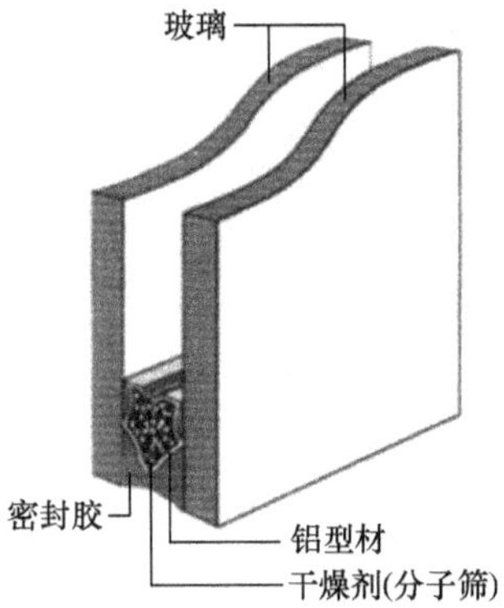

图1-18 中空玻璃的结构

1. 中空玻璃的特点

中空玻璃的玻璃与玻璃之间留有一定的空腔，因此具有出色的保温、隔热、隔声和防结露等性能。如在玻璃之间充以各种漫射光材料或电介质等，则可获得更好的声控、光控、隔热等效果。

2. 中空玻璃的用途

中空玻璃主要用于需要采暖、空调、防止噪声或结露以及需要无直射阳光和特殊光的建筑物，广泛应用于住宅、饭店、宾馆、办公楼、学校、医院、商店等需要室内空调的场合，也可用于火车、汽车、轮船、冷冻柜的门窗等处。

注意：隐框幕墙选用中空玻璃时，第二道密封胶一定要采用硅酮密封胶，并与结构胶相容。

1.9 塑料装饰材料简介

塑料的主要成分是合成树脂，它占塑料总质量的40%～100%。合成树脂是尚未和各种添加剂混合的高聚物。塑料的基本性能主要取决于合成树脂的性能，但添加剂也起着重要的作用。有些塑料基本上全部是由合成树脂组成的，不含或少含添加剂，如有机玻璃、透明的聚苯乙烯塑料等。

塑料、合成橡胶、合成纤维被称为三大合成高分子材料。

1.9.1 塑料的特点

塑料的特点有：

1）质轻、比强度高。

2）优良的加工性能。

3）功能的可设计性强。

4）出色的装饰性能。

5）化学稳定性和电绝缘性好。

6）具有良好的经济性。

7）可燃、易老化、耐热性差。

8）刚度小。

9）难降解，易产生白色污染。

1.9.2　塑料制品

塑料在建筑及装饰中的应用非常广泛，有人也把塑料称为第四大建材。

主要塑料制品有塑料地板、塑料地板革、塑料地毯、塑料壁纸、塑料装饰板、铝塑复合板、塑钢门窗、塑料管道、塑料扶手、塑料踢脚板、保温材料、卫生洁具、装饰灯具、塑料五金、电线电缆、塑料家具等。

1.9.3　建筑上常用的塑料

1. 聚氯乙烯（PVC）塑料

PVC塑料属于热塑性塑料，它是成本最低的一种塑料。

（1）PVC塑料的特点

1）具有自熄性、无滴落性，燃烧火焰为黄绿色，有黑烟。

2）性能稳定、耐蚀、耐一般溶剂。

3）抗冲击性差。

4）耐热性差，正常使用温度为55～70℃。

5）有毒性，不能用于食品包装。

（2）PVC塑料的用途　PVC塑料是日常生活中、建筑及装饰上用得最多的一类塑料，如儿童玩具、日常生活用品、工农业用机件、建筑落水管、塑料地板、塑料装饰板、百叶窗、塑料门窗框、塑料楼梯扶手、踢脚板、管道、屋面采光板等。

2. 聚乙烯（PE）塑料

PE塑料属于热塑性塑料。

（1）PE塑料的特点

1）蜡状、半透明，密度为0.91～0.94g/cm^3。

2）易燃烧，火焰呈蓝色并发生熔融滴落，易导致火势蔓延。

3）化学稳定性好，室温下无溶剂。

4）低温柔性好，在－80～－70℃下仍有较好的弹性，但耐热性差。

5）无毒、无害，大量用于食品包装。

（2）PE塑料的用途　PE塑料主要用于生产装饰用的铝塑复合板、铝塑复合管、PE-X暖气管道。

3. 聚丙烯（PP）塑料

PP 塑料属于热塑性塑料。

（1）聚丙烯塑料的特点

1）是所有塑料中密度最小的，仅为 0.9g/cm^3。

2）性能与 PE 塑料接近。

3）耐热性比 PE 塑料好得多，正常使用温度为 80～100℃。但耐低温性能不如 PE 塑料。

4）无毒、无害，可用于食品包装。

（2）聚丙烯塑料的用途　聚丙烯塑料用于制造保护性网罩、卫生洁具、整体淋浴室、塑料小五金、混纺地毯、PP-R 上下水管。

4. 聚苯乙烯（PS）塑料

PS 塑料属于热塑性塑料。

（1）PS 塑料的特点

1）相对密度小，耐水、耐光。

2）具有良好的耐化学腐蚀性和绝缘性。

3）PS 透明板又叫灯箱板、有机板，其透光率仅次于聚甲基丙乙烯酸甲酯塑料。

4）抗冲击性差、脆性大、耐热性差。

（2）PS 塑料的用途　主要用于生产泡沫塑料、有机玻璃板材、百叶窗等。

5. 聚甲基丙乙烯酸甲酯（PMMA）塑料

PMMA 塑料又叫亚克力，属于热塑性塑料。

透明的 PMMA 塑料是所有塑料中透光率最高的，其制品具有很高的光泽度，主要用于生产高档五金、高档洁具、高级装饰饰品、招牌、标牌和制作有机玻璃板等。

6. 聚碳酸酯（PC）塑料

PC 塑料属于热塑性塑料。

透明 PC 塑料的透光率接近于 PMMA 塑料，它有很好的韧性、耐高温性能（能耐 150℃的高温）和优良的耐老化性能，表面有很好的耐磨性能，用 PC 塑料制成的透明板可替代传统的玻璃。空心的 PC 塑料板又称阳光板，实心的 PC 塑料板又称耐力板。

PC 塑料主要用来生产阳光板、耐力板，也常用来制造日用餐具、水杯，目前市场上较流行的树脂镜片材料就是 PC。

7. 不饱和聚酯（UP）塑料

UP 塑料是热固性塑料，通常用来生产人造石材和玻璃钢制品。

8. 环氧树脂（EP）塑料

EP 塑料是热固性塑料，通常用来生产玻璃钢制品。

9. 聚氨酯（PU）塑料

PU 塑料通常用来生产仿皮人造革制品。

1.10 建筑装饰涂料简介

涂料是由主要成膜物质、次要成膜物质、稀料、添加剂等组分经过一定工艺制成的。涂料在常态下具有流动性，能够均匀地附着在其他物体的表面（如建筑墙面、地面或家具等），并且能够固化形成连续且稳定的保护层，具有装饰和保护作用。

通常人们称涂刷于金属或门窗、家具表面上的涂料为“漆”。

1.10.1 涂料的特点

涂料的特点有：

1）涂层薄、无接缝、重量轻。

2）操作简单、施工效率高。

3）便于维护、可重涂（同类涂料）。

4）色彩可根据需要任意调制，还可以处理成多种质感效果（肌理漆），可充分满足个性要求。

5）造价低。

6）耐久年限。低档涂料为2~3年，高档涂料在10年左右。

1.10.2 涂料的分类

（1）按使用部位分类　内墙涂料（现多用乳胶漆）、外墙涂料、地面涂料、家具涂料、屋面（或地面）防水涂料。

（2）按主要成膜物质的溶解类型分类　水性涂料（现多用乳液型涂料）、溶剂型涂料。

（3）按膜层状态和表面质感分类　高光型、哑光型、半哑光型、肌理型（丝光涂料、布纹涂料、砂壁状涂料、多彩涂料、复层凸凹内墙涂料、金属色涂料等）。

（4）按主要成膜物质的名称分类　醇酸漆、硝基漆、聚氨酯漆、聚酯漆、环氧树脂漆、丙烯酸树脂漆、过氯乙烯涂料、乳化沥青防水涂料、氯化橡胶防水涂料等。

1.10.3 涂料成膜前的技术性能要求

（1）容器中的状态　无结块。

（2）黏度　流平而不流挂。

（3）含固量　不小于45%。

（4）细度　薄质涂料不大于60μm。

（5）干燥时间　表干不大于2h，实干不大于24h。

（6）最低成膜温度　不同的涂料有不同的要求，一般乳胶漆在5℃以上。

1.10.4 涂料成膜后的技术性能要求

（1）遮盖力　混漆为100~300g/cm^2。

（2）附着力　薄质涂料为100%，厚质涂料用粘结强度表示。

（3）耐冻融性　外墙涂料在10次以上。

（4）耐沾污性　经5次污染循环，反射率降低到规定值；外墙涂料对耐沾污性有很高的要求。

（5）耐水性　内墙大于1h，外墙大于96h。

（6）耐碱性　48h以上。

（7）耐气候性（耐老化性）　外墙涂料人工老化试验250h为合格。

（8）耐擦洗性（耐刷洗性）　内墙涂料大于200次，外墙涂料大于1000次。

1.10.5 乳胶漆

乳胶漆是一种主要组分为水分散型合成树脂，能用水作为稀料的涂料。乳胶漆具有价格便宜、施工方便、安全环保等优点，因此深受人们喜爱。

1. 乳胶漆的特点

1）以水为分散介质，价格低、施工方便。

2）安全、环保、低毒，由于不使用有机溶剂，施工中不会产生危害工人健康的挥发性气体，不会引起火灾，不用采取强制排风措施。

3）涂膜的透气性好，无结露现象。

4）可以在较潮湿的基层上施工，无鼓泡现象。

5）涂膜的耐刷洗性好。

2. 乳胶漆的应用

乳胶漆主要用于墙面装饰（涂刷内墙要用内墙乳胶漆，涂刷外墙要用外墙乳胶漆），也有专用于地面防水和木材表面的乳胶漆。乳胶漆在使用时一定要按照使用说明进行。

1）注意乳胶漆的保质期，一般保质期为18个月，过期的乳胶漆不宜使用。

2）注意最大加水量，乳胶漆使用时加水量一般不超过1/3，加水量过多将不会成膜。

3）注意最低施工温度，一般为5℃左右，低于此温度施工将不会成膜。

4）涂刷方法可采用刷涂、滚涂、喷涂等，最少要涂两遍。一般第一遍涂刷完成后，等3h左右可涂刷第二遍。

5）乳胶漆如果需要调色，必须将对应的色浆用足量的清水化开后搅匀，过滤后缓慢加入乳胶漆中，充分搅匀再使用；要根据需要一次调好足量的色漆，因为如果漆不够，再次调出同一种颜色几乎不可能。

1.10.6 家具涂料（油漆）

1. 普通油漆

（1）醇酸调和漆　醇酸调和漆是以醇酸树脂和干性油为主要成膜物质，加入颜料和大量填料制成的混漆。其干燥时间较长，涂膜较软，漆膜易变黄，漆膜的保光性、耐水性、耐碱性差。醇酸调和漆可用于普通木门窗或金属表面混油（要求不露木纹的做法）涂饰，施工时一般涂刷2~3遍。

（2）醇酸清漆　不掺加颜料的醇酸树脂漆叫醇酸清漆，用于普通家具的清油（要求露出木纹的做法）涂饰。施工时一般涂刷2~3遍。

（3）磁漆　又称瓷漆，是以清漆为基料，加入颜料（不加填料）研磨制成的，涂层干燥后呈瓷光色彩而涂膜坚硬，因此而得名，效果比调和漆好得多。常用的有酚醛磁漆和醇酸磁漆两类。施工时一般涂刷2~3遍。

（4）硝基漆　硝基漆又称喷漆、蜡克、硝基纤维素漆。它是以硝化棉为主要成膜物质，再添加合成树脂、增韧剂、溶剂和稀释剂而制成的。在硝基清漆中加入着色颜料和体质颜料后，就能制得硝基磁漆。

硝基漆有硝基清漆和硝基磁漆，属于挥发性油漆，它的涂膜干燥速度很快，但涂膜的底层完全干透所需的时间较长。硝基漆在干燥时会产生大量的有毒溶剂，施工现场应有良好的通风条件。硝基漆的漆膜具有可塑性，即使完全干燥的漆膜仍然可以被原溶剂所溶解，所以硝基漆的漆膜修复非常方便，修复后的漆膜表面能与原漆膜完全一致。硝基清漆的固体含量较低，油漆施工时的涂刷次数较多（一般需6遍以上），因此漆膜表面平滑细腻、光泽度较高，可用于木制品表面作为中档的饰面装饰。

硝基漆的漆膜坚硬耐磨，可以抛光，效果比醇酸清漆或醇酸瓷漆好，漆膜的耐化学腐蚀性、耐水性较好。但硝基漆的耐光性较差，在紫外线的长时间作用下，漆膜会出现龟裂。环境气温的剧烈变化会引起膜面的开裂与剥落。

（5）防锈漆　防锈漆一般是用醇酸清漆或酚醛清漆加入防锈剂制成的，用于金属表面。常用的防锈漆有红丹防锈漆（橘红色）、铁红防锈漆（深棕红色）、磷灰防锈漆（灰色）三种。一般金属表面涂刷防锈漆后，还应再涂饰罩面漆（如普通调和漆、磁漆等）。

2. 高级木器漆

（1）聚氨酯漆（PU）　聚氨酯漆有清漆和白漆，以及底漆和面漆之分。聚氨酯漆一般是三组分包装（一般是纸箱包装），箱内有三个铁桶分别装树脂、固化剂和稀料。

聚氨酯漆的固体含量较高，比硝基清漆的固体含量高2~3倍。它的漆膜坚韧、耐磨性好、附着力强，对大管孔的木材有很好的填孔性，耐化学腐蚀性、耐水性、耐热性、抗冻性均较好，漆膜丰满，富有弹性和很高的光泽度。但聚氨酯漆的保色性差，漆膜容易泛黄。

聚氨酯清漆一般可采用刷涂法施工，通常为三底两面工艺（即三遍底漆，两遍面漆）。聚氨酯白漆通常用喷涂法施工（一般为满刮腻子打磨平整后喷两遍底漆、两遍面漆）。聚氨酯漆使用时要现场调配，调配好的漆要在6h内用完，时间过长会在容器中固化。

由于聚氨酯漆遇水会产生二氧化碳气体，这样会使漆膜内产生气泡而泛白霜，从而影响漆膜的质量。因此在聚氨酯漆的整个涂饰过程中，应注意避免聚氨酯漆与水接触，被涂饰的表面一定要干燥充分，避免阴雨天施工。用水粉腻子打底时，一定要等腻子完全干透后才能涂刷油漆。加入油漆中的溶剂也不能含水，同时聚氨酯清漆在保存时要注意防潮。

聚氨酯漆在施工时的温度不宜太低，否则会出现漆膜固化困难的现象。聚氨酯漆不可与乳胶漆同时施工，因为聚氨酯漆的稀料挥发会使乳胶漆膜变黄。

（2）聚酯漆（UP）　聚酯漆又称不饱和聚酯树脂漆，其干燥迅速，漆膜丰满厚实，有较高的光泽度和保光性，漆膜的硬度较高，耐磨性、耐热性、抗冻性和耐弱碱性均较好。聚酯漆的保色性好，漆膜耐黄变。聚酯漆比聚氨酯漆价格高。

聚酯漆有白漆和清漆之分，每种都配套有专用底漆；聚酯漆又有亮光、哑光和半哑光之分。聚酯漆使用的稀料分为冬用型和夏用型。聚酯漆为三组分包装。

聚酯漆的施工方法与聚氨酯漆相同。

（3）水性木器漆　水性木器漆是近年来的一种新产品，但市场上反应平淡，可能是因为受传统产品的排挤和习惯了使用传统工艺的工人的排斥，也可能是多数人还不熟悉这样的产品。

水性木器漆一般分为丙烯酸类水性木器漆和聚氨酯类水性木器漆，聚氨酯类水性木器漆优于丙烯酸类水性木器漆。水性木器漆无毒、环保，不含苯类等有害溶剂，不含游离TDI。

水性木器漆施工简单方便，不易出现气泡、颗粒等油性漆常见问题，且漆膜手感好；固体含量高，漆膜丰满坚韧；不易黄变，耐水性优良，耐高温、不燃烧；可与乳胶漆等其他油漆同时施工。

（4）光敏漆　光敏漆又称光固化漆、钢琴漆或 UV 漆。它是由含有不饱和双键的光敏树脂、稀释剂、光敏剂和辅助材料所组成的。光敏漆是单组分的。

光敏漆的成膜速度与紫外线的波长有关，只有使光敏树脂和光敏剂的组成与紫外线波长相适宜时，漆膜才能迅速固化。光敏漆的固化率可达到 100%。它的固体含量高，挥发性有害气体极少，是一种无污染油漆。这种油漆的漆膜光泽度高、表面丰满、耐酸碱、耐磨、耐热。漆膜的固化程度依赖于紫外线的照射，对不吸光的部分则漆膜不能固化，所以光敏漆一般用于平面制品的涂饰。漆膜受损后不易修复，经过紫外线照射后的漆膜表面色泽稍有变化。光敏漆的固化需要专业的淋漆设备、紫外线烘烤设备和烤漆房，所以光敏漆不能在装修施工现场施工，只能在工厂进行。

光敏漆多用于高档家具和免漆实木地板的表面涂饰，也可用于钢琴表面涂饰和电子产品的表面涂饰。

1.11 建筑装饰胶粘剂简介

胶粘剂是一种能在两个固体物质表面间形成薄膜并将其紧密地粘接起来的材料。胶粘剂在建筑装饰装修过程中主要用于板材粘接、墙面预处理、壁纸粘贴及陶瓷墙地砖、各种地板、地毯铺设粘接等方面。胶粘剂品种繁多，一定要根据具体情况合理选用并严格按使用说明使用。

目前，市场上存在着一些假冒伪劣的胶粘剂，通常采用粗制溶剂，有的甚至使用工业废弃溶剂。其中除了超标的三苯（苯、甲苯、二甲苯）以外，还有各种有毒有害的物质，如甲醛、卤代烃等。常见的胶粘剂质量问题主要是溶剂挥发产生的苯类、卤代烃和甲醛等有害物质。如果企业获得了由国家环境保护总局颁布的“中国环境标志产品认证证书”（产品包装上有“绿色十环”标志），则可以保证企业的环境行为和产品质量双优，因此这些产品都是值得信赖的。

1.11.1　胶粘剂的分类

（1）按化学成分分类　可分为有机胶粘剂和无机胶粘剂。有机胶粘剂又分为合成胶粘剂和天然胶粘剂。无机胶粘剂按化学组分分类有水玻璃、硅酸盐、硫酸盐、硼酸盐等。

（2）按形态分类　可分为液态胶粘剂、糊状胶粘剂和固体胶粘剂。有水基型、溶液型、乳液型、糊状、胶膜、胶带、胶粉、胶粒、胶棒等。

（3）按用途分类　可分为结构胶粘剂、非结构胶粘剂和特种胶粘剂（如耐高温、超低温、导电、导热、导磁、密封等）三大类。

（4）按固化原理分类　有厌氧型（如白乳胶）、溶剂挥发型（如氯丁橡胶胶粘剂）、反应固化型（双组分）、热熔型、压敏型（如双面胶）等。

1.11.2　常用胶粘剂

1. 瓷砖胶粘剂

瓷砖胶粘剂又称瓷砖胶，专为瓷砖粘贴而设计制造，是一种添加了矿物材料和有机添加剂的水泥基胶粘剂，是干粉砂浆中最主要的品种之一，也是建筑及装饰工程中普遍使用的粘接材料。其耐水、耐冻融、耐老化性能好且施工方便，可用来粘贴陶瓷砖、抛光砖及花岗石等天然石材，广泛适用于内外墙面、地面、浴室、厨房等建筑的饰面装饰场所。

瓷砖胶粘剂分为普通型（主要用来粘贴马赛克和较薄的块材）和强力型（主要用来粘贴较厚、规格较大的石材）。一些瓷砖胶粘剂可以直接在瓷砖上粘贴瓷砖，既能省去打砖的工费，又能杜绝空鼓，一举两得，更重要的是工期缩短了很多。值得一提的是，使用薄粘法粘贴瓷砖，可以在3mm的厚度内完成瓷砖的粘贴，省工、省料，墙面变薄了，节省出了房间的空间。

2. 云石胶

云石胶是一种双组分胶粘剂，用于石材与石材的粘接和石材的修补。它的成分是不饱和聚酯，属于钢性结合，云石胶的基料是不饱和树脂，配以固化剂，组成双组分胶粘剂。其特点是凝胶快，固化时间短，粘接强度较高，可低温（-10℃）固化。在常温下，经过调整配方，可在5min左右完全固化。

一般的云石胶由于其耐水性及耐久性不太好，并且固化时会产生收缩，所以建筑施工规范规定，云石胶不作为结构胶使用，而只用于石材干挂中的快速定位或石材修补。应特别注意的是，云石胶决不可用于大面积的石材粘贴。

3. 石材干挂胶（AB胶）

石材干挂胶的基料为环氧树脂，配以固化剂，组成AB双组分胶粘剂。目前市场上常用的干挂胶在常温下（25℃）的适应期一般在30min左右，初干时间一般在2h左右，完全固化一般需要24~72h。通常情况下，AB胶在低温下（10℃以下）固化缓慢，若要提高固化速度则成本较高。AB胶完全固化后，其耐久性大大优于云石胶，但成本高于云石胶。

由于AB胶固化后具有较好的强度、韧性和耐久性，所以专用于大理石的干挂。此外，通过调整配方，也可用于其他结构的粘接。

4. 建筑万能胶

建筑万能胶即环氧树脂胶粘剂，是双组分胶。由于环氧树脂胶粘剂具有较好的强度、韧性和耐久性、耐水性、耐气候性，可正常使用20年以上，对多种材料（如石材、陶瓷、玻璃、金属、塑料、混凝土等）有很好的粘接能力，所以称为建筑万能胶。环氧树脂胶粘剂属于结构胶，广泛用于石材干挂工程、金属的粘接、陶瓷等材料的粘接、混凝土结构补强和修补及化学植筋、化学螺栓的试剂等。

5. 装修万能胶

装修万能胶（309胶）是单组分溶剂型胶粘剂，属于氯丁橡胶类胶粘剂，商标名称有“鱼珠胶”“粘得牢”“立时得”“吕氏胶”等。主要适用于成品木制面板、塑料面板、铝塑板、不锈钢板和无钉木制品与基层的粘接，也常用于皮革制品和橡胶制品的粘接。其特点是粘接强度高、寿命长、无膨胀、收缩较小、无弹性、受冲击时易开胶、易燃。

6. 白乳胶

白乳胶（PVAC乳液）是单组分胶粘剂，主要成分为聚醋酸乙烯酯，是一种环保型胶粘剂，对木材、纸张和织物有很好的粘接力，主要适用于木骨架、木制基层及成品木制面层板的粘接，也适用于墙面壁纸的粘贴、批墙腻子的调制。

白乳胶的凝固时间较长，粘接强度高，固化后的胶层无色透明、韧性好、粘接寿命较长、粘接后有弹性、溶解于水、阻燃，但通常12h以上才能达到较高的强度。市场上广泛认可的品牌有“华表”“多乐士”等。

7. 熟胶粉

熟胶粉是将马铃薯淀粉经特殊改性处理后烘干而成，是一种变性淀粉。市场上较好的熟胶粉品牌有“高士”“汉高百得”等。

熟胶粉的特点如下：

1）具有特殊的蓬松性，能够与粉剂很好地混合，且不厚重、保水性好；具有较好的延长开放时间，可以让施工人员轻松地找平墙面；具有淀粉特有的滑爽性能，能够大大降低施工强度，增大施工面积，改善施工环境。

2）无毒、无味，在批墙腻子中加入熟胶粉后易施工操作，可令墙身光滑，天气干燥时不起裂纹，潮湿时不起霉点，是非常环保的装修产品。

3）凝固慢、阻燃、易溶解于水，实际黏度并不是很高，粘接强度低，如果需要更高的粘接强度，可以适当加入少量的白乳胶，这样可以大幅度提高腻子层的硬度。

8. 壁纸胶

现在壁纸的粘贴通常采用更环保、性能更好的壁纸胶套装，包括基膜、胶粉、胶浆三部分。市场上较好的壁纸胶品牌有“美士星”“嘉立丰”等。

（1）基膜的作用　基膜使用后能快速干燥，能在墙面上有效地形成一层致密的保护膜，具有稳定墙面、防水防碱的作用，有利于墙纸的施工及保护。

（2）胶浆的作用　适用于重型墙纸和墙布，可增强墙纸胶粉黏力，能修补各种墙纸边口，配合胶粉使用效果更佳。

（3）胶粉的作用　是采用马铃薯或糯米制成的天然胶粉。配合胶浆可粘贴各种墙纸、墙布。

使用方法：每瓶基膜加入30%～50%的清水稀释搅拌均匀后刷在墙壁上，等基膜干透；将胶粉用规定量的清水稀释后搅拌均匀然后放置15min左右，让胶粉在水中充分溶解；完全溶解后加入透明的胶浆搅拌均匀，就得到了黏力优良的胶水。

9. 中性耐候硅酮密封胶（793）

中性耐候硅酮密封胶是一种单组分、中性固化，依靠空气中的水分固化成优异、耐用的高模量、高弹性的硅酮胶。这种密封胶即使长时间受到阳光照射、温度变化、风吹雨淋等外界条件的影响，也不会出现褪色、变色、龟裂、粉化和强度下降等一系列老化现象。其凝固较慢、粘接强度高、寿命长、无收缩、干后较有弹性、阻燃、无难闻气味，比酸性耐候硅酮密封胶的适用范围广。

中性耐候硅酮密封胶的常用颜色有瓷白色、黑色、透明、灰色等。透明的中性耐候硅酮密封胶通常称为玻璃胶，可用于玻璃接缝处的密封及玻璃与基层的粘接固定。市场上较好的中性耐候硅酮密封胶品牌有“高士”“时利”“道康宁”“汉高百得”等。

中性耐候硅酮密封胶的应用如下：

1）适用于门窗、阳台、卫生洁具、卫生间墙砖、地砖等缝隙处的防水密封。

2）适用于各种玻璃幕墙、铝塑板幕墙、石材干挂等板材接缝处的耐候密封。

3）适用于夹胶玻璃、中空玻璃、镜面玻璃、镀膜玻璃、金属材料等粘接填缝的密封。

4）适用于混凝土、水泥、天然石材、人造石材、木材、阳极处理铝材及涂漆铝材表面接缝的密封，大多数情况下无需使用底胶。

10. 中性耐候硅酮结构胶（995）

中性耐候硅酮结构胶是一种单组分、中性固化，专为建筑幕墙中玻璃结构的粘接装配而设计的，依靠空气中的水分固化成优异、耐用的高模量、高弹性的硅酮胶，可在很宽的气温条件下轻易地挤出使用。用此结构胶粘接玻璃时不需用底胶，具有优越的粘接性，其粘接力、抗拉强度、质量要求和产品档次是硅酮胶中最高的，市场价格也最高。市场上较好的中性耐候硅酮结构胶品牌有“道康宁”“世纪中得”等。

中性耐候硅酮结构胶具有以下特性：

1）容易使用，可以随时挤出使用。

2）中性固化，对夹胶玻璃的胶层无腐蚀作用。

3）优异的粘接性。

4）极佳的耐老化稳定性。

5）固化后具有高模量，且可承载接口 ±25% 的伸缩位移能力。

11. 单组分聚氨酯发泡填缝胶

单组分聚氨酯发泡填缝胶是气雾技术和聚氨酯泡沫技术交叉结合的产物，它是一种将聚氨酯预聚物、发泡剂、催化剂等组分装填于耐压气雾罐中的特殊聚氨酯产品。当物料从气雾罐中喷出时，泡沫状的聚氨酯物料会迅速膨胀并与空气或其接触到的基体中的水分发生固化反应。固化后的聚氨酯泡沫具有填缝、粘接、密封、隔热、吸声等多种效果，是一种节能环保、使用方便的建筑装修材料，适用于密封堵漏、填空补缝、保温隔声、门窗嵌缝、室内门窗套的安装固定等。市场上较好的单组分聚氨酯发泡填缝胶品牌有“美宸”“华瑞”等。

12. PVC 专用胶

PVC 专用胶适用于粘接 PVC 管件。PVC 专用胶凝固快、粘接力强、寿命长、膨胀系数大、无弹性、防水性能好、易燃、有微毒。

13. 水乳型地板胶粘剂

水乳型地板胶粘剂是以改性剂和填料、改性聚醋酸乙烯乳液为基体材料配制而成的，具有粘接强度高、无毒、耐老化、施工简单、价格便宜等优点，适用于木制地板、塑料地板与水泥地面的粘接。

14. 108 建筑胶和 801 建筑胶

（1）108 建筑胶　108 建筑胶是以聚乙烯醇与甲醛在酸性介质中进行缩合反应而制得的一种透明水溶液。它无味、无毒，有良好的粘接性能，粘结强度可达 0.9MPa；在常温下能长期储存，但在低温状态下易发生冻胶。在普通水泥砂浆内加入 108 建筑胶后，能增加砂浆与基层的粘结力，常用于配制抹灰砂浆、粘贴砂浆及批墙腻子的胶料。108 建筑胶还可用于粘贴壁纸、墙布，也可用作室内外墙面涂料的配置材料。

（2）801 建筑胶　801 建筑胶是由聚乙烯醇与甲醛在酸性介质中经缩聚反应，再经氨基化后制得的。它是一种微黄色或无色、透明的胶体，具有无毒、不燃、无刺激性气味等特点，它的耐磨性、剥离强度及其他性能均优于 108 建筑胶。801 建筑胶的用途与 108 建筑胶相同。

108 建筑胶和 801 建筑胶都是 107 建筑胶的更新换代产品，107 建筑胶中因含有过多的游离甲醛，所以早已被禁用。

1.12 纤维装饰材料简介

1.12.1 纤维装饰材料的分类

装饰上使用的有机纤维包括天然纤维和化学纤维两大类，有机纤维主要用来生产各种纺织品。建筑装饰材料也会用到无机纤维，主要有矿棉、岩棉、玻璃棉等，无机纤维主要用来生产各种装饰吸声板、保温隔热材料等。

天然纤维是传统的纺织原料，有棉、毛、丝、麻等。这类纤维有使用舒适、外观自然优美等特性，在现代纺织装饰面料中占有十分重要的地位，许多高档装饰用织物及床上用纺织品大都选用天然纤维做原料。由于天然纤维具有化学纤维所无法比拟的特性，加之天然资源开发的有限性，因此其合理使用正得到进一步的重视。

装饰纺织面料中，化学纤维占有极大的比重，不仅广泛用于中低档织物，在许多高档制品中也运用较多。化学纤维的优点是资源广泛、易于制造、具备多种性能、物美价廉。伴随着石化工业的发展以及先进化纤制造技术的出现，各类化学纤维相继产生。装饰上常用的化纤材料分为人造纤维和合成纤维两大类。人造纤维是采用天然纤维素纤维或蛋白质纤维为原料，经化学处理和机械加工而成的纤维，主要有黏胶人造丝、醋酯人造丝、人造棉等。合成纤维主要有涤纶（的确良）、腈纶、锦纶（尼龙）、丙纶、氨纶等。

1.12.2 常用纤维装饰材料

1. 地面装饰类纤维制品

地面装饰类纤维制品为软质铺地材料——地毯。地毯具有吸声、保温、行走舒适和装饰作用。地毯种类很多，目前使用较广泛的有手织地毯（如纯羊毛手工地毯，如图1-19所示）、机织地毯（有纯棉地毯、混纺地毯等，如图1-20所示）、化纤簇绒地毯（图1-21和图1-22）、针刺地毯（化纤地毯）等。

图1-19 纯羊毛手工地毯

图1-20 机织混纺地毯

图1-21 化纤簇绒地毯（圈绒）

图1-22 化纤簇绒地毯（高低割绒）

2. 墙布

墙布具有吸声、隔热、调节室内湿度与改善环境的作用。较常见的墙布有黄麻墙布、纯棉装饰墙布、无纺墙布、植物纺织墙布、玻璃纤维印花墙布等，档次较高的有丝绸墙布、静电植绒墙布、仿麂皮绒墙布等。另外，用纤维材料制成的挂毯也是室内配饰中的重要部分。

3. 挂帷装饰类纺织品

挂帷装饰类纺织品是挂置于门、窗、墙面等部位的织物，也可用作分割室内空间的屏障，具有隔声、遮蔽、美化环境等作用，主要形式有悬挂式和百叶式两种。常用的织物有窗帘（包括薄型窗纱、中厚型窗帘、垂直帘、横帘、卷帘等）、帷幔、墙面挂毯等。

4. 日用纺织品

（1）家具覆饰类纺织品　是覆盖于家具之上的织物，具有保护和装饰的双重作用。主要有沙发布、沙发套、椅垫、椅套、台布、台毯等。

（2）床上用品　是家用装饰织物中最主要的类别，具有舒适、保暖、协调并美化室内环境的作用。床上用品包括床垫套、床单、床罩、被子、被套、枕套、毛毯等。

（3）卫生盥洗类纺织品　以巾类织物为主，具有柔软、舒适、吸水、保暖的性能。这类织物主要有毛巾、浴巾、浴衣、浴帘、簇绒地巾等。

5. 无机纤维装饰吸声板

（1）矿棉装饰吸声板　矿棉装饰吸声板是以矿渣棉为主要原料，加入适量胶粘剂，经加压、烘干、饰面等工艺加工而成的，具有轻质、吸声、防火、保温、隔热、装饰效果好等优异性能。

矿棉装饰吸声板适用于宾馆、会议大厅、写字楼、机场候机大厅、影剧院等公共建筑吊顶装饰；不宜安装在湿度较大的环境中，如浴室、厨房等处。

（2）玻璃棉装饰吸声板（棉）　玻璃棉装饰吸声板是以玻璃棉为主要原料，加入适量胶粘剂、防潮剂、防腐剂等，经加压、烘干、表面加工等工序制成的吊顶装饰板材。具有轻质、吸声、防火、隔热、保温、美观、施工方便等特点，适用于宾馆、大厅、影剧院、音乐厅、体育馆、会场等的室内吊顶。

玻璃棉装饰吸声棉主要用作轻质吊顶板材和轻质隔墙的保温、吸声填充材料。

1.13 金属装饰材料简介

1.13.1 金属装饰材料的特点

金属装饰材料以其特殊的金属质感、均匀的质地和结构、良好的力学性能和加工性能、出色的装饰性能而深受人们喜爱。

1.13.2 金属装饰材料的分类

金属装饰材料按材质分，主要有碳素钢、合金钢（包括不锈钢）、铝、铝合金、铜、铜合金、锌合金、贵金属（如银、金）、金属复合材料（如铝塑板、彩钢夹芯板、蜂窝铝板-石材复合板）等。

金属装饰材料制品主要有金属紧固件、金属连接件、水暖管件、阀门、龙头、电线电缆、开关插座、装饰小五金材料、金属装饰板材、金属复合板材、吊顶龙骨、吊杆、隔墙龙骨、型钢（如角钢、槽钢、方钢管）等。

1.13.3 常用金属装饰板材

金属饰面板美观，易于满足造型要求，具有良好的装饰效果，且具有耐磨、耐用、耐蚀，能满足防火要求等优点。被广泛用于宾馆、饭店、歌舞厅、展览馆、会展中心等建筑物的室内外装修（包括门面、门厅、雨罩、墙面、柱面、顶棚、局部隔断及造型面等）。

金属饰面板可分为单一材料板和复合板两种。单一材料板为同一种质地的材料，如铝单板、铝扣板、铝穿孔板、黄铜板、不锈钢板、钛锌板等；复合板是由金属材料与非金属材料组成的，如搪瓷钢板、涂层钢板、彩钢夹芯板、蜂窝铝板-石材复合板等。金属饰面板有光面平板、哑光面板、纹面平板、压形板、穿孔板、立体盒板等。

常用的金属饰面板有铝塑板、铝单板、铝扣板、蜂窝铝板、不锈钢装饰板（详见本书3.3）、钛锌板等。

1. 铝塑板

铝塑板的标准尺寸有1220mm×2440mm×3mm和1220mm×2440mm×4mm等。铝塑板表面有多种颜色，被广泛用于室内外墙面、柱面等的装饰。根据其表面涂层不同，有聚酯铝塑板（PET，主要用于室内）和氟碳铝塑板（PVDF，主要用于室外）之分。铝塑板的详细内容参见本书2.4。

2. 铝单板

铝单板是用于室内外装饰的高档材料，主要用于墙面、柱面、顶棚面的干挂施工。铝单板有多种颜色和规格（详细内容参见本书2.4）。

3. 铝扣板

铝扣板表面涂层可采用粉末静电喷涂、聚酯漆喷涂、辊涂、覆膜、拉丝等表面处理工艺。铝扣板分为条形扣板和方形扣板两类。

（1）方形扣板　方形扣板通常也称方板铝天花，主要用于集成吊顶（详见本书2.5）

的吊顶板，常用的规格有 300mm × 300mm、300mm × 450mm、300mm × 600mm、300mm × 1200mm、600mm × 600mm 和 600mm × 1200mm。住宅厨卫的集成吊顶板一般选择比较小的规格，如 300mm × 300mm，厚度在 0.4 ~ 0.7mm 之间；工程安装一般选择 600mm × 600mm、600mm × 1200mm，厚度在 0.6 ~ 1.2mm 之间。冲孔铝方板（通常背面贴有阻燃吸声纸和吸声棉）不但具备传统方板的装饰效果，还具有很好的吸声功能。

（2）条形扣板　条形扣板的常用宽度有 50mm、100mm、150mm、200mm、300mm、400mm，厚度为 0.5 ~ 1.2mm。条形扣板采用连续辊压成型，常规最大长度为 8000mm。穿孔板背面覆加一层吸声棉纸或黑色阻燃棉布，能够达到一定的吸声标准。条形扣板具有简洁明快、防火、防潮、洁净、环保、不变形等优点，能用最简单的组合表现最丰富的空间层次感和立体感，给人简明清新的感觉。其天花吊顶系统被广泛应用于高级写字楼、走廊、机场、车站、会所、银行、商场、展览馆、公共卫生间等。

4. 蜂窝铝板

蜂窝铝板是结合航空工业复合蜂窝板技术而开发的金属复合板产品系列。该产品采用“蜂窝式夹层”结构，即以表面涂覆耐候性极佳的装饰涂层——高强度合金铝板作为面、底板，与铝蜂窝芯经高温高压复合制造而成的复合板材，如图 1-23 所示。该产品系列具有选材精良、工艺先进和构造合理的优势，不仅在大尺度、平整度上有出色的表现，在形状、表面处理、色彩、安装系统等方面也有众多的选择。此外，面板除采用铝合金外，还可根据客户需求选择其他材质，如铜、锌、不锈钢、钛锌板、防火板、大理石、铝塑板等，如图 1-24 所示。

图 1-23　蜂窝铝板的结构

蜂窝铝板的特点如下：

（1）大板面、高平整度　无需任何加固措施，蜂窝铝板板面尺寸可达 1500mm × 5000mm，并能保持极佳的平整度。

（2）质量小　蜂窝铝板的质量仅为 5 ~ 5.5kg/m^2，大大减轻了建筑物的承重载荷。

（3）强度高　可承受高强度的压力和剪力，不易变形，能满足超高层建筑抗风压的要求。

（4）客户定制化　在尺寸、形状、漆面和颜色等方面可根据客户的需求量身定做。

图 1-24　各种铝蜂窝复合板

（5）安装简便　可按任意顺序安装，每块墙板可单独拆卸、更换，提高了安装维护的灵活性，降低了成本。

（6）保温隔热　蜂窝铝板为四周包边的盒式结构，具有良好的密闭性，提高了产品的保温隔热性能。

（7）防火、耐蚀、寿命长　铝材为不燃材料，耐蚀、不易老化，使用寿命长。

（8）多用途　适用于建筑幕墙、包柱、卫生间及高端办公隔断板、挑檐、屋面和吊顶等，还可以和石材复合成为石材复合板。

5. 钛锌板

钛锌板为高级金属合金板，它的成分为99.995%纯锌及少量的铜、钛等合金材料。

（1）钛锌板的规格　钛锌板出厂时为卷材，宽为1m或其他定做规格，厚度包括0.7mm、0.8mm、0.9mm、1.0mm、1.2mm、1.5mm等规格，质量为5kg/m^2（厚度为0.7mm）。钛锌板材料有两种：原锌（类似不锈钢）或预钝化锌（经过预钝化处理，表面已形成蓝灰色保护膜或铜绿色保护膜）。

（2）钛锌板的用途　钛锌板特别适用于公共建筑（尤其是标志性建筑），如机场、会展中心、文化中心、体育场馆、高级住宅、高级写字楼的屋面或外墙面装饰。国家大剧院（见彩图9）的外立面装饰材料就使用了钛锌板。

（3）钛锌板的特点

1）使用寿命长，金属面层的寿命达80～100年。

2）依靠本身形成的碳酸锌保护层保护，可防止面层进一步腐蚀，无需涂漆保护，具真正的金属质感，并有划伤后自动愈合、不留划痕、免维护等特点。

3）板材具有良好的延伸率和抗拉强度，可塑性好，可在现场作三维弯弧成型。

4）可采用暗扣式立边咬合接缝和平锁扣、斜锁扣等接缝方式，形成结构性的防水、防尘体系，屋面接口轻盈、美观，防水效果好，可以抵御沿海地区台风、暴雨等恶劣天气。

5）可循环使用，不会对环境造成任何污染。

1.14 木材装饰材料简介

1.14.1 木材的优缺点

1. 优点

重量轻、强度高，有较好的弹性和韧性；易加工、易施工；干燥环境中有良好的耐久性，干燥的木材有比较好的电绝缘性；保温、隔声；装饰效果好，有天然的木纹、温暖的视觉效果和触觉效果、古朴、自然的质感。

2. 缺点

构造不均匀，具有各向异性；易湿胀干缩，出现翘曲变形；有天然缺陷；易燃、易腐蚀、易被虫蛀。

1.14.2 木材的分类

天然木材通常按树种分为针叶树和阔叶树。

（1）针叶树（软木材）　包括松木、杉木、柏木等。

（2）阔叶树（硬杂木）　包括柞木、枫木、榆木、胡桃木、水曲柳、檀木、柚木、椴木、花梨木、橡木、楠木等。名贵的木材均出自阔叶树，如当前非常昂贵的金丝楠木及四大红木——海南黄花梨、小叶紫檀、大红酸枝木、鸡翅木。

1.14.3　木材的物理力学性质

1. 密度与表观密度

不同树种的密度相差不大，一般为1.54～1.56g/cm³；不同树种的表观密度相差很大，如桐木为0.28g/cm³，枧木为1.23g/cm³。

2. 含水率

纤维饱和点为25%～35%，平衡含水率为10%～15%。

3. 湿胀与干缩

当含水率小于纤维饱和点时，木材会产生湿胀干缩现象，纵向干缩最小，为0.1%～0.35%，弦向最大，为6%～12%，径向为3%～6%。

4. 强度

顺纹抗拉、抗压强度最大，为100～300MPa；抗弯强度居中，为100～200MPa；顺纹抗剪强度，横纹抗拉、抗压强度最小，为5～20MPa。

1.14.4　木材装饰制品的分类

1. 实木装饰制品

实木装饰制品包括木龙骨（如白松龙骨）、木装饰线（如胡桃木、樱桃木、枫木、印尼白木、榉木）、木花格、成品实木门、实木地板（如柞木、枫木、橡木、檀木）等。

2. 木质人造板材

1）微薄木（木皮）。

2）胶合板（普通胶合板、贴面胶合板）。

3）纤维板（中密度板、高密度板）。

4）刨花板、木丝板、木屑板。

5）细木工板（大芯板）。

6）复合地板（强化地板）。

7）实木复合地板。

1.14.5　木质人造板

木质人造板材主要有胶合板、细木工板、纤维板、刨花板等。木质人造板具有质地均匀、表面平整、规格大、无需接缝、不易变形、施工方便、纹理多样、色泽丰富等优点，因而使用非常广泛。

1. 胶合板

胶合板适用于建筑室内的墙面装饰，也可以用来做家具。胶合板根据表面特征分为普通胶合板（图1-25）、微薄木贴面胶合板（图1-26）和三聚氰胺贴面胶合板。

普通胶合板用于制作家具的背板，也可用作裱贴各种墙布、墙纸，或用作各种装饰板的基层板；微薄木贴面胶合板用于表面清漆施工工艺；三聚氰胺贴面胶合板则用于无钉的粘贴施工。

图 1-25　普通胶合板

图 1-26　微薄木贴面胶合板

2. 细木工板

细木工板俗称大芯板，由两片单板中间胶压拼接木条而成。这种板材表面平整、尺寸规范、幅面大、密度小、变形小、强度高、易加工。

细木工板的常用规格为 1220mm×2440mm，厚度为 15～18mm。

细木工板分为普通细部木工板（图 1-27）和装饰贴面细木工板（图 1-28，有单面贴面板和双面贴面板）。普通细部木工板适合制作家具的骨架或作为基层板使用，装饰贴面细木工板用于免漆家具的制作。

图 1-27　普通细木工板

图 1-28　装饰贴面细木工板

3. 纤维板

纤维板也称密度板，是以木质纤维或其他植物纤维为原料，加入脲醛树脂或其他适用的胶粘剂经热压制成的人造板材，如图 1-29 所示。

图 1-29　密度板

因成型时温度与压力不同，密度板可分为高密度板和中密度板两种，市场上常用的为中密度板。较薄的高密度板有良好的力学性能，易于弯曲，可用于一些曲面造型部位的装饰；质量更好的薄型高密度板采用澳洲松木为原料精制而成，颜色更纯净，更环保，市场上又叫澳松板，通常用于表面混油工艺的面板。中密度纤维板的厚度较大、不易变形、结构均匀、表面平整、密度适中、强度高、不易胀缩翘曲和开裂，完全避免了木材的各种缺陷，是制作普通板式家具时较常用的材料。密度板的常用规格尺寸有1220mm×2440mm等，厚度为10~15mm。

4. 刨花板

刨花板是由木材碎料（木刨花、锯末等）或非木材植物碎料（麦秆、稻草等）与胶粘剂一起热压而成的人造板材。刨花板有普通刨花板（图1-30）、定向刨花板（图1-31）和三聚氰胺贴面刨花板（图1-32）等。

图1-30　普通刨花板

刨花板表面平整、纹理逼真、密度均匀、厚度误差小、耐污染、耐老化、美观，可进行油漆和各种贴面，具有良好的吸声、隔声、隔热等功能。但其抗弯及抗拉性能较差，密度小、易松动。刨花板的常用规格尺寸为1000mm×2000mm、1220mm×2440mm等，厚度为4~15mm。

图1-31　定向刨花板（欧松板）

图1-32　三聚氰胺贴面刨花板

刨花板常用于制作办公家具、橱柜柜体、普通板式家具等，也可用于装饰装修的骨架和基层板。

1.14.6　实木地板

1. 实木地板的特点

1）具有木质敦厚、花纹和色泽自然、弹性良好、耐用等优点。

2）它的导热系数小，所以具有冬暖夏凉的感觉，其给人的心理感觉也较复合地板优越。

3）由于是天然材质，没有污染，具有自然原始的温馨风味，有回归自然的原始美感。

4）缺点是防火性能差、安装工序多、施工难度大、维护不方便、价格高、木材的含水率不容易掌握、易变形等。

2. 实木地板的常用规格

长度有480mm、520mm、600mm、610mm、750mm、760mm、900mm、910mm、1200mm等规格；宽度有60mm、65mm、75mm、90mm、122mm、125mm等规格；标准厚度为18mm，市场上也有16mm、14mm、12mm等规格。

1.14.7 强化复合地板（浸渍纸层压木质地板）

强化复合地板也称强化地板或复合地板，具有价格低廉、安装方便、免维护、耐磨、不易变形等优点，受到了人们的欢迎。

1. 强化复合地板的结构

强化复合地板由四层结构组成：

（1）耐磨层　主要由 Al_2O_3（三氧化二铝）组成，有很强的耐磨性和硬度，一些由三聚氰胺面层制成的强化复合地板无法满足标准的要求。

（2）装饰层　是一层装饰木纹纸，纸上印刷有仿珍贵树种的木纹或其他图案。

（3）基层　是中密度板或高密度板，有一定的防潮、阻燃性能。

（4）平衡层　牛皮纸浸以树脂，起到防潮、防地板变形的作用。

2. 强化复合地板的特点

（1）面层具有极佳的耐磨性能　这是复合地板的最大优点之一，由于表面经过了三氧化二铝的处理，免去了日后再油漆、打蜡的维护工作，省去很多的麻烦。轻微划动、磕碰对其没有影响。

（2）安装方便、保养维护简单、价格低廉　如实木地板的安装需要 5～7 天，而复合地板则只需 1 天就可完成，且一次安装，终生免维护。

（3）防火、防潮、阻热、不褪色　烟头在上面燃烧，没有痕迹；一时的水渍和潮气也无大碍。

复合地板的缺点是施工时对地坪的平整度有较高的要求；缺乏实木地板的质感和脚感，没有暖感，环保性不如实木地板；一旦被水浸泡后，复合地板会严重膨胀变形而无法使用。

3. 强化复合地板的主要质量指标

（1）表面耐磨转数　公共场所用不小于9000 转，家用Ⅰ级不小于6000 转，家用Ⅱ级不小于 4000 转。以上转数是指初始磨值，即表面饰层出现露底；而不是耐磨终值，即地板全部磨穿。强化复合地板的耐磨层厚都在 0.1mm 以上，厚的可达 0.7mm。

（2）吸水厚度膨胀率　是指强化复合地板浸泡在 25℃ 的水中达规定时间，基层吸水厚度增加的程度，用百分数表示。膨胀率越大，说明该地板受潮后强度下降得越多，且表面会突起甚至脱落，严重时会影响使用寿命。目前市场在售的各种品牌，其吸水厚度膨胀率的大小可相差十倍以上。

（3）表面耐冲击性能　即以规定的方法对地板进行冲击试验，冲击后留下的凹坑直径大小就是冲击性能好坏的依据，凹坑直径越小，耐冲击性能越好，使用寿命越长。

（4）甲醛释放量　《室内装饰装修材料　人造板及其制品中甲醛释放限量》（GB 18580—2001）规定：强化复合地板属于可直接用于室内的产品，所以其甲醛释放量必须达到 E1 级或 E0 级（E1 级≤1.5mg/L，E0 级≤0.5mg/L）。

除此以外，强化复合地板的静曲强度、内结合强度、密度、含水率、胶合强度等指标必须符合标准要求。

强化复合地板销售时应明示其耐磨等级和甲醛限量等级。

【复习思考题】

1. 装饰材料的作用有哪些？
2. 如何选用装饰材料？
3. 装饰材料的基本性质有哪些？
4. 装饰材料有哪些基本性能？怎样表示？
5. 影响水泥及其制品强度的因素有哪些？
6. 装饰上常用的天然石材有哪几类？各有哪些特点？
7. 怎样对抛光地板砖的质量进行简易鉴别？
8. 简述钢化玻璃的特点及使用时的注意事项。
9. 装饰上常用的塑料制品有哪些？
10. 装饰上常用的油漆有哪些？各有哪些特点？
11. 装饰装修工程上常用的胶粘剂有哪些？如何使用？
12. 常用的金属装饰材料及制品主要有哪些？
13. 实木地板与复合地板在性能上有哪些区别？

单元 2　典型吊顶装饰材料与构造

单元概述

本单元主要介绍轻钢龙骨纸面石膏板吊顶的材料与构造；轻钢龙骨矿棉板、装饰石膏板、硅钙板吊顶的材料与构造；铝塑板、铝单板吊顶的材料与构造；集成吊顶的材料与构造；常用格栅式吊顶的构造。

学习目标

通过本单元的学习，了解典型吊顶使用的装饰材料和构造；会使用吊顶材料，能看懂吊顶的构造详图；会绘制简单的吊顶构造详图。

2.1　纸面石膏板吊顶装饰构造

2.1.1　纸面石膏板的分类及规格

纸面石膏板按用途可以分为以下四类：

（1）普通纸面石膏板（代号 P）　护面纸的颜色多为浅灰色，是使用最为广泛的一类石膏板，主要用于干燥环境的隔墙板和吊顶板，不能用于卫生间、浴室等潮湿环境。

普通纸面石膏板的常用规格为 1200mm × 2400mm、1200mm × 3000mm，厚度为 9.5mm、12mm、15mm。

住宅装修不能使用 1200mm × 3000mm 的规格，因为住宅建筑楼梯较窄，无法从楼梯上搬运。

（2）耐火纸面石膏板（代号 H）　护面纸的颜色多为红色。耐火石膏板的耐火极限为 0.5 ~ 4h，特别适合防火要求较高的吊顶、隔墙、电梯和楼梯通道以及柱、梁的外包防火使用。耐火纸面石膏板的常用规格为 1200mm × 2400mm、1200mm × 3000mm，厚度为 12mm、15mm。

（3）耐水纸面石膏板（代号 S）　护面纸的颜色多为绿色，用于潮湿环境或南方地区，但仍然不能用于直接与水接触的环境。耐水纸面石膏板的常用规格：宽度 1200mm；长度 2400mm、3000mm；厚度 9.5mm、12mm。

（4）耐水耐火纸面石膏板（代号 SH）　属于多功能纸面石膏板，护面纸的颜色不同厂家不尽相同。耐水耐火纸面石膏板的规格为 1200mm × 2400mm、1200mm × 3000mm，厚度为 12mm、15mm。

小常识 选购纸面石膏板的技巧

纸面石膏板的品牌很多，“龙牌”“泰山牌”“拉法基”“可耐福”“拜尔”“杰森”等都是较知名的品牌。纸面石膏板的价格较低廉，普通纸面石膏板的市场售价一般为每张20元左右，耐火、耐水纸面石膏板的市场售价一般为每张40元左右。购买时应注意以下几个方面：

1）看产品质量合格证书及同批次的质量检测报告。

2）看产品包装及标志。石膏板包装一般是两块一组，背面朝外，端头用胶带或塑料膜密封，石膏板背面或端头的塑料膜上有完整的标志。

3）纸面粘接。用裁纸刀在石膏板表面划一个45°的切口，然后在交叉的地方揭开纸面，可以发现，优质的纸面石膏板的纸张依然好好地粘接在石膏芯上，石膏芯体没有裸露；而劣质纸面石膏板的纸张则可以撕下大部分甚至全部纸面，石膏芯完全裸露出来。

4）单位面积质量。同类型的纸面石膏板，同厚度同面积，优质的板材比劣质的板材轻。

5）纵向/横向断裂强度。简易的方法是将相同厚度不同品牌的石膏板切成同样大小的板条用手折弯，不容易折断的为优质板。

6）看纸面石膏板的表面情况。好的纸面石膏板正面平整，没有坑窝和鼓泡现象，长边的纸包边完整，没有开口和破损。

7）看石膏芯选材的差别。从外观上可看出，好的纸面石膏板的板芯洁白，而差的纸面石膏板的板芯颜色暗淡。

2.1.2 纸面石膏板吊顶的构造

1. 吊顶的构造层次

吊顶的构造层次主要有结构层（楼板或型钢等基层）、吊杆、龙骨架、附加层、面层。

2. 吊顶的吊杆及其固定

纸面石膏板吊顶的吊杆主要有镀锌金属吊杆、角钢等。一般采用成品的镀锌金属吊杆，直径有6mm和8mm两种规格，标准长度为3mm，可根据需要进行切割。ϕ6mm吊杆主要用于不上人吊顶，ϕ8mm吊杆主要用上人吊顶。角钢吊杆用于固定重型设备。

吊杆的安装需要用专用配件，如图2-1所示。吊杆的安装固定如图2-2所示。主、次龙骨的连接如图2-3所示。

图2-1 吊件组合

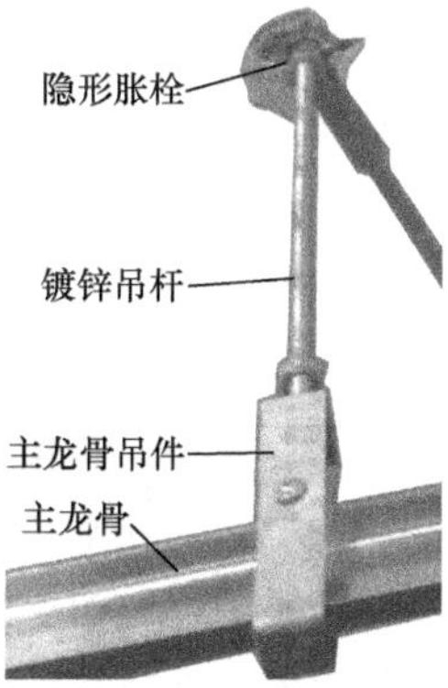

图2-2 吊杆的安装固定

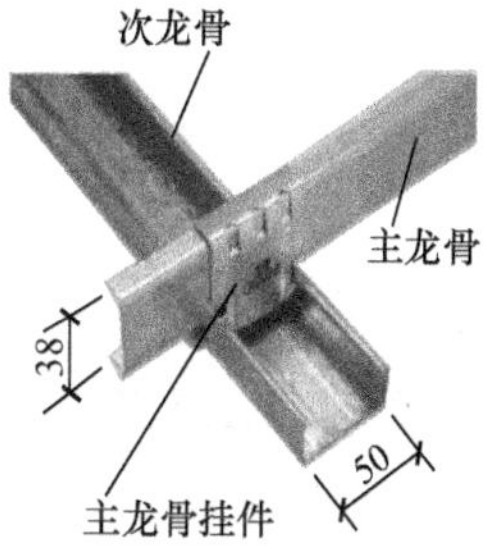

图2-3 主、次龙骨的连接

3. 纸面石膏板吊顶骨架层

纸面石膏板吊顶骨架层最常用的是轻钢龙骨，轻钢龙骨骨架根据吊顶承受的荷载情况可采用以下四种构造形式：

1）UC 形的双层构造，主龙骨断面为 U 形，次龙骨断面为 C 形，如图 2-4 ~ 图 2-6 所示。

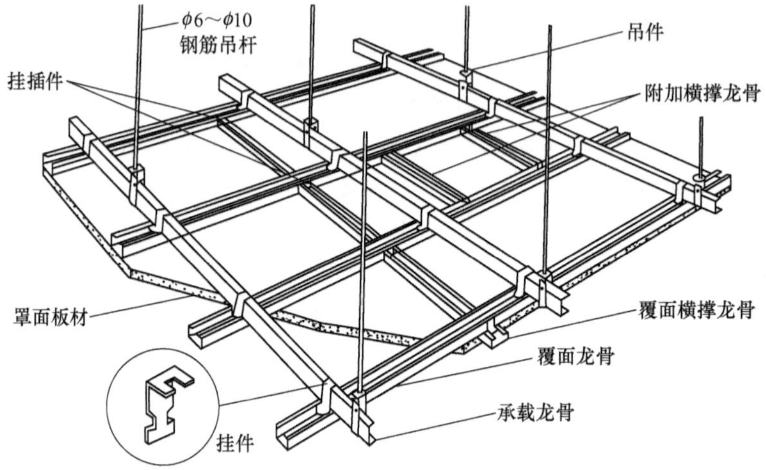

图 2-4　UC 形轻钢龙骨骨架体系示意图

图 2-5　UC 形轻钢龙骨骨架的构造效果

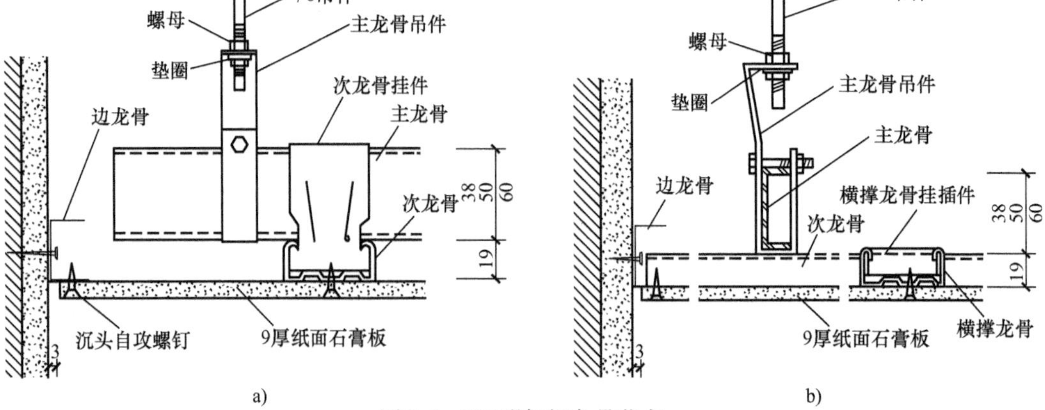

图 2-6　UC 形轻钢龙骨节点

a）平行于主龙骨方向的节点　b）平行于次龙骨方向的节点

2）直卡式龙骨（也称花式龙骨或 V 形龙骨）的双层构造，主龙骨断面为 V 形，次龙骨断面为 C 形，如图 2-7 ~ 图 2-9 所示。

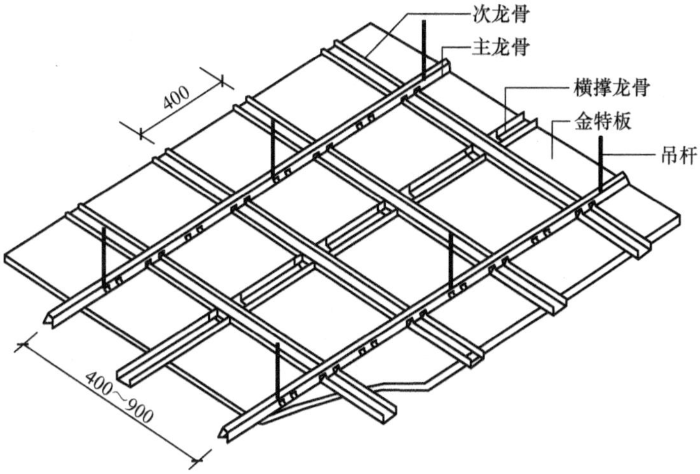

图 2-7 直卡式（花式）龙骨纸面石膏板吊顶系统构造示意图

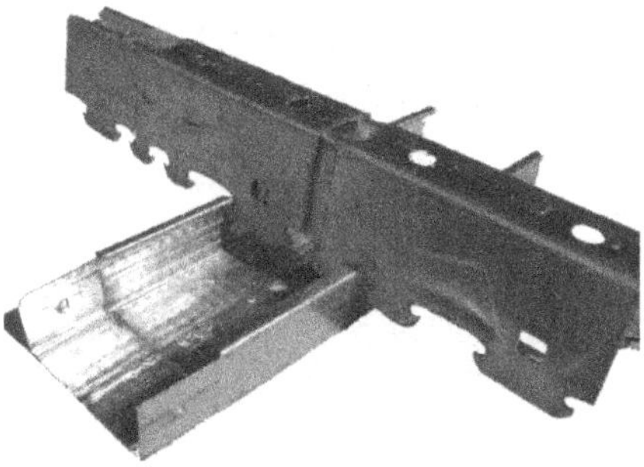

图 2-8 花式龙骨的连接

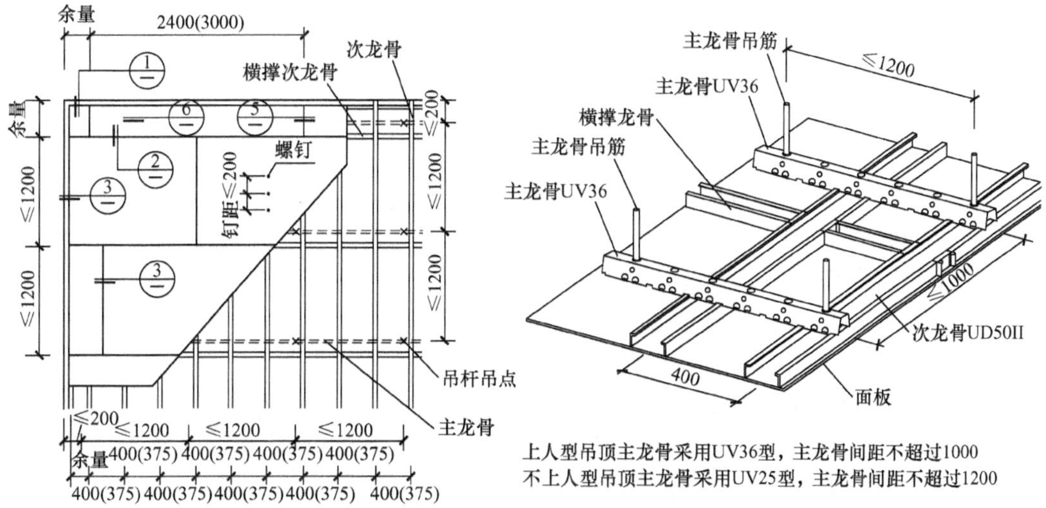

a) b)

图 2-9 直卡式龙骨纸面石膏板吊顶的构造

a）UV 直卡式龙骨吊顶平面图 b）UV 直卡式龙骨吊顶示意图

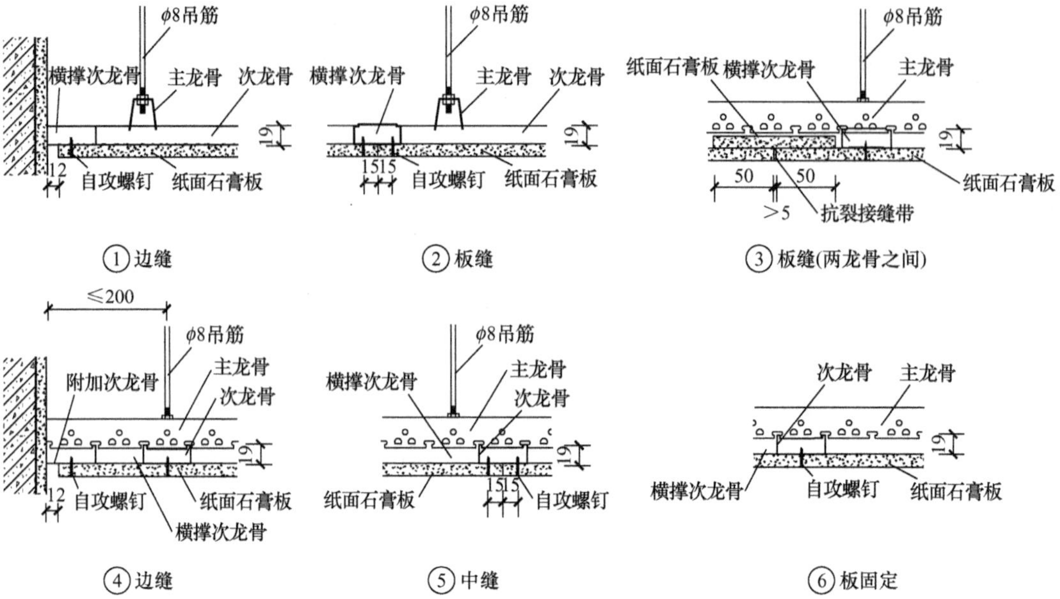

c)

图 2-9　直卡式龙骨纸面石膏板吊顶的构造（续）

c）直卡式龙骨吊顶节点图

3）C 形轻便式的单层构造，如图 2-10 所示。

图 2-10　C 形轻便式的单层轻钢龙骨的安装效果

4）轻钢龙骨与木龙骨或轻钢龙骨与木质人造板组合的骨架，如图 2-11 所示。因木材容易加工，适合制作较复杂的造型，所以常与轻钢龙骨共同使用，造型简单的部位用轻钢龙骨，造型复杂的部位使用木材。

图 2-11　轻钢龙骨与细木工板组合的吊顶骨架

UC 形的双层构造是纸面石膏板吊顶中最常用的骨架形式。主龙骨的断面高度有 38mm、50mm 和 60mm 三种，一般上人的骨架用 60mm 的主龙骨，不上人的骨架用 38mm 的主龙骨，临时上人的用 50mm 的主龙骨。不管骨架是否上人，次龙骨都是通用的，通常次龙骨的断面宽度为50mm。

在UC形的骨架体系中，如果主龙骨采用了某种型号，则吊杆、膨胀螺栓、吊件、挂件、主龙骨接长件都必须与主龙骨的型号对应才能使用，所以通常将UC形轻钢骨架分为38系列、50系列和60系列。图2-3中的主龙骨是38mm的，次龙骨为50mm的，可以称为38系列；如果主龙骨是60mm的，就称为60系列。

4. 吊顶附加层

主要为保温填充层或吸声填充层，还包括上人型吊顶的检修走道。

5. 吊顶面层

吊顶面层在整个吊顶的最下方，紧贴吊顶覆面龙骨固定，纸面石膏板作为吊顶的初始面层，表面还要作装饰处理，一般采用批腻子、刷涂料或粘贴装饰面层的方法。

纸面石膏板与覆面轻钢龙骨的连接采用自攻螺钉固定。纸面石膏板之间要留2~4mm的缝隙，以便进行防开裂处理。

2.2 埃特板、硅酸钙板、纤维增强水泥板吊顶装饰构造

2.2.1 埃特板吊顶

1. 埃特板的特点

埃特板（注册商标“ETERPAN”的汉译）是用水泥、植物纤维和矿物质，经流浆法高温蒸压而成的，是纤维硅酸盐板材（纤维水泥板）。埃特板具有多种厚度及密度，100%不含石棉及其他有害物质，为非燃烧A级产品，具有强度高、防火、防潮、防水、隔声效果好、环保、安装快捷、使用寿命长等优点。

2. 埃特板的分类、规格和应用

埃特板分为低密度系列和中密度系列。

（1）低密度系列埃特板　包括普通低密度埃特板（图2-12）、装饰低密度埃特板（图2-13，包括穿孔吸声埃特板）等。低密度系列埃特板用于室内，可替代石膏板，它比石膏板更轻，强度更高，更耐用、抗弯曲、耐水。

图2-12　普通低密度埃特板

图2-13　装饰低密度埃特板

普通低密度埃特板用于C形龙骨吊顶、隔墙的基层板，其常用规格为1220mm×2440mm，厚度为7mm、8mm、9mm、10mm、12mm、15mm。

（2）中密度系列埃特板（图 2-14） 包括普通中密度埃特板、瓷力埃特板、仿木纹埃特板、佳壁埃特板、佳美埃特板等。普通中密度埃特板主要用于室内潮湿环境及抗冲击性要求高的隔墙及吊顶的基层板；瓷力埃特板主要用于卫生间隔墙及卫生间贴瓷砖或大理石的隔墙衬板；仿木纹埃特板主要用于外墙立面装饰，也可用于内墙装饰；佳美埃特板主要用于外墙装饰。

a) b) c) d)

图 2-14 中密度系列埃特板

a）普通中密度埃 b）瓷力埃特板 c）仿木纹埃特板 d）佳美埃特板

普通中密度埃特板可与多种类型的吊顶龙骨配合使用，如 C 形龙骨吊顶、直卡式龙骨吊顶、T 形龙骨吊顶等。其常用规格为 1220mm × 2440mm，厚度为 6mm、7.5mm、9mm、12mm、15mm。

3. 埃特板吊顶的构造

UC 形轻钢龙骨埃特板吊顶的构造与 UC 形轻钢龙骨纸面石膏板吊顶的构造相同。

T 形轻钢龙骨埃特板吊顶的构造与 T 形轻钢龙骨装饰石膏板吊顶的构造相同，如图 2-15 所示。

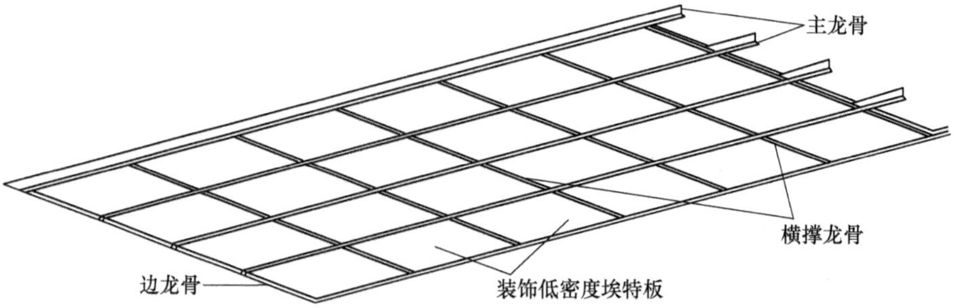

图 2-15 T 形轻钢龙骨埃特板吊顶的构造

2.2.2 硅酸钙板吊顶

硅酸钙板属于新一代绿色建材，在优良的防潮、防火性能的基础上独具环保功能，如图 2-16 所示。它是以硅粉和钙粉材料为主要基材，以天然木质纤维为增强材料，外掺其他辅助材料，通过流浆成型后，在高温高压下养护生成的一种新型建筑材料。其因防火、抗下陷、品种多等优势，被广泛用于吊顶材料。

图 2-16　无石棉硅酸钙板

1. 硅酸钙板的规格

硅酸钙板的常用规格为 1220mm × 2440mm，厚度为 4 ~ 20mm。

2. 硅酸钙板的特点

（1）优良的防火性能　硅酸钙板是 A 不燃级材料，万一发生火灾时，板材不会燃烧，也不会产生有毒烟雾。

（2）优良的防水性能　硅酸钙板有极好的防水性能，在卫生间、浴室等高湿度的地方，仍能保持性能的稳定，不会膨胀或变形。

（3）强度高　硅酸钙板强度高，6mm 厚板材的强度大大超过 9.5mm 厚的普通纸面石膏板。硅酸钙板坚实可靠，不易受损破裂。

（4）尺寸稳定　硅酸钙板采用先进的配方，在严密的质量控制下生产，板材的湿涨和干缩率控制在最理想的范围。

（5）隔热、隔声　硅酸钙板有良好的隔热保温性能，10mm 厚隔墙的隔热保温性能明显优于普通砖墙的效果，同时具有很好的隔声效果。

（6）使用寿命长　硅酸钙板的性能稳定、耐酸碱、不易腐蚀，也不会遭潮气或虫蚁等损害，可保证有超长的使用寿命。

2.2.3　纤维增强水泥板

纤维增强水泥板又称纤维水泥板，是以纤维和水泥为主要原材料生产的建筑用水泥平板，以其优越的性能被广泛应用于建筑行业的各个领域。用纸浆、木屑、玻璃纤维替代石棉纤维起增强作用的纤维水泥板统称无石棉纤维水泥平板，用木屑或木丝作为增强材料的板材又称水泥木丝板。

1. 纤维增强水泥板的规格和分类

纤维增强水泥板的常用规格为 1220mm × 2440mm，厚度为 4 ~ 12mm。

低密度纤维增强水泥板一般用于低档建筑吊顶及隔墙等部位；中低密度纤维增强水泥板一般用于中档建筑的隔墙及吊顶；高度密纤维增强水泥板（图 2-17）是压力板（又称纤维水泥压力板），一般用于高档建筑的钢结构外墙、钢结构楼板等。

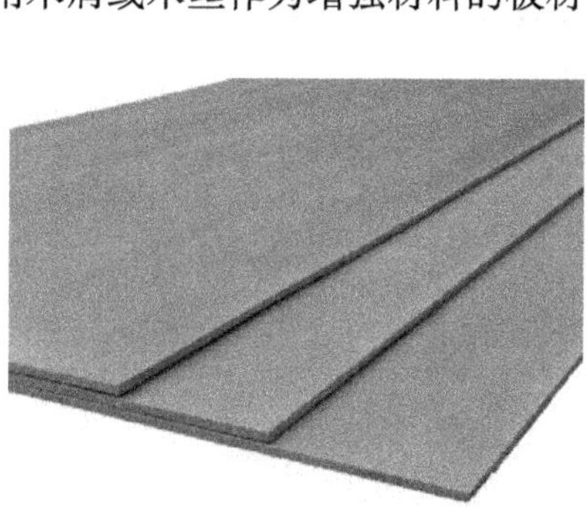

图 2-17　高密度纤维水泥板

中、低密度产品的变形系数比高密度纤维水泥板小一些。

2. 纤维增强水泥板的性能

（1）防火、绝缘　属于非燃烧 A 级，不产生有毒气体；导电系数低。

（2）防水、防潮　不怕水、不怕湿，适用于浴室、游泳池、地下通道等。

（3）防腐、防虫　耐蚀性能好，不生锈，不怕蚊虫咬噬。

（4）隔声、隔热　密度高、隔声好、导热系数低、隔热保温性能好。

（5）轻质、高强　强度高、重量轻、不破裂、不断折、抗冲击性能好。

（6）安全无害　无毒、无放射性，符合国家“建筑材料放射性卫生防护标准”。

（7）可加工及二次装修性能好　可以根据需要自由切割、钻孔；可采用粘贴、上螺钉或用钉枪安装等方法固定。

3. 纤维增强水泥板的应用

纤维增强水泥板目前主要用于室内隔墙、吊顶、外墙挂板、外墙保温板和钢结构楼层板。

1）在室内隔墙的使用上，相比石膏板和硅钙板具有防水、防火、隔声效果更好的特点，但由于造价较高，主要还是在酒店、宾馆、别墅及国家场馆等高档设施上使用。

2）外墙挂板的使用和石材一样，由于相较于石材特别是进口石材有巨大的价格优势，已越来越多地被应用于各种建筑，包括世界博览会和亚运会的许多场馆。

3）外墙保温板使用纤维增强水泥板和挤塑板等保温材料已经较为普遍。

4. 纤维增强水泥板吊顶的构造

纤维增强水泥板吊顶的构造与纸面石膏板吊顶相同。

2.3 矿棉板、装饰石膏板、硅钙板吊顶装饰构造

2.3.1 矿棉板吊顶

1. 矿棉板

矿棉板是以无机矿物纤维为主要原料，加入胶粘剂及其他添加剂，经加压、烘干、表面处理等工艺制成的。矿棉板的特点是吸声、隔热、重量轻、施工方便，其表面有滚花和浮雕等效果。矿棉板有满天星、毛毛虫、十字花、中心花、核桃纹、条状纹等类型，如图 2-18 所示。

图 2-18　矿棉板

2. 矿棉板的规格

矿棉板的常用规格为600mm×1200mm、600mm×600mm和300mm×600mm，厚度为8~12mm。

3. 矿棉板的用途

矿棉板常用于会议室、办公室、报告厅、走廊等干燥环境的室内吊顶面板，但不宜用于长期湿度较大的房间。

4. 矿棉板吊顶的构造

矿棉板吊顶的骨架一般采用T形龙骨浮搁做法。分为单层骨架和双层骨架两种做法，单层做法一般用于面积较小的吊顶或不上人吊顶，双层做法一般用于面积较大的吊顶或上人型吊顶。

单层骨架矿棉板吊顶的构造如图2-19~图2-21所示，双层骨架矿棉板吊顶的构造如图2-22所示，矿棉板吊顶接缝处的构造如图2-23所示。

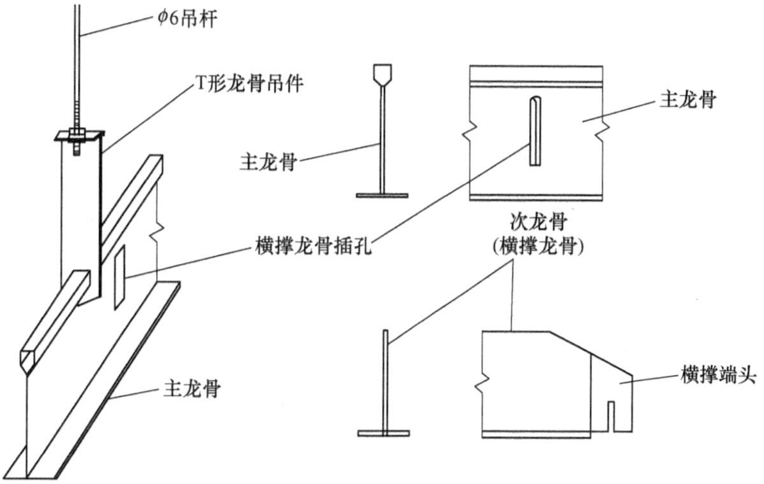

图2-19　有专用吊杆的单层骨架矿棉板吊顶构造

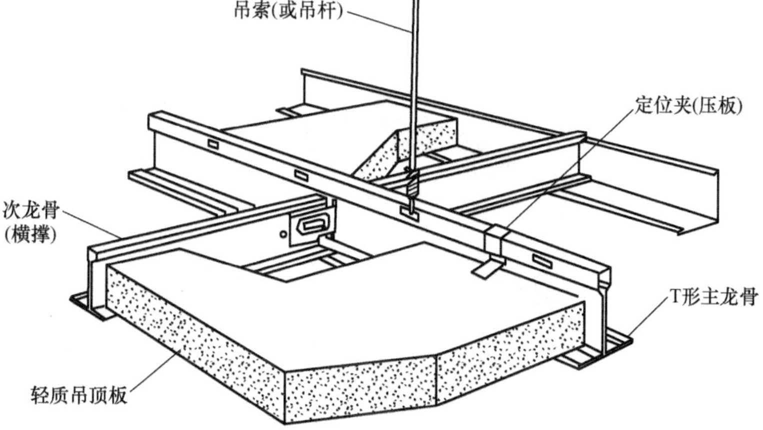

图2-20　采用金属丝吊杆的单层骨架矿棉板吊顶构造

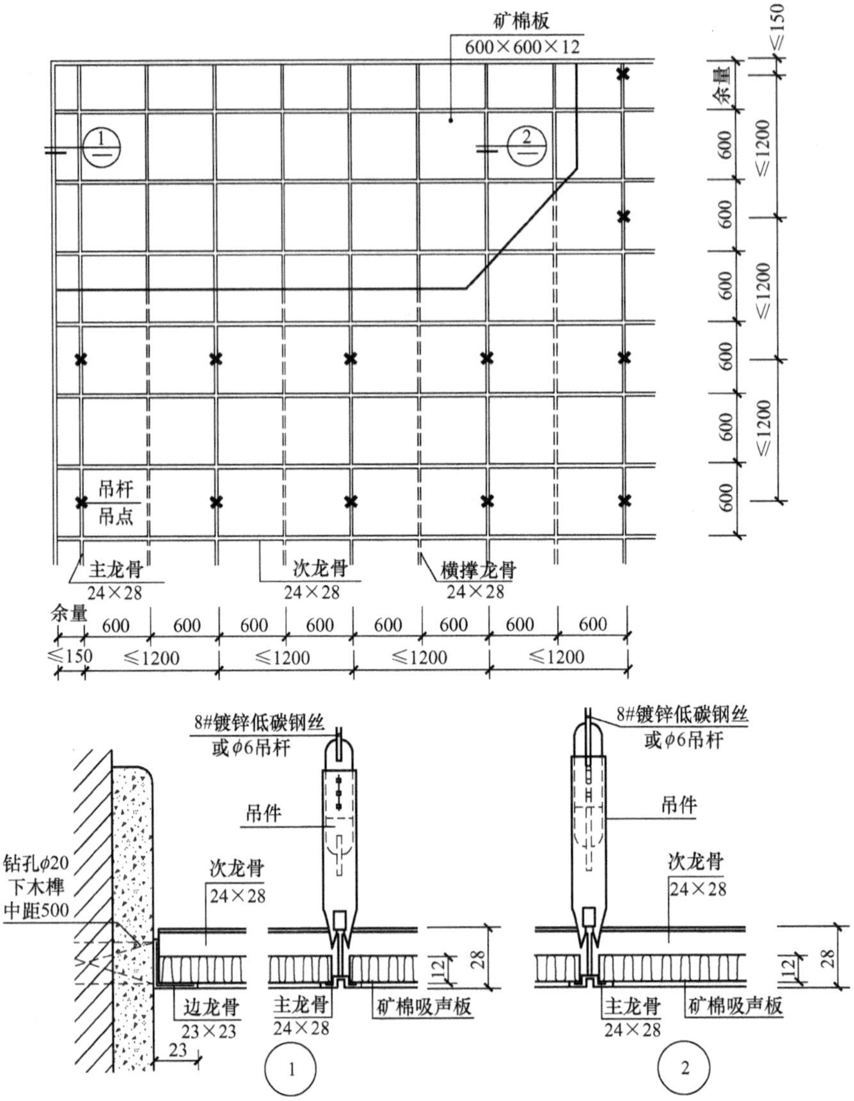

图 2-21　单层骨架矿棉板吊顶的构造详图

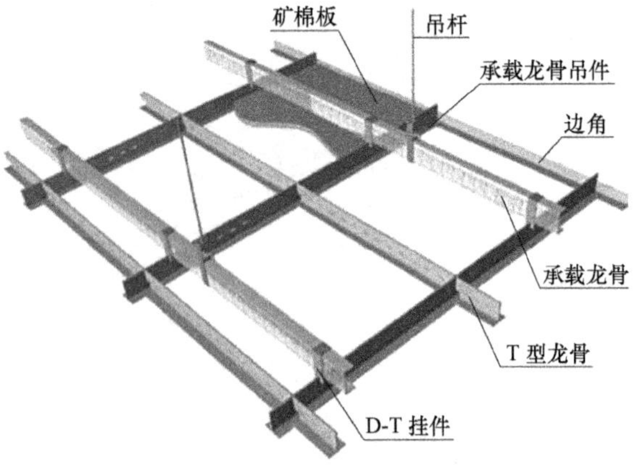

图 2-22　双层骨架矿棉板吊顶的骨架构造

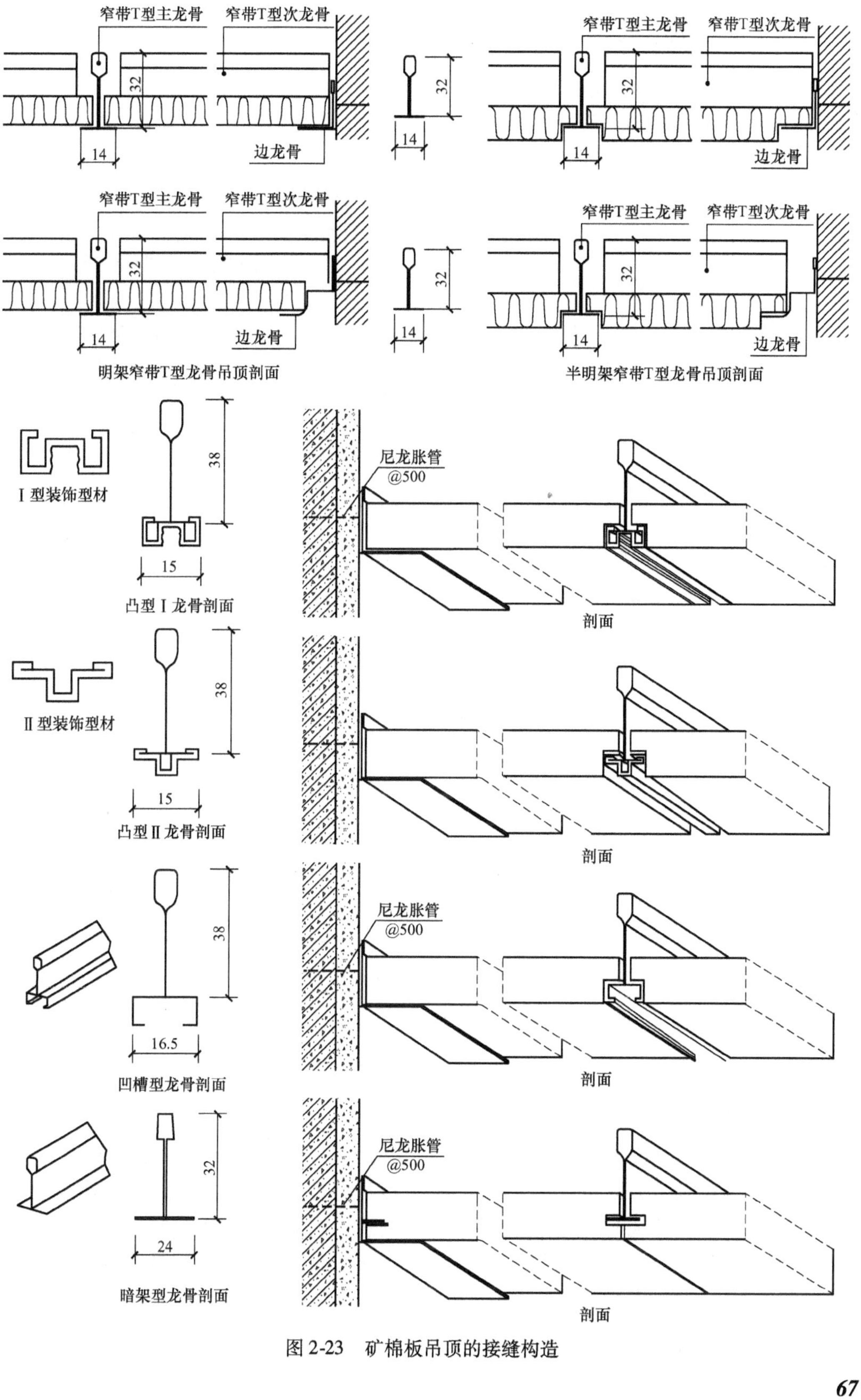

图2-23　矿棉板吊顶的接缝构造

2.3.2 装饰石膏板吊顶

装饰石膏板（图 2-24）是以石膏为主要原料，加入胶粘剂、防潮剂、增强纤维等压制、干燥而制成的。其主要特点是防火、隔热、收缩率小、不受虫害、不老化等；但不宜用于湿度长期较大的房间。装饰石膏板吊顶效果如图 2-25 所示。

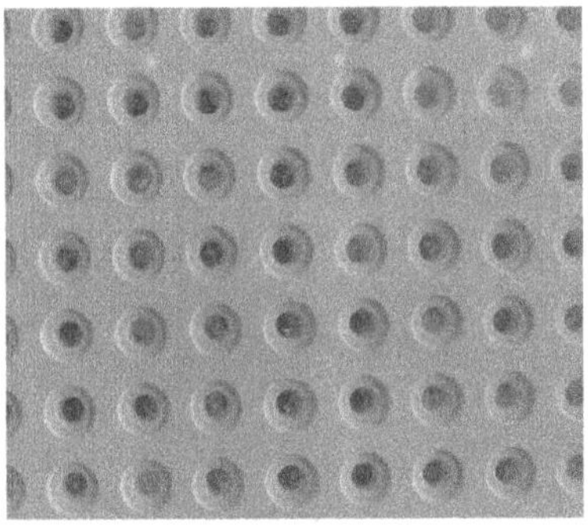

图 2-24 装饰石膏板

图 2-25 装饰石膏板吊顶效果

装饰石膏板的常用规格有 500mm × 500mm × 9mm 和 600mm × 600mm × 11mm。

PVC 贴膜装饰石膏板背面一般贴铝箔，其强度更高，具有更好的防潮、防下陷、抗污染性能，常用规格为 600mm × 600mm × 8mm。

装饰石膏板吊顶的构造与矿棉板吊顶的构造相同，图 2-26 和图 2-27 所示为双层骨架装饰石膏板吊顶的节点。

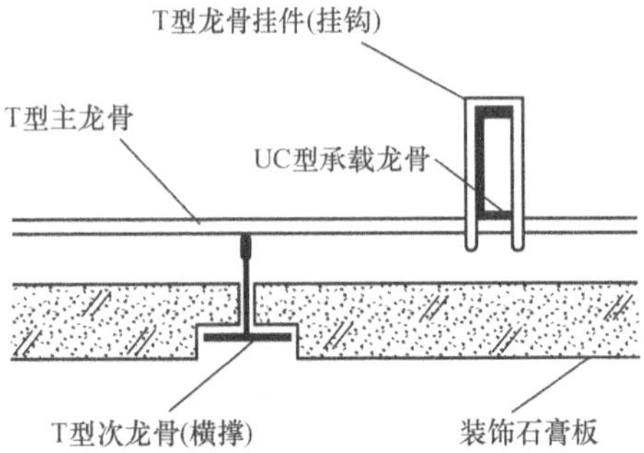

图 2-26 明架式装饰石膏板吊顶

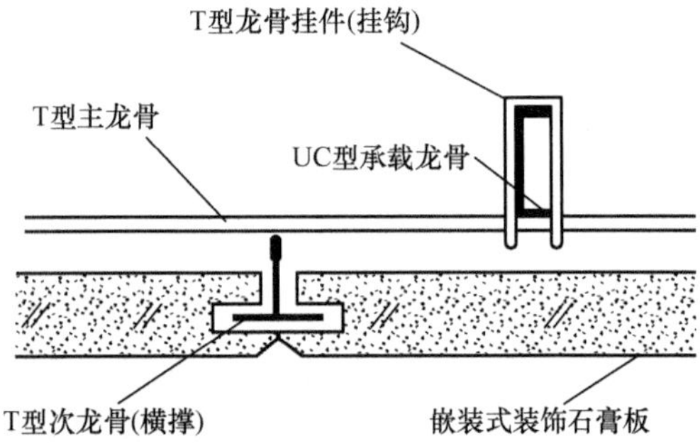

图 2-27 暗架式装饰石膏板吊顶

2.3.3 硅钙板吊顶

硅钙板即硅钙石膏板，又称石膏复合板（图 2-28），是一种多元材料，一般由天然石膏粉、白水泥、胶粘剂、玻璃纤维复合而成。硅钙板具有防火、防潮、隔声、隔热等性能，与装饰石膏板相比，在外观上保留了装饰石膏板的美观；重量方面则大大低于装饰石膏板，强度方面远高于装饰石膏板；彻底改变了装饰石膏板因受潮而变形的致命弱点，数倍地延长了材料的使用寿命；在吸声及保温隔热等方面，比装饰石膏板有所提高；在防火方面，也胜过矿棉板、装饰石膏板和纸面石膏板。

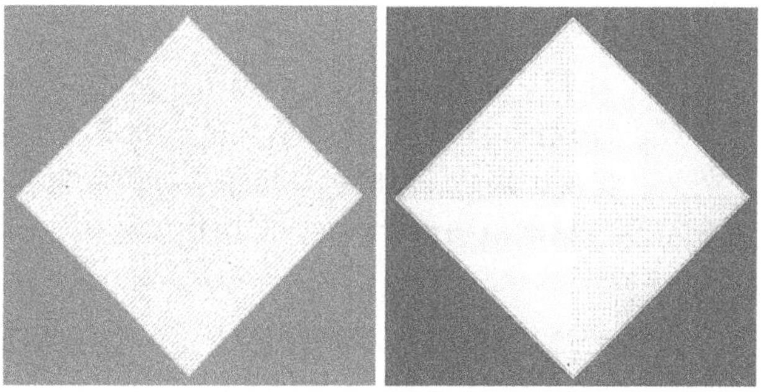

图 2-28　硅钙板

1. 硅钙板的规格

硅钙板的常用规格是 595mm × 595mm、603mm × 603mm，1200mm × 600mm、300mm × 300mm、300mm × 600mm，厚度为 4 ~ 10mm。

2. 硅钙板的应用

硅钙板常用于吊顶面板，一般与 T 形轻钢龙骨配套使用。

3. 硅钙板和硅酸钙板的区别

硅钙板和硅酸钙板是两种不同的材料。首先，硅钙板主要由石膏组成；其次在用途上，硅钙板主要用于室内吊顶，而硅酸钙板则可用于室内外的隔墙、吊顶、防火吊顶、防火墙、外墙挂板、钢结构防火、高温等。

4. 硅钙板吊顶的构造

硅钙板吊顶一般采用 T 形龙骨浮搁式构造做法，与矿棉板吊顶和装饰石膏板吊顶的构造相同。

2.4　铝塑板、铝单板吊顶

2.4.1　铝塑板

铝塑板是铝塑复合板的简称，是指以塑料为芯层（普通聚乙烯芯层或防火聚乙烯芯层），两面为铝材的三层复合板材，并在产品表面覆以装饰性和保护性的涂层作为装饰面。

1. 铝塑板的特点

1）材质轻。比同厚度的普通铝轻 60%，刚性强、耐冲击、耐蚀、耐候、隔热、隔声、耐水、防火、防潮、抗振性好。

2）具有平面度高、可加工性好、可快速施工等优点。

3）豪华美观、艳丽多彩的装饰性。

2. 铝塑板的应用

铝塑板可用于建筑物外墙饰面，以及制作挑棚、外墙挂板、商业门头、护板和广告牌等，也可应用于室内壁饰、包柱及吊顶天花装饰。

3. 铝塑板的分类

（1）按表面装饰效果分类　镜面铝塑板、拉丝铝塑板、冲孔铝塑板、仿石纹铝塑板、仿木纹铝塑板、浮雕花纹铝塑板等。

（2）按颜色分类　纯白、哑白、杏色、闪银、白银灰、金色、香槟金、香槟银、香槟色、广告黄、柠檬黄、绯红、深玫红、橙色、橘（桔）红、翡翠玉、苹果绿、邮政绿、湖水蓝、电信蓝、浅蓝、灰蓝、深灰、深蓝、咖啡色、黑珍珠、铝本色、金拉丝、银拉丝等。

（3）按表面涂层类别分类　聚酯铝塑板（PET，主要用于室内）、氟碳铝塑板（PVDF，主要用于室外）。

（4）根据用途分类　普通装饰用铝塑板、幕墙用铝塑板、防火铝塑板、纳米抗污铝塑板等。

4. 铝塑板的规格

铝塑板的标准尺为1220mm×2440mm，厚度为2.5～5mm，最大尺寸规格为1600mm×6000mm。

（1）外墙铝塑板系列　铝厚有五种规格：0.30mm、0.35mm、0.40mm、0.45mm、0.50mm；涂层有聚酯树脂（PET）和氟碳树脂（PVDF）两种类型。

（2）内墙铝塑板系列　铝厚有五种规格：0.30mm、0.21mm、0.18mm、0.15mm、0.12mm；涂层为聚酯树脂（PET）。

（3）防火铝塑板系列　铝厚有六种规格：0.25mm、0.30mm、0.35mm、0.40mm、0.45mm、0.50mm；涂层为氟碳树脂（PVDF）。板厚可达到3～5mm。

一般来说，外墙用铝塑板的总厚度不应小于4mm，铝塑板正面铝皮的厚度不小于30丝（0.3mm），表面涂层应采用氟碳漆，中间塑料层为挤出型PE树脂。

小常识　铝塑板的简易检验方法

（1）看　看铝塑板表面是否平整、光滑、无波纹、鼓泡、划痕、疵点。

（2）测　测铝塑板的厚度是否达到要求，用于内墙的不小于3mm，用于外墙的不小于4mm，铝塑板正面铝皮的厚度不小于30丝（0.3mm）。

（3）折　折铝塑板的一角，易断的不是PE材料，或掺假。

（4）烧　将铝皮揭掉，将中间塑料部分点燃，真正的PE材料呈淡蓝色火焰，可以完全燃烧。

（5）滴　在表面滴上丁酮，5min之后擦掉试剂，看是否露底，露底的是聚酯涂层；不漏底的采用的是氟碳涂层，可长期用于室外。

2.4.2　铝塑板吊顶构造

1. 粘贴法

粘贴法是指在埃特板、水泥木丝板、硅酸板等吊顶基层的底面用专用胶将铝塑板直接粘贴，也可将铝塑板直接粘在C形轻钢龙骨、铝方管、方钢管的底面。

1）用普通万能胶粘贴时采用满粘法，并且要将被粘的两面（基层板底面和铝塑板背面）都均匀刷胶，等5～10min，在胶面不粘手时再进行粘贴，并从一边向另一边压实。

2）用玻璃胶（中性硅酮耐候密封胶）粘贴时，一般采用点粘法。先将专用双面胶条粘在铝塑板背面四周，并在中间按一定间隔粘上几条，再沿双面胶条按150～200mm的间距点涂玻璃胶（板四边间距150mm点涂玻璃胶，铝塑板中部按200mm左右的间距点涂玻璃胶，玻璃胶点涂的厚度要超出双面胶条的厚度），然后进行粘贴，一次粘贴就位。

如果是在C形轻钢龙骨底面以及铝方管、方钢管骨架底面进行粘贴，则可在骨架底面沿龙骨中心线先贴上专用双面胶条，再在双面胶条两侧沿龙骨边沿均匀地打上玻璃胶（高度要超过双面胶条的厚度），然后粘贴铝塑板，一次粘贴就位。

使用万能胶粘贴容易出现铝塑板鼓泡、脱胶现象，并且施工的平整度难以得到保证；而使用玻璃胶的点粘法施工速度快、用胶量少、环保，且质量有保证，故目前多用玻璃胶粘贴法。

2. 干挂法

1）无龙骨的直接干挂法如图2-29和图2-30所示。

2）骨架干挂法如图2-31和图2-32所示。

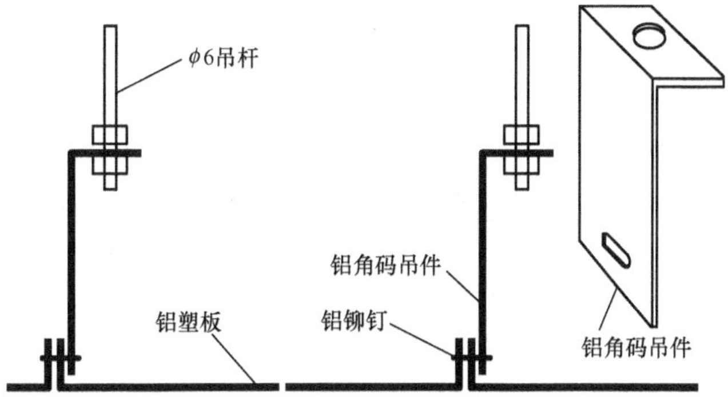

图2-29　无骨架（直接吊挂式）铝塑板吊顶节点

图2-30　铝塑板吊顶构造效果

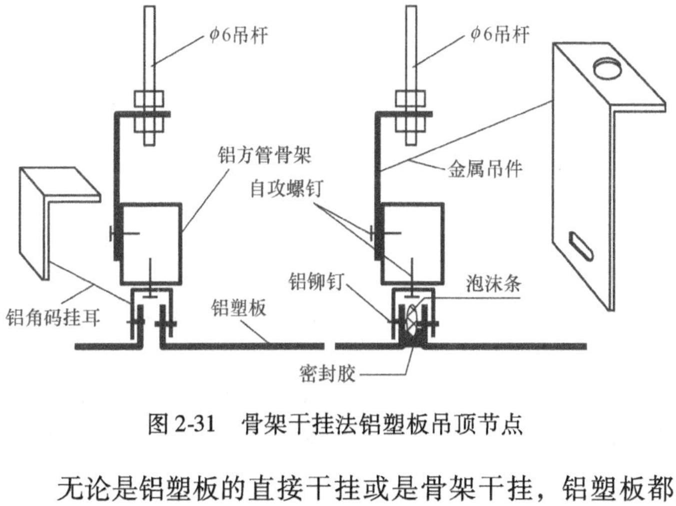

图2-31　骨架干挂法铝塑板吊顶节点

图2-32　骨架干挂法铝塑板吊顶效果

无论是铝塑板的直接干挂或是骨架干挂，铝塑板都要进行折边加工。如图2-33所示，铝塑板的四边要向背面折90°角，折起的高度一般为20～30mm，修槽的深度应调试好，一般切削刃距板正面铝皮的距离在0.2mm左右为宜。在板背面四角处应采用角码加固，如果铝塑板干挂的规格较大，则背面应用结构胶粘铝方管加固，

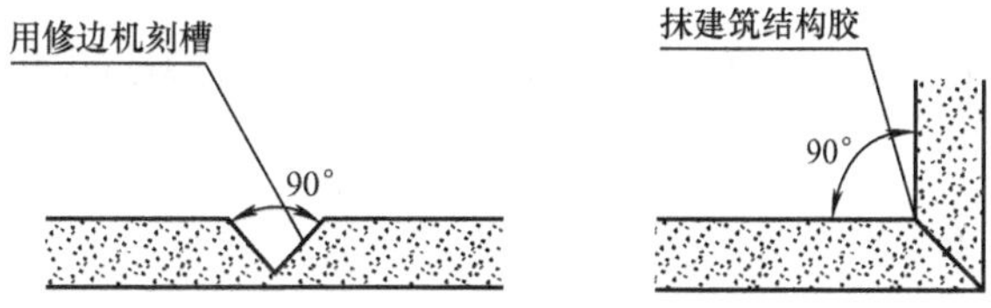

图2-33　铝塑板折边加工示意

如图2-34所示。铝塑板折边处理后，在四边处每边用铆钉固定两个或两个以上的铝角码（挂耳），如图2-35所示。

图2-34 加铝方管加固

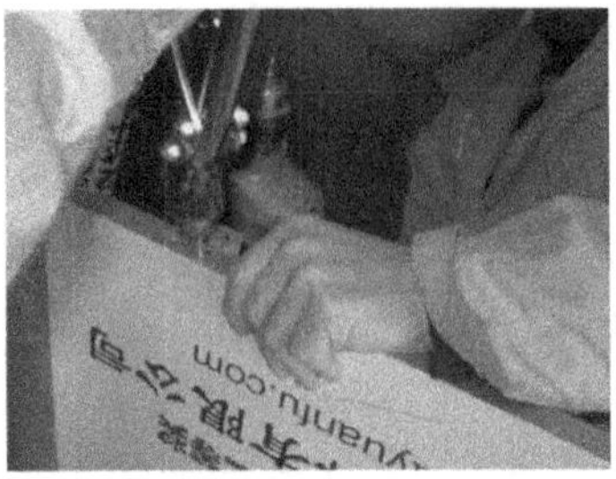

图2-35 铝塑板四边用铆钉固定挂耳

2.4.3 铝单板

铝单板（图2-36）是以高等级铝合金为主要材料，经过裁剪、折边、弯弧、焊接、加筋、打磨、喷涂等多种加工工艺处理完成的装饰材料产品。铝单板表面平整光滑、有良好的耐刻划和耐蚀性能，有多种颜色的涂层可供选择。

图2-36 铝单板

1. 铝单板的特点

1）重量轻、强度高、面板可加工成弧形。

2）具有平整光滑的外观效果，丰富的规格、颜色和接缝可供选择。

3）独特的安装系统，施工快捷，可单块拆装。

4）耐用、耐蚀、防火、防振。

2. 铝单板的规格

面板长度小于或等于3000mm，面板宽度小于或等于1500mm，面板厚度为1.5mm、2.0mm、2.5mm、3.0mm。

3. 铝单板分类

（1）按表面涂层分类 聚酯涂层、氟碳涂层、烤瓷涂层等。

（2）按面板颜色分类 单色（可按色卡颜色选择）、金属色、仿木纹色、仿石纹色等。

（3）按接缝方式分类 闭合式、开放式。

（4）按用途分类 幕墙用铝单板、室内用铝单板、圆弧形铝单板（包圆柱形）等。

4. 铝单板吊顶构造

铝单板吊顶构造与铝塑板吊顶的干挂法基本相同，铝单板的干挂比铝塑板更简单一些，因为铝单板的规格和折边加工、挂耳安装都是事先根据设计要求在工厂进行的，现场只需根据设计要求进行干挂固定即可。

2.5 集成吊顶（铝合金方板吊顶）装饰构造

2.5.1 集成吊顶简介

1. 集成吊顶

集成吊顶是金属方板与电器的组合。将吊顶模块与电器模块均制作成标准规格的可组合式模块，安装时集成在一起，如图 2-37 所示。用于集成吊顶的铝方板如图 2-38 所示。

图 2-37　集成吊顶效果

图 2-38　用于集成吊顶的铝方板

集成吊顶模块分为取暖系列、照明系列、换气系列、龙骨及配件系列等，如图 2-39 所示。集成吊顶具有美观大方、安装简单、布置灵活、维修方便、抗污染、寿命长等优点，是卫生间、厨房吊顶的主流材料。为改变顶棚色彩单调的不足，集成艺术顶棚正成为市场的新潮。

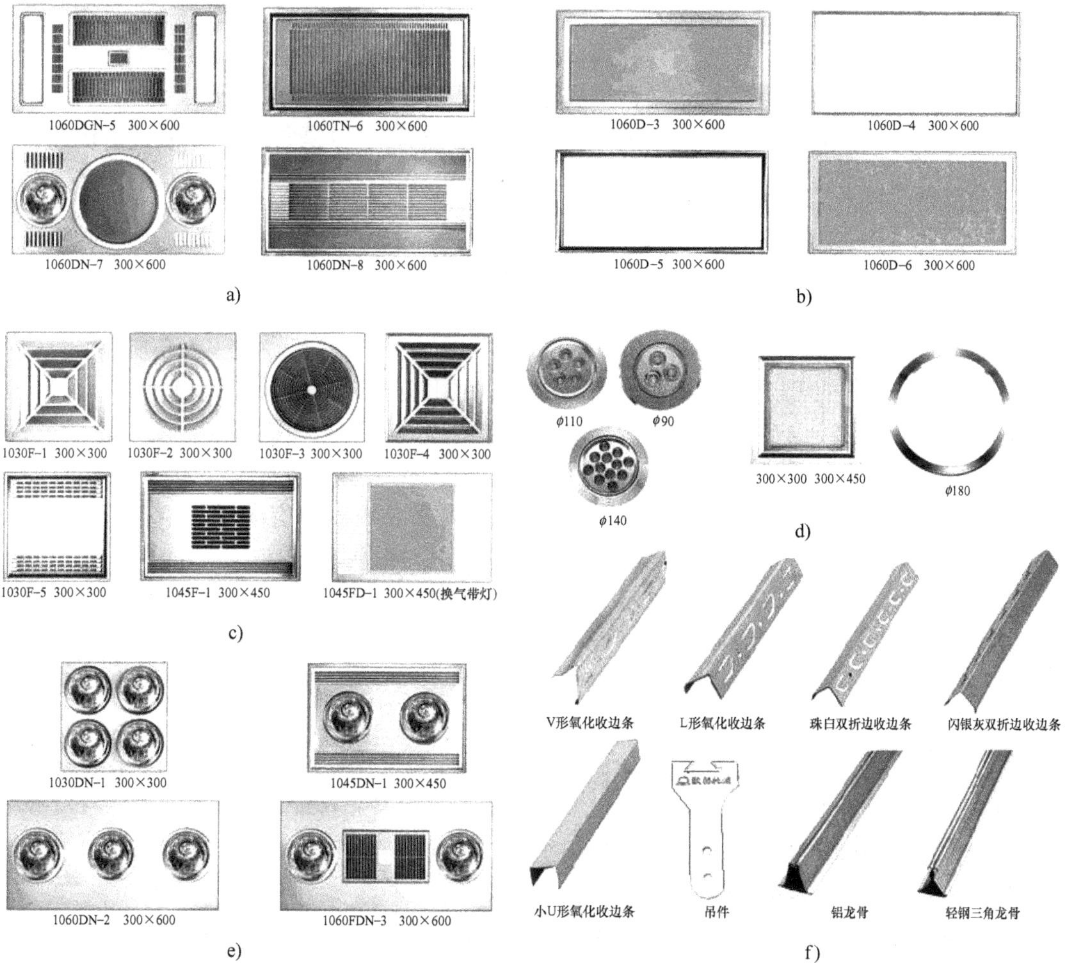

图 2-39　集成吊顶的模块

a）多功能系列　b）普通照明系列　c）换气系列　d）节能 LED 照明系列　e）取暖系列　f）龙骨及配件系列

2. 集成吊顶的特点

（1）美观漂亮　区别于以往在厨卫吊顶上生硬地安装浴霸、换气扇或照明灯后的效果，集成吊顶安装完毕后看到的不再是生硬的组合，而是美观协调的顶部造型。

（2）功能使用　独立的取暖灯、照明灯、换气扇，可合理排布安装位置，克服了传统浴霸安装位置的尴尬，可将取暖灯安装在淋浴区正上方，照明灯安装在房间中间或洗手台的位置，换气扇安装在坐便器正上方，从而可使每一项功能都安放在最需要的空间位置上。

（3）经久耐用　传统的浴霸产品将很多功能硬性地结合为一身，并采用底壳包裹的形式。这样在使用过程中，由于功率非常高，机温也就随之升高，从而降低了元器件的寿命。而集成吊顶各功能模块拆分之后，采用开放分体式的安装方式，使电器组件的寿命提升了3倍以上。

（4）阻燃、防腐、防潮　集成吊顶的面板主要使用铝方板，表面经喷涂、覆膜、辊涂、阳极氧化等加工处理，特点是阻燃、防腐、防潮、防水、易清洗、不变形。

（5）安全　集成吊顶都是经过精心设计、专业安装完成的，它的线路布置、通风、取暖效果经过严格的设计测试，安全有保证，绿色节能。

（6）自主选择、自由搭配　集成吊顶的各项功能组件是绝对独立的，可根据厨房、卫生间的尺寸、瓷砖的颜色、自己的喜好选择吊顶面板，另外，取暖组件、换气组件、照明组件都有多重选择，可以自由搭配。而且集成吊顶的升级性能高，个性化定制功能强。

（7）综合性价比高　集成吊顶的单价比传统吊项要高，但是它的面层板是由优质铝材加工而成的，寿命可达50年，而传统吊顶的寿命只有10年左右。

2.5.2　集成吊顶铝方板

铝方板是集成吊顶最常使用的面板，它以优质铝合金板材为基材，采用平整拉伸和模压成形等加工工艺处理成形，其表面经特殊工艺加工的装饰保护层有多种颜色和质感。铝方板具有加工精度高、外形稳定、表面平整度高、美观耐用等特点。

1. 铝方板的分类

铝方板按表面装饰层处理工艺大体分为喷涂板、辊涂板、覆膜板、拉丝板和钛金板（阳极氧化板）、雕花板、压花板、蚀刻板等。有吸声要求的可采用微穿孔铝方板，微穿孔板背面覆加一层吸声面纸或黑色阻燃棉布，有较好的吸声效果。

2. 铝方板的规格

铝方板的常用规格为300mm×300mm、400mm×400mm、500mm×500mm、300mm×600mm等。家装市场上较流行300mm×300mm的板型。

2.5.3　集成吊顶的构造

集成吊顶系统由暗架铝方板装饰面板，主、副龙骨以及相关配件共同构成。装饰面板为方形块状，采用纯铝或铝合金制造，龙骨系统安装完成后隐藏于面板背面而不可见，因此称为暗架方板铝天花，属于嵌入式安装吊顶，如图2-40所示。

将专用三角卡码扣入三角龙骨，按所安装方板规格间隔卡上（三角龙骨只需用单向，横向不使用）；将龙骨安装好后，直接将天花压入三角龙骨缝中即可（注意：方板拆边带有小坑的方向插入三角龙骨缝中）。集成吊顶构造节点如图2-41所示。

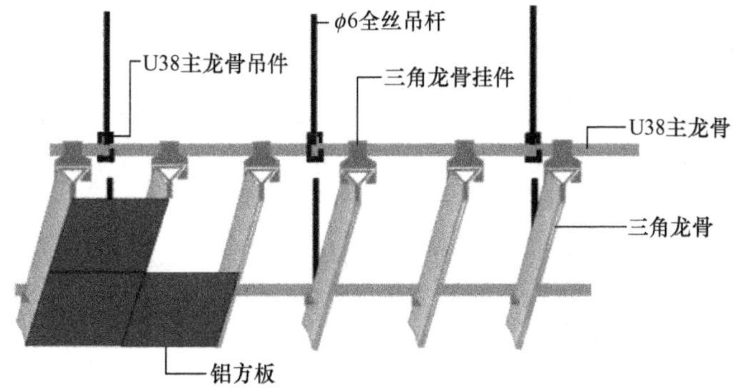

图2-40　集成吊顶构造示意图

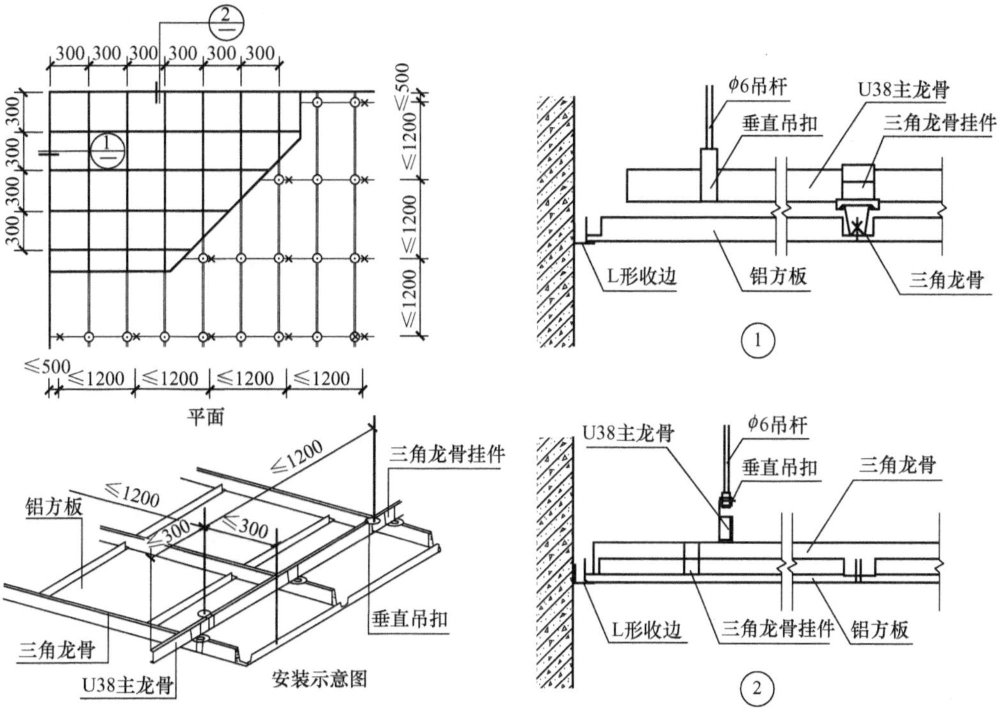

图2-41　集成吊顶构造节点

2.6　格栅式吊顶装饰构造

2.6.1　格栅式吊顶简介

格栅式吊顶属于开放式吊顶，常用铝格栅作为吊顶的装饰层。铝格栅吊顶因具有开放的视野，其通风、透气、耐用、线条明快整齐、层次分明，体现简约明了的现代风格，安装拆卸简单，方便对上部电气照明设施和管道设备等进行维修，成为近几年风靡装饰市场的主要产品。

2.6.2 格栅式吊顶分类

（1）按底面形状分类　铝格栅条底面有凹槽铝格栅、平面铝格栅和片状铝格栅。

（2）按格栅的布置分类　方格式格栅吊顶和单向格栅吊顶（如铝方通格栅和铝圆管格栅）。

（3）按格栅的骨架体系分类　无承载龙骨格栅吊顶和有承载龙骨格栅吊顶。

2.6.3 铝格栅式吊顶的规格

方格式格栅吊顶的铝格栅条底面宽度有 10mm、15mm、20mm 和 30mm 四种，高度有 40mm、50mm、60mm、80mm、100mm 等可供选择；方格中距有 75mm × 75mm、100mm × 100mm、120mm ×120mm、150mm ×150mm、200mm ×200mm 等尺寸。

挂片状格栅吊顶格栅条的常用间距规格尺寸为 100mm、150mm、200mm。

2.6.4 铝格栅式吊顶构造

铝方通格栅吊顶构造如图 2-42 所示，构造效果如图 2-43 所示。

图 2-42　铝方通格栅吊顶构造

图 2-43　铝方通格栅吊顶构造效果

铝圆管格栅吊顶构造如图 2-44 所示，构造效果如图 2-45 所示。

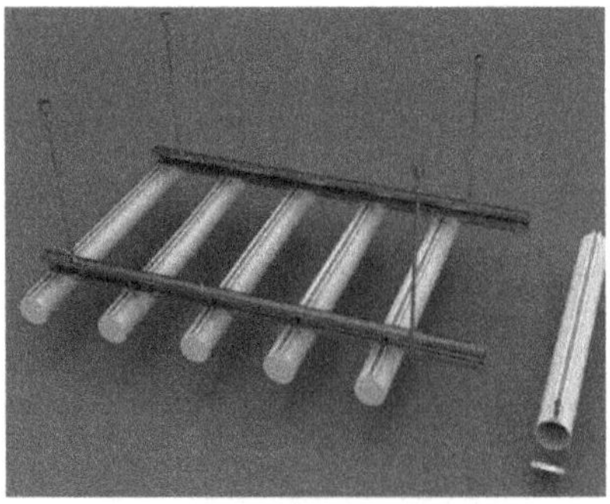

图 2-44　铝圆管格栅吊顶构造

图 2-45　铝圆管格栅吊顶构造效果

方格式铝格栅构造节点如图 2-46 所示。平面式方格铝格栅吊顶效果如图 2-47 所示。

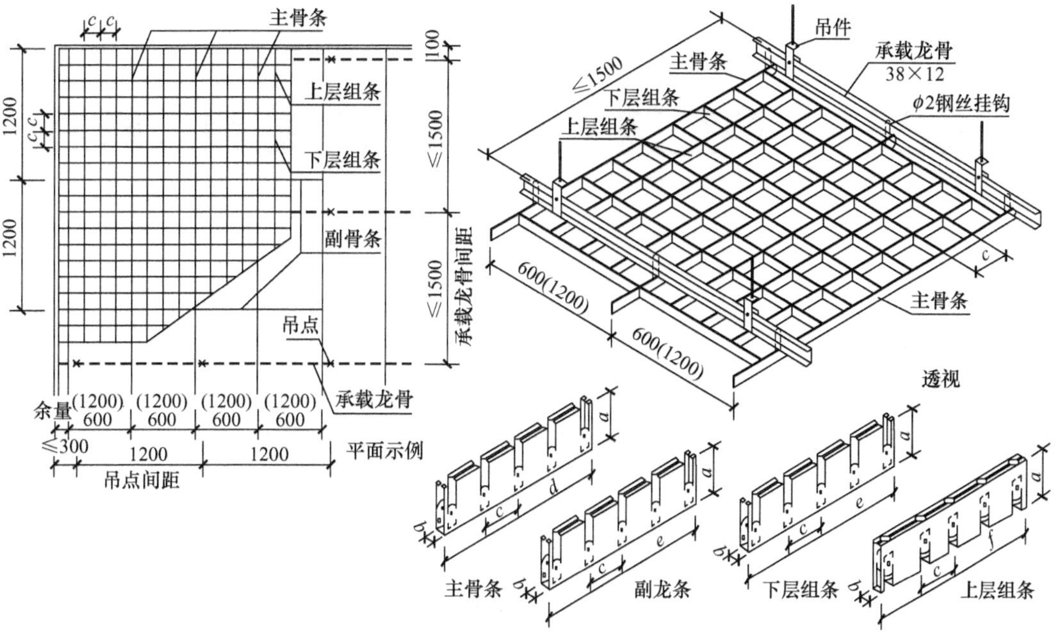

图 2-46　方格式铝格栅吊顶构造节点

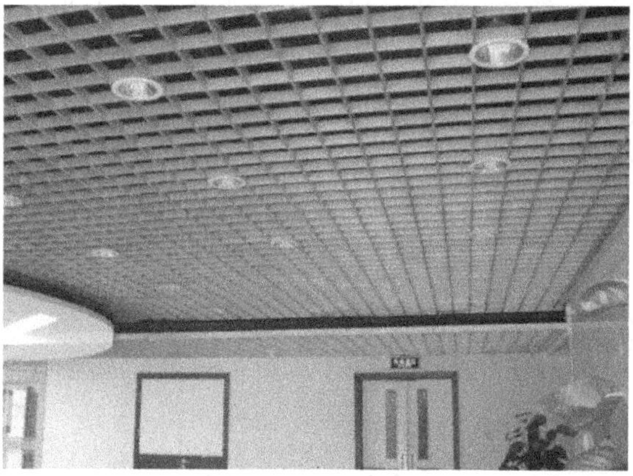

图 2-47　平面方格式铝格栅吊顶效果

【复习思考题】

1. 纸面石膏板怎样分类？怎样使用纸面石膏板？
2. 轻钢龙骨纸面石膏板吊顶的构造分为几层？分别起什么作用？
3. UC 型轻钢龙骨纸面石膏板吊顶的骨架有哪几个系列？怎样使用？
4. 轻钢龙骨架纸面石膏板吊顶根据吊顶承受的荷载情况可采用哪四种构造形式？
5. 矿棉板吊顶骨架的构造有哪两种形式？
6. 画出矿棉板吊顶的接缝构造节点图。
7. 铝塑板吊顶的构造形式有哪几种？
8. 集成吊顶系统由哪几部分组成？采用什么构造做法？
9. 常用的格栅式吊顶有哪些类型？

单元3　典型墙（柱）面装饰材料与构造

单元概述

本单元主要介绍增强水泥、石膏空心条板隔墙的材料与构造；轻钢龙骨纸面石膏板隔墙的材料与构造；罩面板类墙柱面的材料与构造；镶贴类墙柱面的材料与构造；石材类墙柱面装饰的材料与构造；裱糊类墙柱面装饰的材料与构造。

学习目标

通过本单元的学习，了解典型墙柱面装饰工程的材料和构造做法；能看懂墙柱面装饰构造详图；会绘制简单的墙柱面装饰构造详图。

墙柱面装饰材料的种类繁多，做法各异，从构造技术的角度，墙面装饰可分为抹灰类、涂料类、罩面类、贴面类、钩挂类、裱糊类等。墙（柱）面装饰常用的装饰材料有增强水泥空心条板、增强石膏空心条板、玻纤水泥板、纸面石膏板、埃特板、木质人造板、防火板、内墙砖、玻璃马赛克、装饰玻璃、亚克力板、铝塑复合板、铝单板、不锈钢板、涂层钢板、壁纸材料等。

3.1　增强水泥、石膏空心条板隔墙构造

3.1.1　增强水泥、石膏空心条板的分类及规格

1. 分类

根据使用部位不同，一般可分为标准板、门框板、窗框板、过梁板（也叫门上板，用于门窗洞口上方）及异形板。标准板用于一般隔墙，其他的板按工程设计确定的规格进行加工。增强水泥、石膏空心条板的基本形式如图3-1所示。

2. 规格

增强水泥、石膏空心条板的规格按普通住宅用板和公用建筑用板区分。

（1）普通住宅用板规格　长(L)：2400～3000mm；宽：(B)590～595mm；厚：(H)60、90mm。

（2）公用建筑用板规格　长(L)：2400～3900mm；宽(B)：590～595mm；厚(H)：90mm。

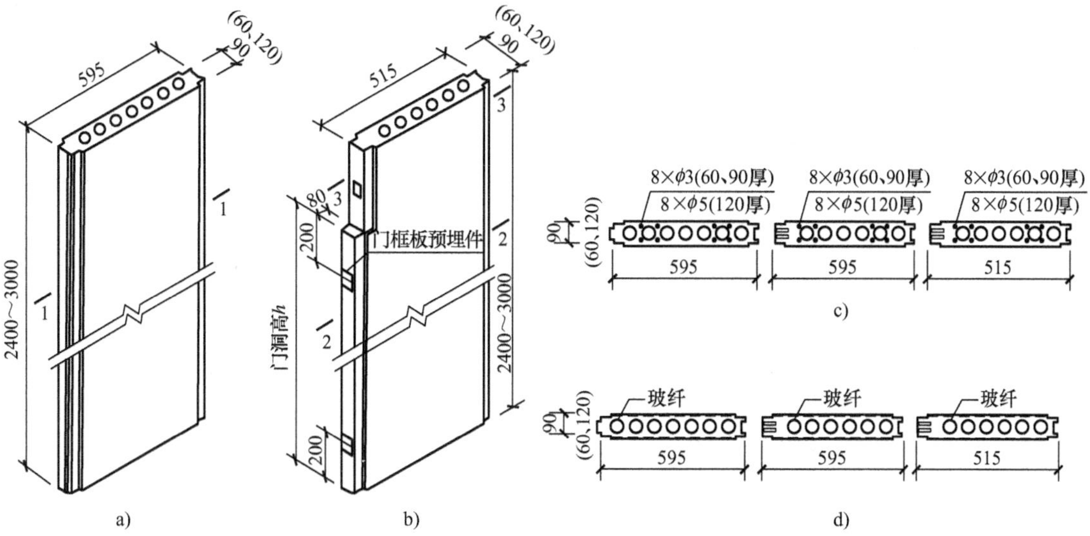

图 3-1 增强水泥、石膏空心条板的基本形式

a）普通板示意图 b）门框板示意图 c）钢丝增强水泥、石膏空心条板剖面图

d）玻纤增强水泥、石膏空心条板剖面图

注：1. 门窗框靠门一侧做平口，加设预埋件，当门洞高 $h=2000$、2100 时，h 范围内设 3 块，$h=2400$、2700 时设 4 块，间距均分；窗洞口一般设 2 块，窗洞高大于 1500 时设 3 块。

2. 厨房、卫生间应用增强水泥空心条板。

3.1.2 增强水泥、石膏空心条板的应用

石膏空心条板隔墙适用于住宅工程及与之相类似的一般民用建筑中的干燥环境。增强水泥空心条板适用于厨房、卫生间等湿度较大的房间。

1）板厚的选择。条板墙体厚度应满足建筑防火、隔声、隔热等功能要求。单层条板墙体用作分户墙时，其厚度不宜小于 120mm；用作户内分室隔墙时，其厚度不小于 90mm（厚度为 60mm 条板的隔声和抗冲击性能差，不能满足使用要求）。由条板组成的双层条板墙体用于分户墙或隔声要求较高的隔墙时，单块条板的厚度不宜小于 60mm。

2）轻质条板隔墙的限制高度。条板的使用应与墙体高度、长度相适应。条板墙体的限制高度为：60mm 厚板为 3.0m；90mm 厚板为 4.0m；120mm 厚板为 5.0m。

3）条板墙体上需要吊挂重物和设备时，应在设计时考虑采取加固措施。

4）轻质条板隔墙节点配套材料及做法，可参考国家建筑标准设计图集的相关内容。

3.1.3 增强水泥、石膏板墙柱面构造

1. 清理基层

剔除突出墙面的砂浆、混凝土块并清扫干净，用水泥砂浆找平。

2. 条板的连接

（1）增强水泥、石膏空心条板与梁、板的连接 根据安装排板图，在条板拼缝处的上端，将 U 形镀锌钢卡预先固定在结构梁板上，或用 L 形镀锌钢卡固定，如图 3-2 所示。如使用非镀锌钢板卡件固定，则钢板卡件应做防锈处理。条板顶部用钢卡固定，钢卡位于两板接缝处顶部，用膨胀螺栓固定。空心条板与顶板、结构梁间宜增设柔性材料。

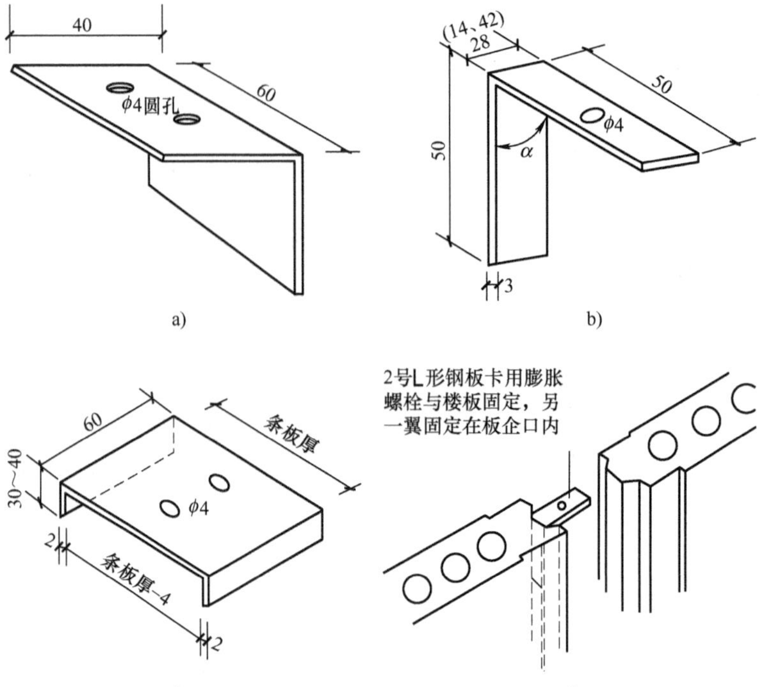

图 3-2　增强石膏空心条板与梁、板的连接

a）1 号 L 形钢板卡　b）2 号 L 形钢板卡　c）U 形抗振钢板卡　d）L 形钢板卡与顶板连接示意

注：1. U 形、1 号 L 形钢板卡为明卡，用 $\phi4$ 膨胀螺栓与楼板固定。

2. 2 号 L 形钢板卡为暗卡，一翼固定在板侧顶端母口槽内，另一翼固定在顶板上，用于空心条板顶端与屋面或梁下的固定，角度 α 根据工程实际需要确定。

（2）增强水泥、石膏空心条板与地面连接、踢脚做法　先将空心条板的上端卡进 U 形镀锌钢卡或 L 形镀锌钢卡中，然后将条板的下端用撬棍抬起，用木楔塞紧，在条板与地面的缝隙处填塞细石混凝土，如图 3-3 所示。对于有墙垫的墙体，先浇筑混凝土墙垫（导墙）。

在空心条板墙体与楼地面连接处，采用细石混凝土填实缝隙，或设 C20 混凝土条基；外部可用预制水磨石、天然石或瓷砖等饰面材料的踢脚板进行装饰贴面。当采用木制或塑料踢脚板盖面时，可进行粘贴或用钉件固定。

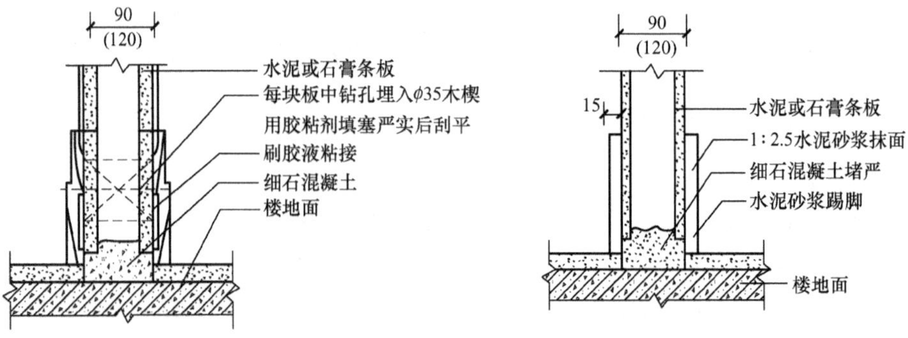

图 3-3　增强水泥、石膏空心条板与地面连接、踢脚做法

a）木踢脚　b）水泥砂浆踢脚

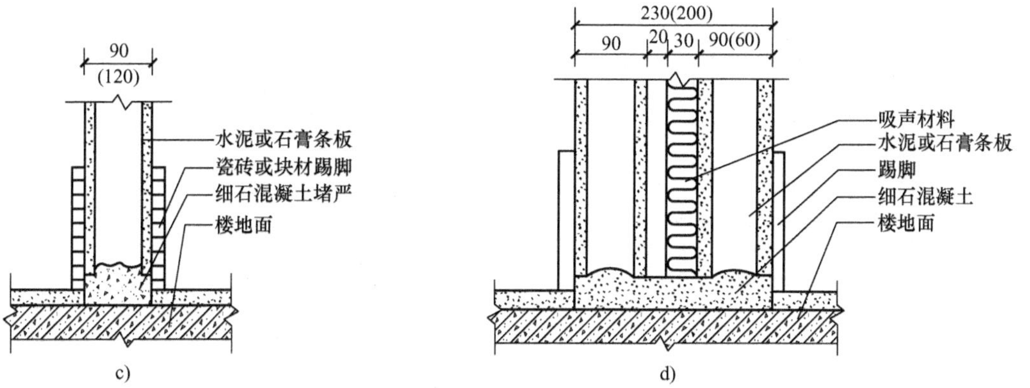

图3-3　增强水泥、石膏空心条板与地面连接、踢脚做法（续）

c）瓷砖或块材踢脚　d）双层条板隔墙与楼地面连接

（3）增强水泥、石膏空心条板门上板安装节点　增强水泥、石膏空心条板门上板安装节点如图3-4所示。

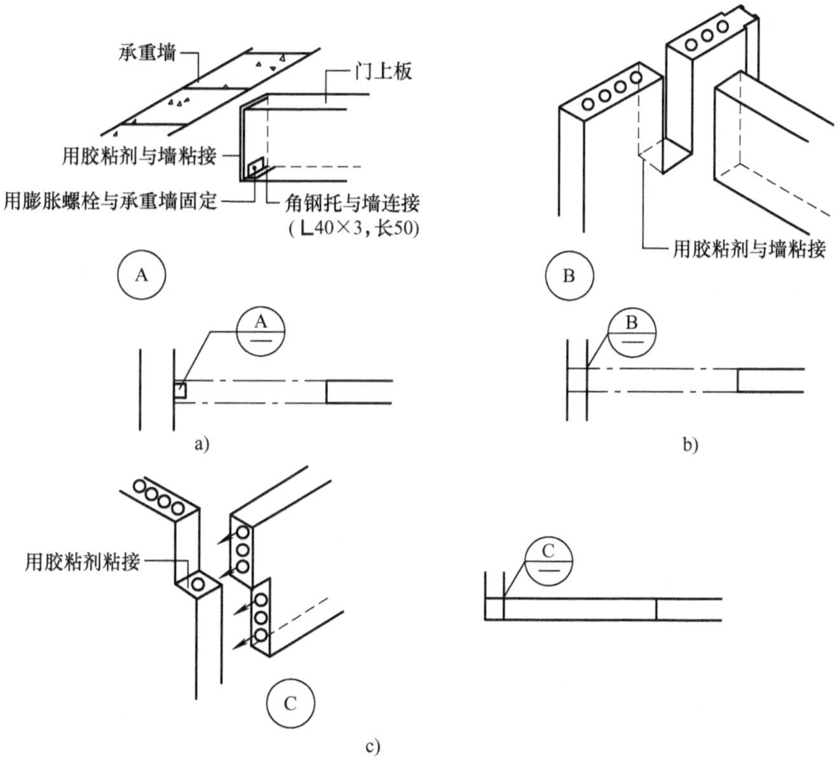

图3-4　门上板安装节点

a）丁字墙门上板与承重墙连接　b）丁字墙门上板与轻质隔墙连接　c）轻质隔墙转角处门上板连接

（4）增强水泥、石膏空心条板与墙、柱的连接　空心条板与建筑主体结构的连接应牢固，并应有防裂、隔声、防渗漏等措施。轻质隔墙与墙、柱、顶棚等主体结构交接处由于材料性质不同，容易出现裂缝，因此，在轻质隔墙的这些部位要采取防裂的措施。空心条板墙体与建筑结构连接的缝隙处，应采用胶粘剂或粘接砂浆满粘，然后阴角附加玻纤布条一层，用胶粘剂粘接。增强水泥、石膏空心条板与墙、柱的连接如图3-5所示。

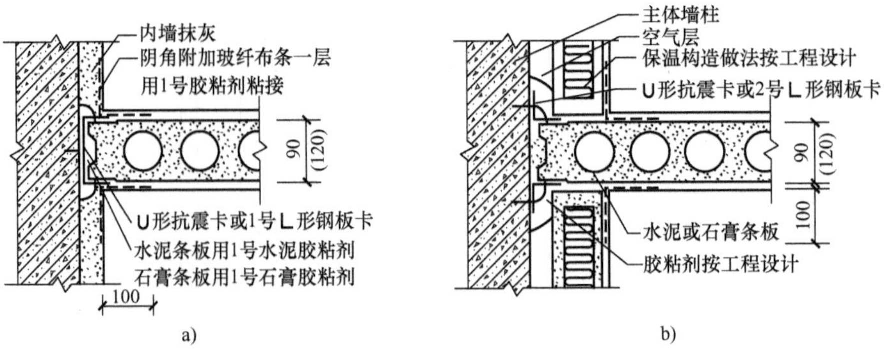

图 3-5 增强水泥、石膏空心条板与墙、柱的连接

a）条板与主体墙连接 b）条板与保温墙连接

（5）增强水泥、石膏空心条板与门、窗框连接节点 安装门、窗框部位的板材，应选用与墙板厚度相适应的配套门框板、窗框板、过梁板等，或按设计要求预制加工。位于门、窗框两边和顶部的门框板、窗框板应设置预埋件与门、窗固定。预埋件设置部位应为实心且长度不小于 150mm。应选用钢制连接件固定门、窗框，可用螺钉、塑料胀管固定或电焊焊接，如图 3-6 所示。

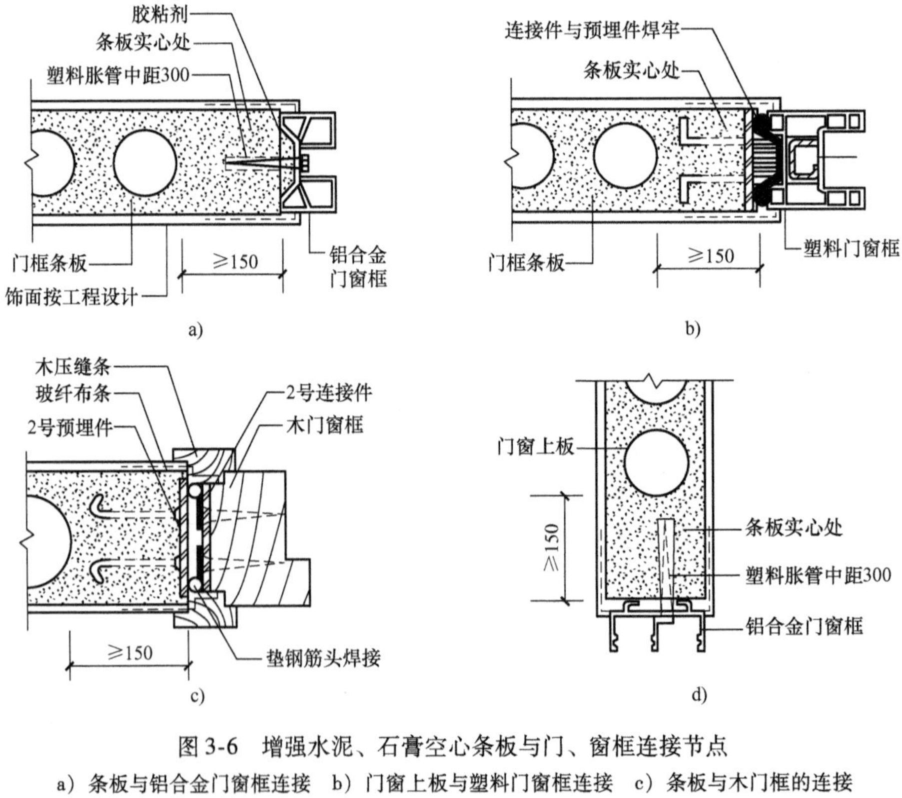

图 3-6 增强水泥、石膏空心条板与门、窗框连接节点

a）条板与铝合金门窗框连接 b）门窗上板与塑料门窗框连接 c）条板与木门框的连接

d）门窗上板与铝合金门窗框连接

注：1. 当门洞宽≤1200 时，可采用门框套板，门框套板上设预埋件；当门洞高 h 为 2.0m、2.1m 时设 3 块，h = 2.4m、2.7m 时设 4 块，间距均分。

2. 当门、窗宽≥1500 时，应在门、窗框两侧增加钢抱框，门上板横向拼接，板两端下角处设角钢托并与钢抱框焊牢。

门、窗洞口与门、窗结合部位应采取密封、隔声、防渗等措施。

3. 接缝处理及墙面修整

条板的接缝处理工序，应在门窗框及管线安装完毕，条板墙体干燥、稳定之后，按设计要求对板缝进行防裂处理，如图3-7所示。先清理墙面接缝部位，并修补墙面破损孔隙、清洁墙面。

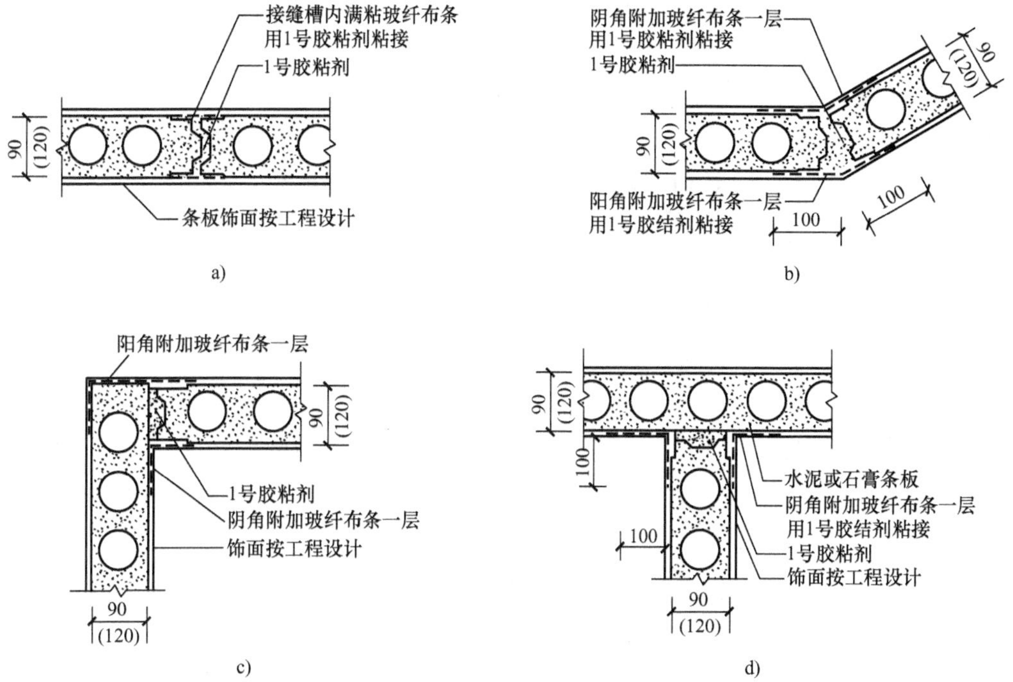

图3-7 增强水泥、石膏空心条板的横向连接及接缝构造

a）水泥、石膏条板一字连接 b）水泥、石膏条板任意角连接

c）水泥、石膏条板直角连接 d）水泥、石膏条板丁字、十字连接

4. 隔墙板面装饰

对安装完毕的增强水泥条板墙面，按设计的要求使用刮腻子喷涂、贴壁纸（布）、贴釉面砖（陶瓷砖）、刷乳胶漆等进行饰面装饰。

3.2 轻钢龙骨纸面石膏板隔墙构造

轻钢龙骨纸面石膏板隔墙是指以轻钢龙骨为骨架，以纸面石膏板为墙面材料，在现场组装的分室或分户的非承重隔墙。为了使墙体的功能完善和外形美观，必须有相应的骨架材料、嵌缝材料、填充材料等予以配套，并按一定的构造要求和施工工艺进行施工。

3.2.1 材料的组成

1. 轻钢龙骨

按规格尺寸不同，轻钢龙骨分为Q50（50系列）、Q75（75系列）、Q100（100系列）和

Q150(150 系列)四个系列等。50 系列用于层高在 3.5m 以下的隔墙；75 系列用于层高为 3.5～6.0m的隔墙；100 系列用于层高在 6.0m 以上的隔墙及外墙；150 系列稳定性好、强度高，便于填充吸声材料和安装各种管线，主要用于对耐火、保温、抗振、隔声要求高的隔墙。各系列都由龙骨主件及配件组成。

隔墙使用的轻钢龙骨，按其使用功能可分为横龙骨（包括沿顶龙骨、沿地龙骨、横撑龙骨等)、竖龙骨、加强龙骨和通贯龙骨等。

2. 隔墙轻钢龙骨配件

隔墙轻钢龙骨配件主要有支撑卡、卡托、角托、连接件、固定件、护角条、嵌缝条等，见表 3-1。

表 3-1　隔墙轻钢龙骨常用配件的类型和规格

名　　称	断面图示	断面厚度/mm	用　　途
支撑卡	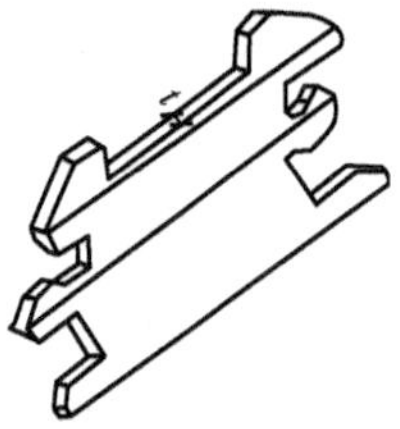	0.7	设置于竖龙骨开口一侧，在覆面板材与龙骨固定时起辅助支承竖龙骨的作用，并在竖龙骨开口面起锁紧作用；也可用于竖龙骨在开口处与通贯龙骨的连接固定
竖龙骨（C形龙骨，立筋）	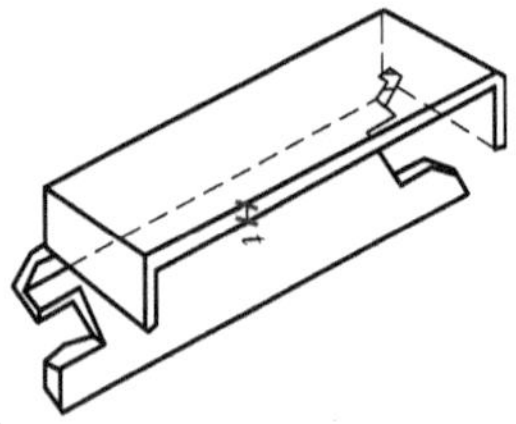	0.7	用于竖龙骨开口与通贯龙骨及其他横龙骨（横撑）的连接
竖向加强龙骨	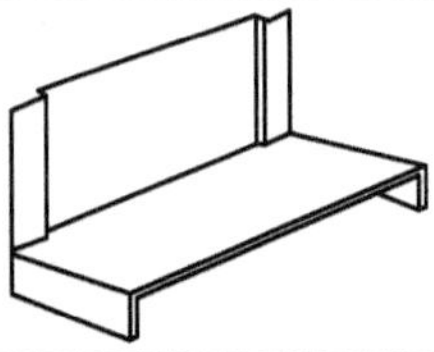	0.8	用于竖龙骨背面与通贯龙骨及其他横龙骨（横撑）的连接
通贯龙骨接长件	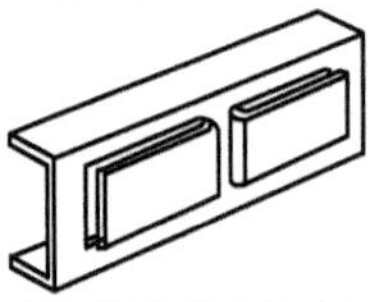	1.0	用于通贯龙骨的接长
龙骨固定件	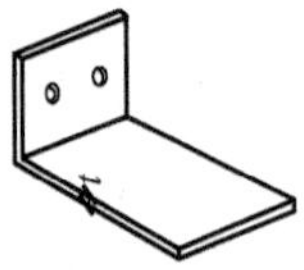	1.5	用于龙骨与建筑结构的连接和加固
护角条	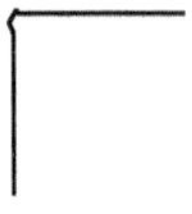	30×30×0.5	用于隔墙的阳角部位，保护墙角不受损坏

（续）

名 称	断面图示	断面厚度/mm	用 途
镶边条	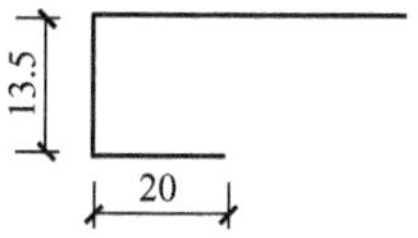	—	用于隔墙的伸缩缝或有滑动连接的部位，以保护纸面石膏板边缘不受损坏
嵌缝条	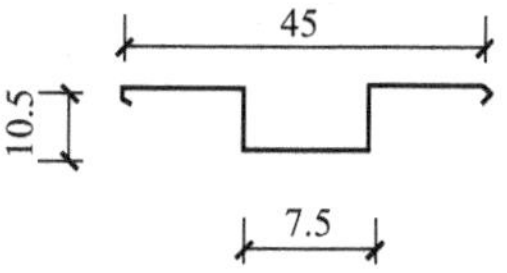	—	用于明缝设计的纸面石膏板的接缝处，起装饰作用，并用螺钉从凹槽处固定
嵌缝条盖	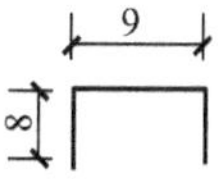	—	用于扣在嵌缝条的凹槽中，遮盖钉眼

3.2.2 轻钢龙骨纸面石膏板隔墙的基本构造

1. 轻钢龙骨纸面石膏板隔墙的构造示意图

轻钢龙骨纸面石膏板隔墙的构造示意图如图3-8所示。

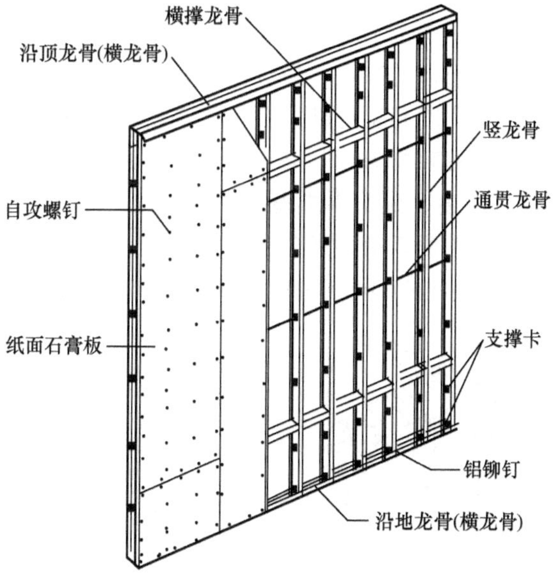

图3-8 轻钢龙骨纸面石膏板隔墙的构造示意图

2. 轻钢龙骨纸面石膏板隔墙的构造

轻钢龙骨纸面石膏板隔墙的构造组成一般是用沿地、沿顶龙骨与沿墙、沿柱龙骨（一般采用竖龙骨）构成隔墙边框，中间立若干竖龙骨，它是主要承重龙骨；有些类型的轻钢龙骨还要加通贯横龙骨和加强龙骨。竖龙骨间距根据饰面板的宽度而定，一般在饰面板板边、板中各放置一根，间距不大于600mm。当墙面装修层材料的质量较大时，龙骨间距以不大于400mm为宜；当隔墙高度增高时，龙骨间距也应适当缩小。在竖向主龙骨上，每隔600mm左右有一个孔，以备安装各种管线使用。

轻钢龙骨结构示意如图3-9所示。

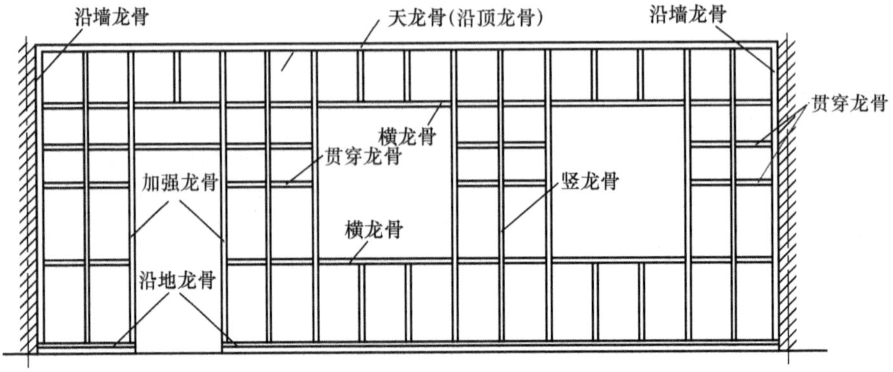

图3-9　轻钢龙骨结构示意

3. 不同部位的固定方式

（1）边框龙骨　边框龙骨（包括沿地龙骨、沿顶龙骨和沿墙、柱龙骨）和主体结构的固定方法一般有三种：一种是在楼地面施工时上、下设置预埋件，以备焊接；第二种是采用膨胀螺栓来固定；第三种是在地面、墙面打眼，打入经过防腐处理的木橛，用钉子固定。

（2）竖龙骨　竖龙骨用拉、铆钉固定在沿顶龙骨、沿地龙骨上，其间距应根据面层饰面板的规格设置。由于面层饰面板的厚度一般较薄、刚度较小，竖龙骨之间可根据需要加设横撑龙骨或通贯龙骨。隔墙的刚度和稳定性主要依靠基层金属龙骨所形成的骨架，所以基层龙骨的安装是否牢固直接关系着轻质隔墙的质量。

（3）门窗框与竖龙骨的连接　视龙骨类型有多种做法，有采用加强龙骨和木龙骨连接的方法，可使木门框向上延长，插入沿顶龙骨和竖龙骨上。也可采用其他固定方式。

图3-10、图3-11所示为轻钢龙骨隔墙边框连接构造节点详图。

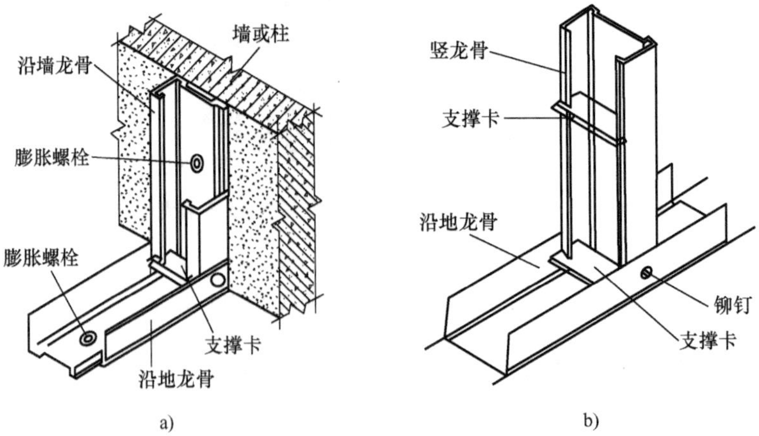

图3-10　轻钢龙骨隔墙边框连接构造

a）沿地龙骨与沿墙龙骨的固定　b）沿地龙骨与竖龙骨的固定

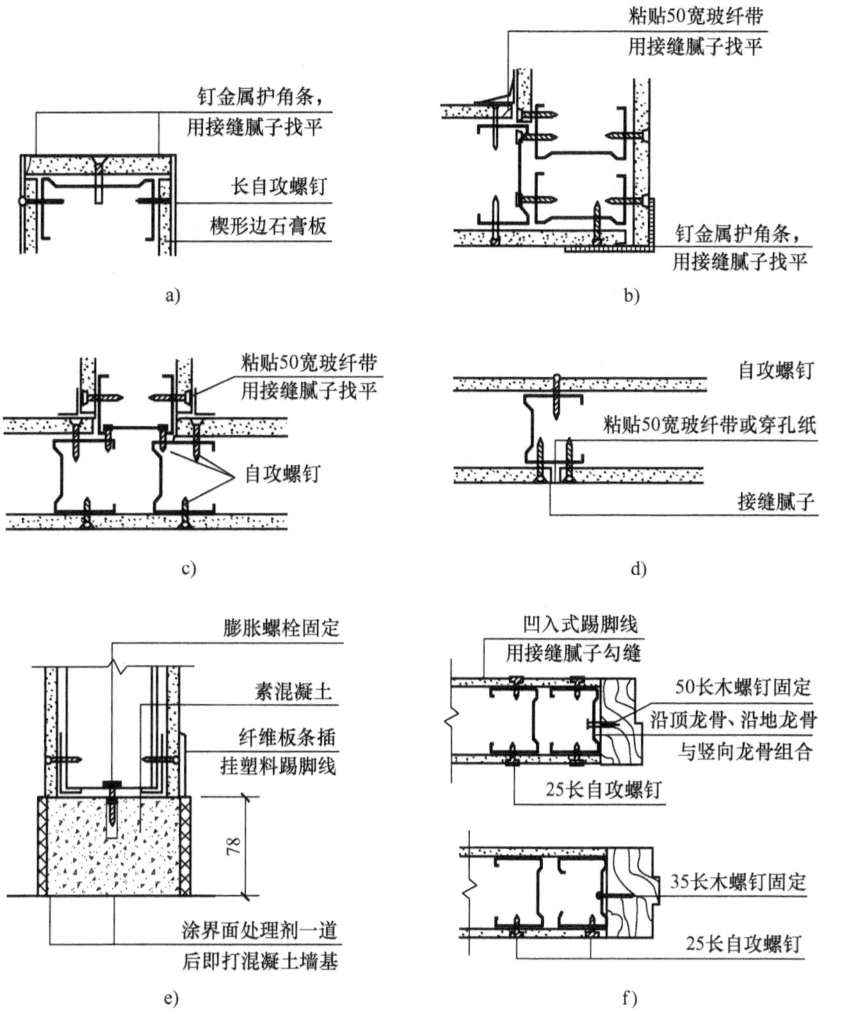

图3-11　轻钢龙骨隔墙固定节点详图

a）单层隔墙端部构造　b）隔墙转角处构造　c）隔墙丁字角处构造　d）石膏板竖向接缝处构造
e）隔墙与地埂（导墙）的连接　f）隔墙与门框的连接

3.3　罩面板类墙柱面构造

罩面板类墙柱面主要是指用木质板材、金属薄板、金属复合板、纸面石膏板、玻璃板及装饰吸声板等，通过镶钉、拼贴等方法制作的墙柱面。

3.3.1　木质人造板、防火板墙柱面构造

1. 木质人造板、防火板墙柱面的基本构造层次

木质护墙板由龙骨、衬板、饰面板及木线组成。

2. 构造做法

木质护墙板一般用于立面装饰装修。先通过木龙骨用钉固的方法与墙体连接固定，再将

基层板固定在木龙骨上，最后将饰面板用粘贴、钉固等方法固定在骨架上。基层板多用九厘板、细木工板、中密度板、刨花板等，面层材料多采用贴面胶合板、澳松板、防火板等，如图 3-12 所示。

安装饰面板时应预先选好颜色及纹理相近的材料，编好顺序再安装固定。

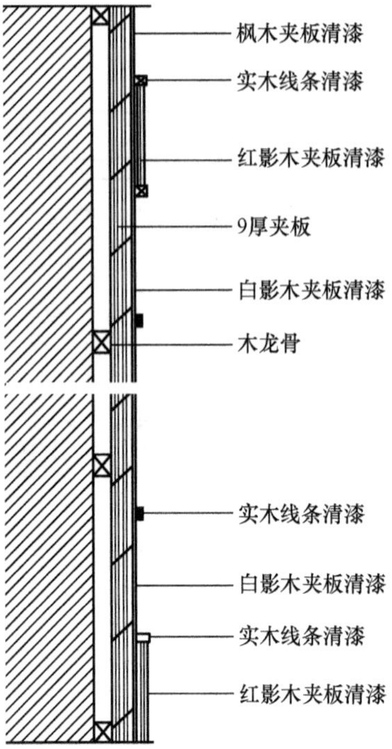

图 3-12 木墙面装饰构造

3.3.2 装饰玻璃墙柱面构造

建筑物内墙面或柱面使用玻璃或镜面进行装饰，可使饰面层显得格外整洁、亮丽。同时，镜面饰面板还可起到扩大室内空间、反射景物和创造环境气氛的作用。如与灯光结合起来，还能形成不同的光影效果。

1. 镜面玻璃墙面的构造做法

大型镜面玻璃墙的构造类似于木质罩面板，其基本构造包括龙骨、木衬板和镜面玻璃。

（1）龙骨　通常采用 20mm × 30mm 的小木方，以铁钉钉于预埋木砖（或埋置的木橛）上。安装小块镜面多为双向立筋，龙骨间距同镜面尺寸；安装大片镜面可单向立筋，间距为 500mm。如果木衬板使用的是细木工板，则不必使用木龙骨，可直接将细木工板固定在墙面上。

为防止潮气使木衬板变形，使镀层脱落、镜面失去光泽，应在安装木龙骨前，在墙面与龙骨间加做防潮层（刷两遍聚氨酯防水涂料，也可将防潮膜夹于木衬板与镜面玻璃之间）。

（2）木衬板　通常用细木工板、九厘板或 5mm 厚的胶合板。用钉枪与墙筋固定，板与板之间的缝隙应在立筋处。

2. 镜面玻璃的安装

镜面玻璃的安装方法有镜钉法、粘贴法、嵌钉法、广告钉法和托压固定法，每种方法都有各自的特点和适用范围。根据镜子的大小、排列方法、使用场所等因素，选择其中的一种或几种方法。

（1）镜钉法　在玻璃上钻孔，用镜钉直接把玻璃固定在墙筋（或衬板）上，适用于 $1m^2$ 以下的小镜，如图 3-13 所示。

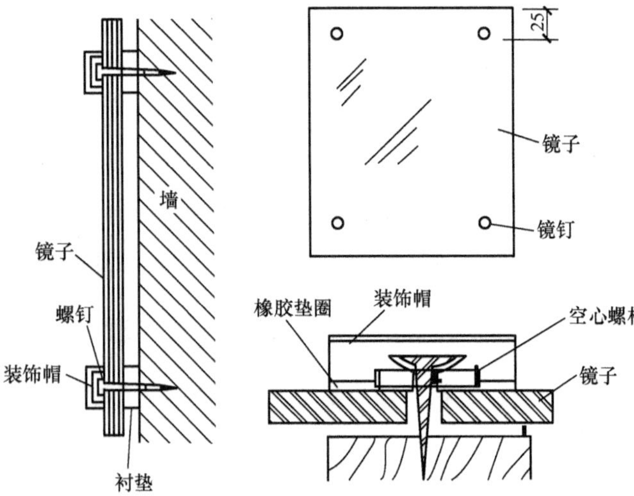

图 3-13 镜钉法示意图

（2）粘贴法　将镜面玻璃用环氧树脂、玻璃胶直接粘在木衬板（镜垫）上，适用于 $1m^2$ 以下的镜面。在柱子上进行镜面装饰时多用该方法，因其比较方便。

（3）嵌钉法　将嵌钉钉在墙筋

上，将镜面玻璃的四个角压紧固定，如图3-14所示。安装时，从下往上进行，安装第一排时，嵌钉应临时固定，装好第二排后再拧紧。嵌钉法适用于0.5m^2以下的镜面。

（4）广告钉法　与亚克力板的安装方法相同，参见图3-17，适用于1m^2以下的镜面。

（5）托压固定法　托压固定法主要靠压条和边框将镜面托压在墙上，如图3-15所示。压条和边框有木材、塑料和金属型材，此方法适用于1m^2以上的镜面。

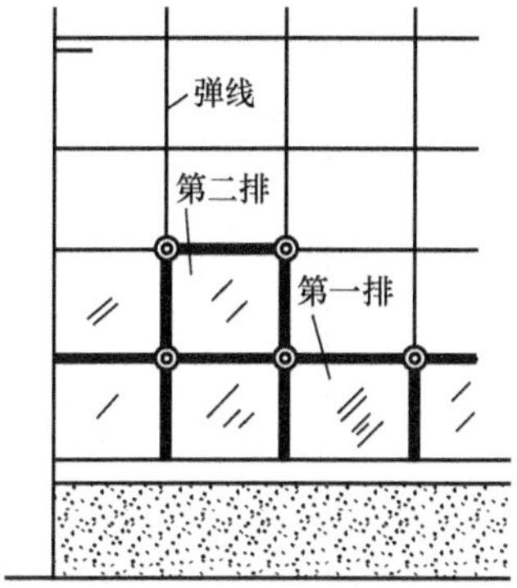

图3-14　嵌钉法固定镜面

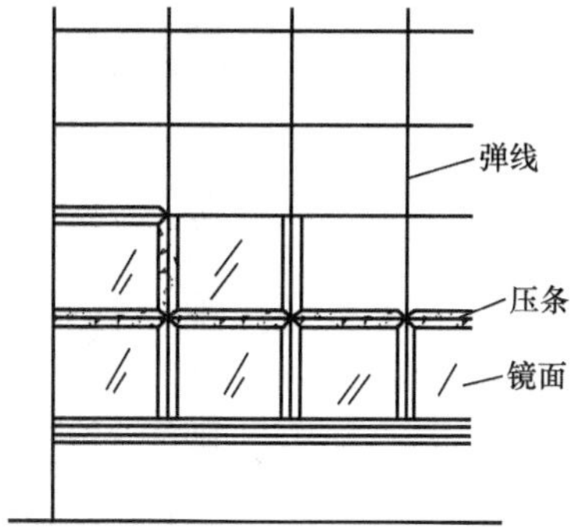

图3-15　托压固定镜面

3. 玻璃柱面构造做法

玻璃镜面柱面与墙面做法基本相同。对于方形柱面，在转角衔接处可采用线条压边、磨边对角和用玻璃胶收边等方式。用玻璃胶收边时，将玻璃胶注在线条的角位，也可注在两块玻璃镜面的对角口上。圆玻璃柱面应采用专用金属连接件固定。图3-16所示为柱面贴玻璃灰镜的构造实例。

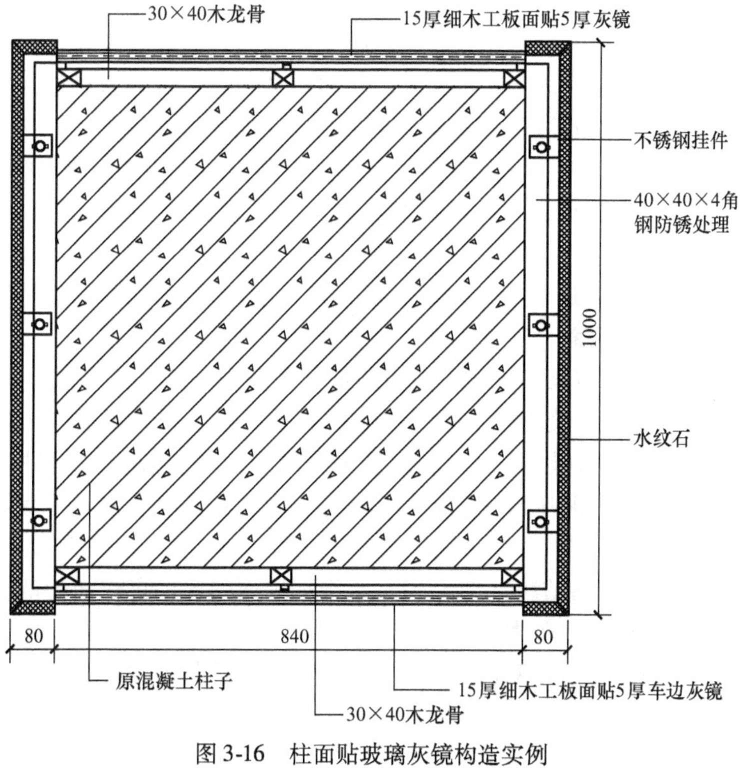

图3-16　柱面贴玻璃灰镜构造实例

3.3.3 亚克力板墙柱面构造

亚克力板在墙柱面上的安装方法一般采用广告钉固定，如图3-17所示。

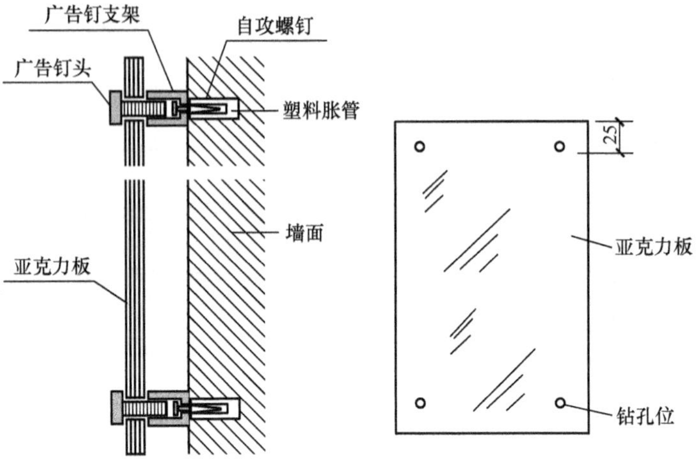

图3-17　墙柱面用广告钉固定亚克力板

3.3.4 铝塑复合板、铝单板墙柱面构造

1. 铝塑复合板墙柱面构造

铝塑复合板墙面主要由饰面铝塑复合板和框架组成，框架固定在墙基面上，饰面板经折弯等造型加工后由金属连接件固定在框架上。也可以通过胶粘剂直接粘接在衬板上，衬板通过钉固连接龙骨架，龙骨架通过膨胀螺栓连接在基体墙面上。

（1）定型折边式固定　根据设计要求，将铝复合塑板划线刨沟折成90°折角，边缘用铝角码、抽芯铆钉连接固定成箱形，用螺栓和金属龙骨连接固定，再用密封胶注接单元板间隙，如图3-18所示。

（2）胶结式固定　可以通过胶粘剂直接粘贴在衬板上，衬板通过钉固连接龙骨架，龙骨架通过锚固连接在基体墙面上。其粘贴方式有以下两种：

1）胶粘剂直接粘贴法（图3-19）。在铝塑板背面及衬板面层上分别均匀涂布橡胶类强力胶粘剂，待5～10min后，胶不粘手时将铝塑板对准位置，先将板的一边贴紧，用手向另一边拍实（拍压时勿用硬物敲击），与底板粘牢，注意不要让胶层之间进空气。注密封胶时，先在板的接缝两侧分别贴压敏胶条，然后在接缝处注胶密封，待胶干后再揭去板两边的压敏胶条。

2）发泡双面胶带辅助粘贴法（图3-20）　根据墙面弹线，将双面胶带按“田”字形粘贴于底板上，当底板规格尺寸较大时，其胶带布置适当加密，在胶带之间点涂玻璃胶，板材上墙就位时，其四个边均应落在双面胶带上，以确保粘贴牢固平整。

3）常见铝塑板饰面板缝及收口构造如图3-21所示。

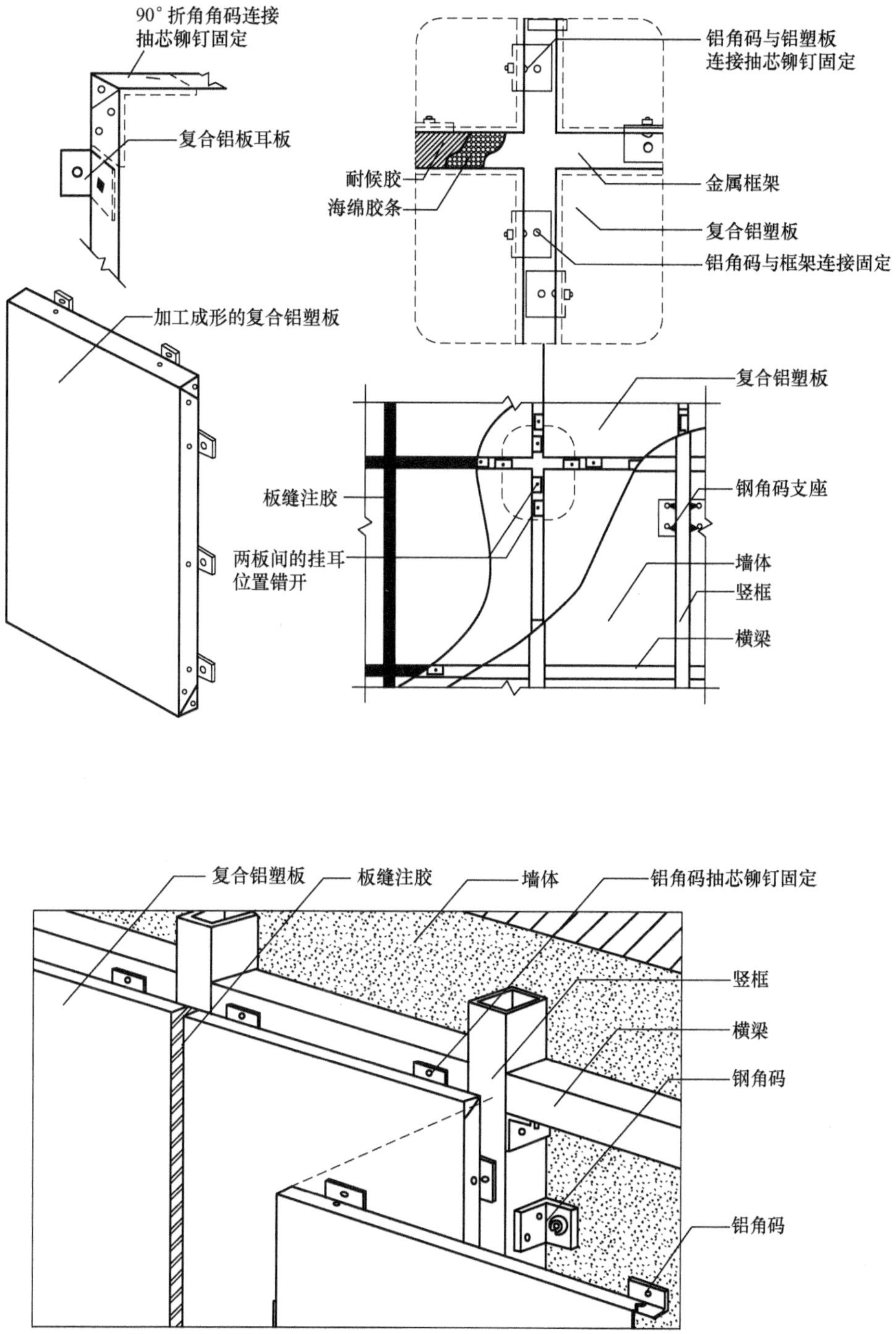

图 3-18 铝塑复合板定型折边固定法

2. 铝单板墙柱面构造

铝单板墙柱面的构造主要由面板、加强筋和连接角码组成。加强筋与板面后的电焊螺钉连接，使之成为一个牢固的整体，极大地增强了铝单板幕墙的强度与刚性，保证了长期使用中的平整度及抗风抗震能力。角码可直接由面板折弯、冲压成形，也可在加工好的面板的折边上铆装角码成形，安装时只需用自攻螺钉将角码固定在骨架上即可。如果需要隔声保温，可在铝板内侧安装高效的隔声保温材料。

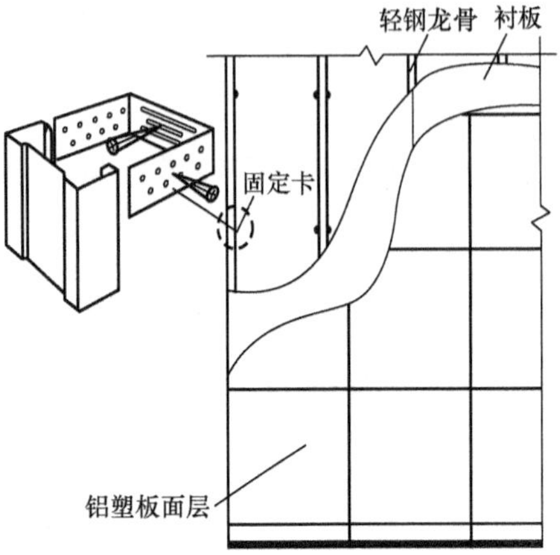

图 3-19　胶结式固定（一）

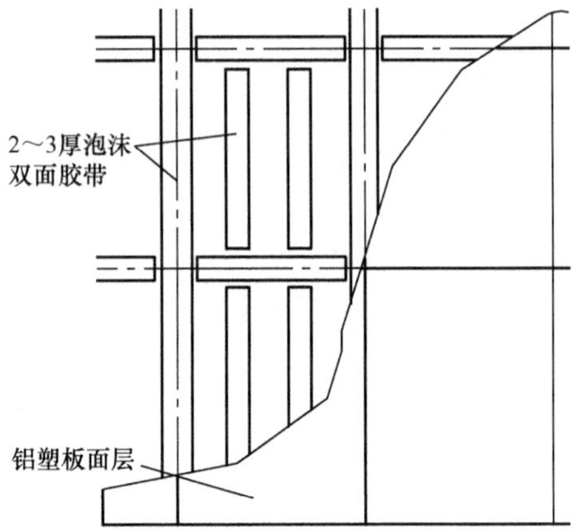

图 3-20　胶结式固定（二）

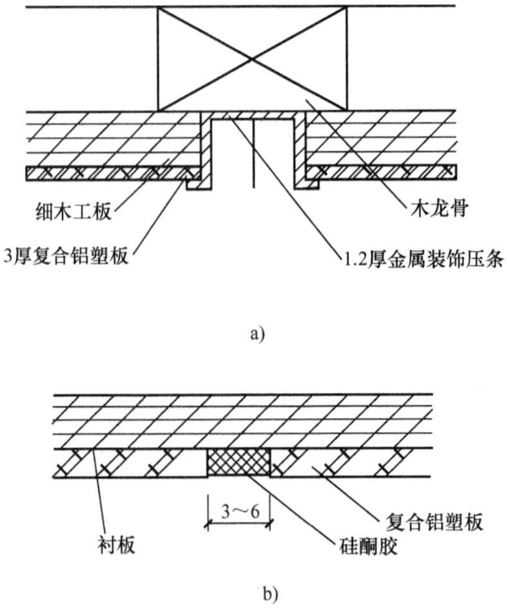

图 3-21　常见铝塑板饰面板缝及收口构造

a）金属压条收口　b）接缝注密封胶收口

3. 构造实例

图 3-22 ~ 图 3-24 所示为铝塑板柱面构造实例。

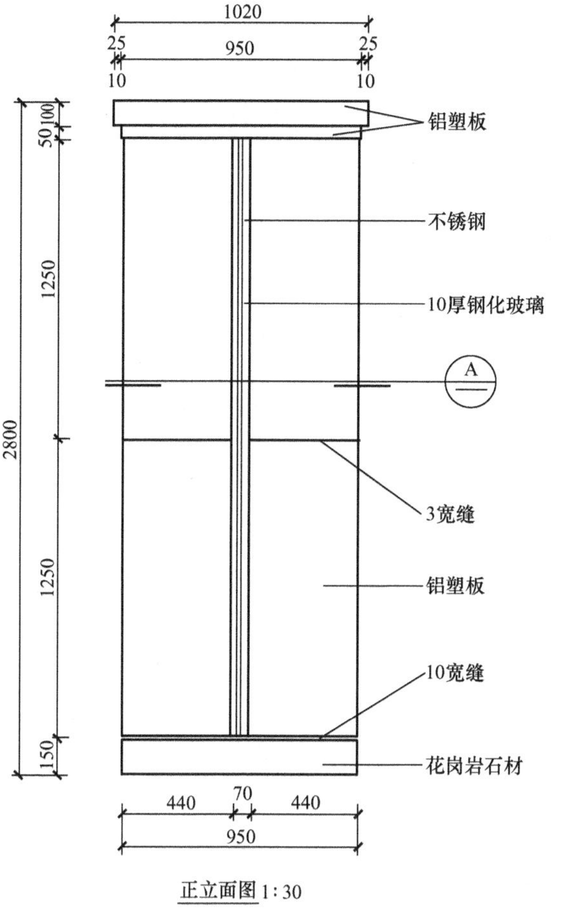

图 3-22 铝塑板方柱立面图

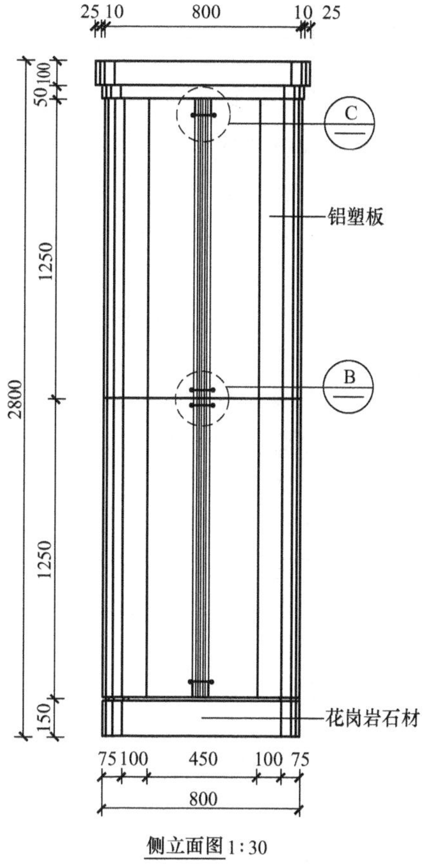

图 3-23 铝塑板方柱侧立面图

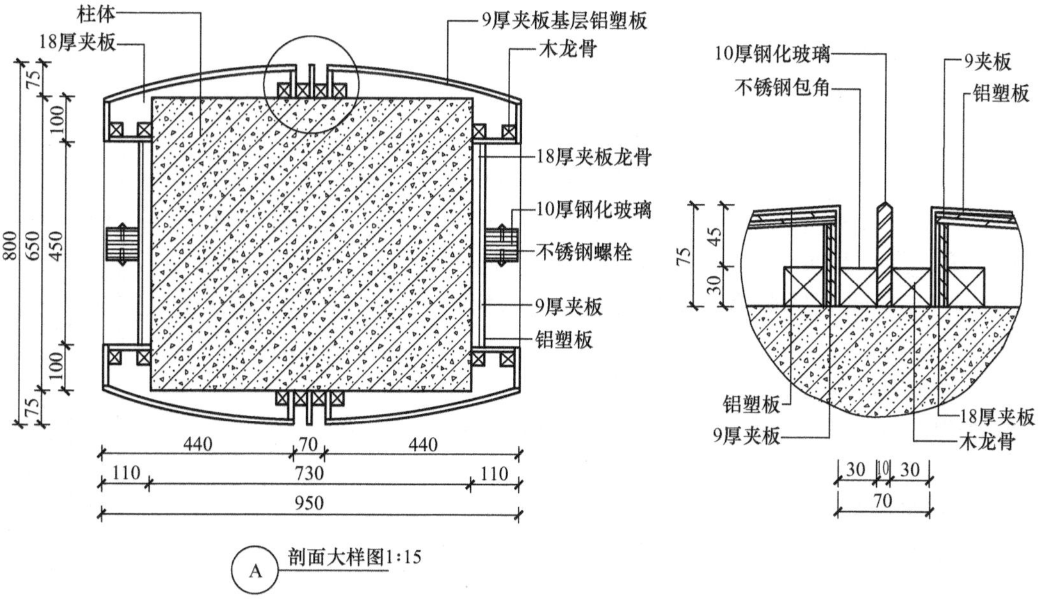

图 3-24 铝塑板方柱饰面节点大样图

3.3.5 不锈钢板墙柱面构造

不锈钢装饰板耐蚀、平滑、易于保洁，广泛应用于公共建筑的墙柱面装饰。

1. 不锈钢板分类

不锈钢板分为哑光板、镜面板和浮雕板三种。

（1）哑光板　指反光率在50%以下的不锈钢板，其表面柔和不刺眼，有很强的艺术效果。

（2）镜面板　指反光率在90%以上的不锈钢板，其表面光滑如镜，可以形成独特的影像效果。

（3）浮雕板　表面不仅具有金属光泽，还具有富于立体感的浮雕纹路，它是经辊压、研磨、腐蚀或雕刻而成的，如腐蚀雕刻板、凹凸板等。

2. 不锈钢板墙柱面构造

不锈钢板具有热膨胀性，因此在固定和连接时，应采用与不锈钢板热膨胀系数相同的金属固定件，避免由于薄板间的热膨胀而使其发生弯曲现象。另外，不锈钢板表面被硬物划伤、基层不平及接缝不当，都会影响不锈钢饰面板表面的装饰效果。不锈钢板一般饰面构造做法有以下四种。

（1）金属龙骨法安装

1）金属龙骨的布置与固定。首先在基层墙上制作纵、横方向的金属龙骨构成骨架，通过金属角码将骨架用螺栓或电焊焊接固定。

2）基层板的铺设。铺设基层板（如镀锌钢板、胶合板等），以加强面板刚度，便于粘贴面板。

3）不锈钢板的固定。将不锈钢板用卡口法固定或用胶粘剂固定在基层板上。

4）接缝处理。用密封胶或压条遮盖板缝。

（2）不锈钢板直接贴墙安装　该构造是将各种不锈钢板直接粘贴于墙体表面上，如图3-25所示。这种构造要求墙体找平层应特别坚固，与墙体基层粘贴牢固，不能有任何空鼓、疏松、不实之处。找平层应十分平整、光滑，不能有飞刺、麻点、砂粒和裂缝。整个找平层的表面平整度偏差、阴阳角垂直偏差均不得超过2mm，立面垂直度偏差不得超过3mm，否则应进行修补。

（3）不锈钢板离墙吊挂　该构造适用于墙面突出部位、突出线脚、造型面部位、墙内需加保温层部位等，如图3-26所示。

（4）木龙骨架法安装　在墙上钻眼打楔，固定木龙骨架，在木龙骨架上安装基层板，在基层板表面贴不锈钢板，如图3-27所示。

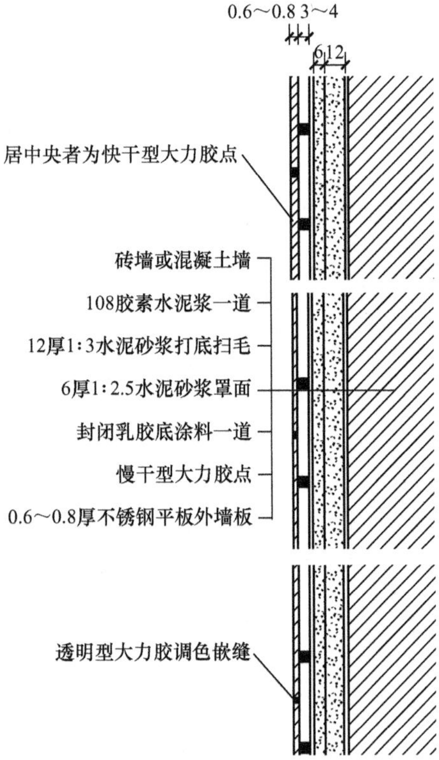

图3-25　不锈钢板直接贴墙构造

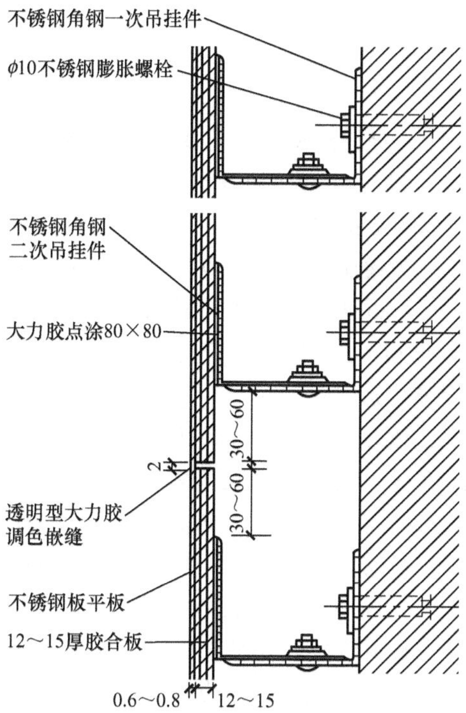

图 3-26　不锈钢板离墙吊挂构造

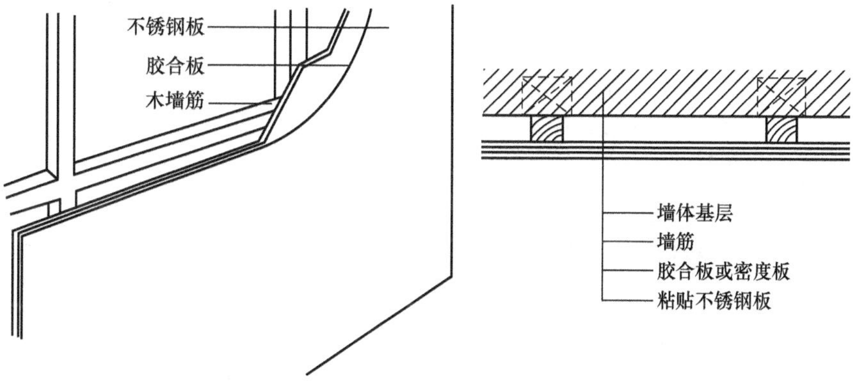

图 3-27　不锈钢木龙骨贴墙构造

3.4　镶贴类墙柱面构造

3.4.1　内墙砖墙柱面构造

1. 内墙砖的使用范围

内墙砖又称釉面砖、白瓷片，是一种上釉的薄片状精陶装饰材料，主要用于墙面饰面及料理台面、煤气灶台面、浴缸台面等。釉面砖只适用于室内。

2. 内墙砖的构造

内墙砖的构造层次一般由饰面层、粘接层及基层组成。饰面层材料即为各类内墙砖；粘接层的材料为水泥膏或水泥砂浆，也可以采用专用瓷砖胶粘剂；基层是平整搓毛的抹灰面。

3.4.2 玻璃马赛克墙柱面构造

1. 玻璃马赛克

玻璃马赛克又称玻璃锦砖、玻璃纸皮砖，它由天然矿物质和玻璃制成，属于小块玻璃质镶嵌材料，一般规格为20mm×20mm、30mm×30mm、40mm×40mm，厚度为4～6mm。玻璃马赛克成品是将多块按颜色或图案组合，留出一定的缝隙，背面粘贴在尼龙网或玻璃纤维网上制成一定大小的规格（一般通用的规格是300mm×300mm）。

玻璃马赛克质量小、耐酸、耐碱、易清洗、耐化学腐蚀、施工方便；色彩亮丽，图案效果丰富，具有梦幻般的色彩和纯净透明感，可广泛应用于卫浴间墙柱面及泳池装饰。

2. 玻璃马赛克墙面的装饰构造

玻璃马赛克的构造层次主要是基层、粘接层和面层，具体构造做法如下。

（1）清理基层　润湿基层，抹素水泥浆一道（内掺水重3%～5%的108胶）。若为混凝土基层，应先抹一道YJ-302型混凝土界面处理剂。根据设计要求和玻璃马赛克的规格尺寸弹线分格。

（2）粘接层　抹3～4mm厚的1：1.5的水泥砂浆粘接层或专用瓷砖胶粘剂。

（3）粘贴面层　粘接砂浆凝固前，在玻璃马赛克的背网上抹一层2mm左右厚的白水泥浆或专用瓷砖胶粘剂，用木板贴实压平，并刮去边缘缝隙渗出的砂浆或胶液。

（4）嵌缝　凝结后，用专用勾缝剂嵌缝，擦拭干净。

3.4.3 全瓷玻化砖墙柱面构造

1. 玻化砖的常用规格

玻化砖可广泛用于各种工程及家庭的地面和墙面，墙面装饰常用规格是600mm×300mm、600mm×600mm、800mm×400mm、600mm×1200mm等，厚度在10mm左右。

2. 玻化砖饰面构造

玻化砖墙柱面的构造方法有两种：一种是粘贴法，一种是干挂法，具体做法如下。

（1）粘贴法　当玻化砖的面积较小、规格在600mm×600mm以内时，可用此方法。应先在混凝土墙面上和玻化砖的背面各抹一道YJ-302型混凝土界面处理剂，然后趁YJ-302型混凝土界面处理剂没干时用专用瓷砖胶粘剂抹在砖体背面直接粘贴即可。

（2）干挂法　通过螺栓将角码固定在墙面上，然后通过焊接固定竖龙骨及横龙骨，再用螺栓将不锈钢挂榫固定在横龙骨上，在玻化砖的背面粘贴已开槽的花岗石挂卯，按照设计排列要求，将其固定在不锈钢挂榫上。用槽钢和角钢的干挂法，其横向、纵向剖面示意图如图3-28和图3-29所示；墙体阳、阴角横向剖面示意图如图3-30和图3-31所示。

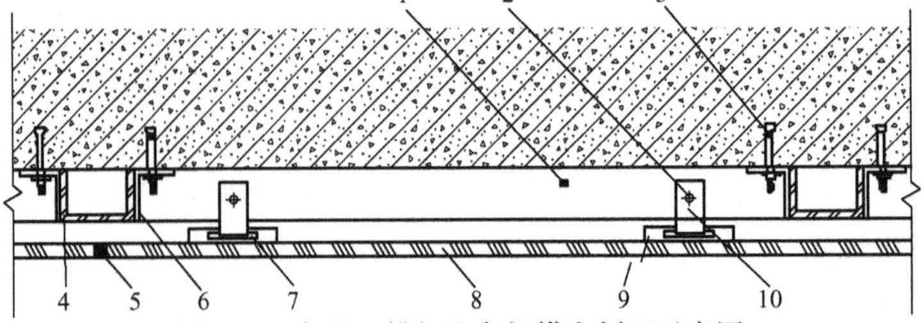

图3-28　角码、槽钢和角钢横向剖面示意图

1—角钢　2—ϕ10mm不锈钢螺栓　3—M10镀锌膨胀螺栓或化学植筋　4—槽钢　5—硅酮耐候密封胶勾缝　6—镀锌角码　7—环氧树脂型石材专用结构胶　8—玻化砖　9—花岗石挂卯　10—不锈钢挂榫

（3）嵌缝、清理　清扫拼接缝，沿面板边缘贴防污条，用注胶器进行嵌缝。防污条应选用4cm左右的纸带型不干胶带，边沿要贴齐、贴严，嵌缝应按设计要求的材料和深度进行，如胶面不平顺，可用不锈钢小勺刮平，小勺要随用随擦。根据玻化砖颜色不同，可在胶中加适量矿物质颜料调整嵌缝颜色。

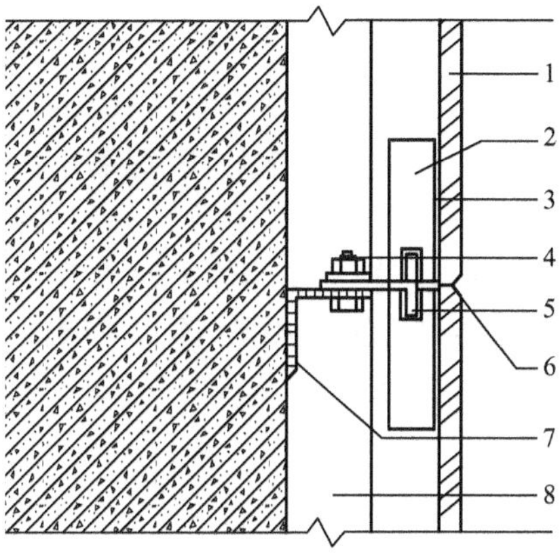

图3-29　角码、槽钢和角钢纵向剖面示意图

1—玻化砖　2—花岗石挂卯　3—环氧树脂型石材专用结构胶　4—不锈钢螺栓　5—不锈钢挂榫　6—硅酮耐候密封胶勾缝　7—角钢　8—槽钢

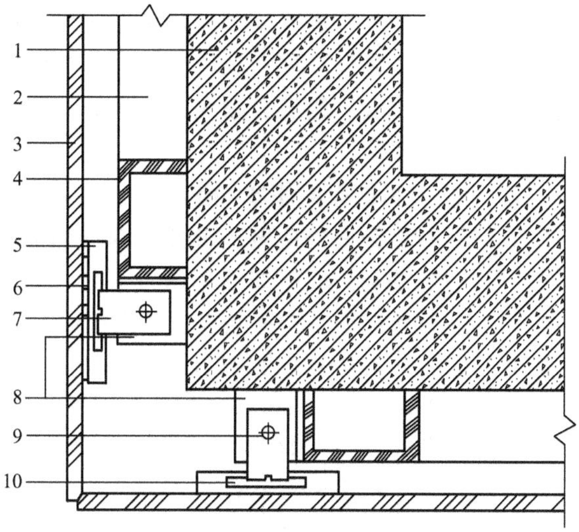

图3-30　墙体阳角横向剖面示意图

1—预制混凝土梁　2—角钢　3—玻化砖　4—槽钢　5—花岗石挂卯　6—专用结构胶　7—不锈钢挂榫　8—角码　9—不锈钢螺栓　10—槽内填充石材干挂胶

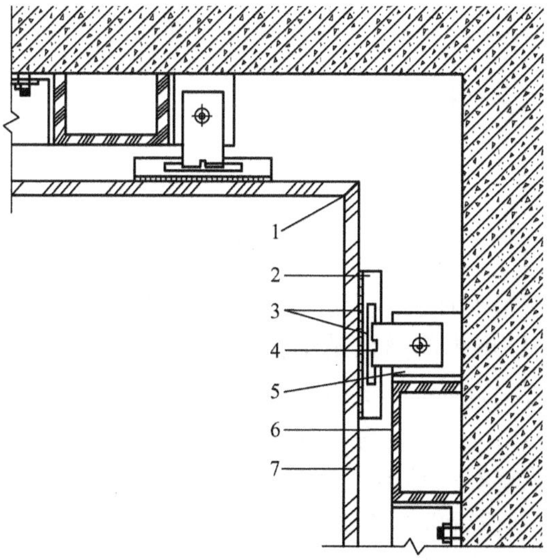

图3-31　墙体阴角横向剖面示意图

1—硅酮耐候胶　2—花岗石挂卯　3—专用结构胶　4—不锈钢挂榫　5—角码　6—槽钢　7—玻化砖

3.5 天然石材、文化石墙柱面装饰构造

3.5.1 天然石材

凡是从天然岩石中开采的经加工或未加工的石材，统称为天然石材，主要包括大理石、花岗石、板岩、砂岩、洞石等，建筑中最为常用的有大理石、花岗石。天然石材在性能上具有强度高、硬度大、耐磨、耐久、无污染等特点，使用在装饰工程中可以取得稳重、大方、庄严的艺术效果。

1. 天然石材饰面的基本构造

天然石材板饰面构造做法可分为钩挂灌浆法、湿挂法、干挂法和粘贴法（适用于小型石材，构造做法与内墙砖饰面相同）。

（1）钩挂灌浆法　钩挂灌浆法是将饰面石板用不锈钢钩直接楔固于墙体上，然后灌注水泥砂浆的做法，主要用于安装较厚的毛石、剁斧板等。钩挂灌浆法的具体做法有以下两种：

1）将斜角直角钩插入石板与墙内固定，具体做法如图 3-32 所示。

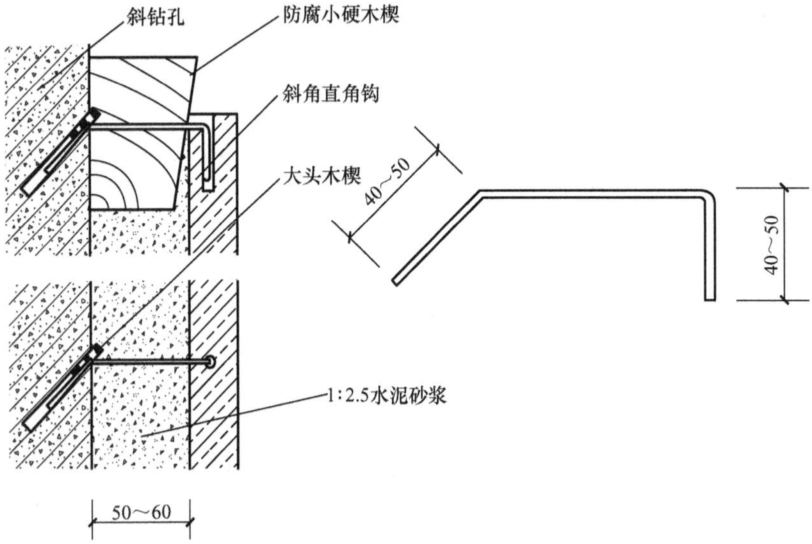

图 3-32　钩挂灌浆法（一）

2）将石板用焊于不锈钢螺栓上的 ϕ6mm 不锈钢直角钩固定，具体做法如图 3-33 所示。

（2）湿挂法　湿挂法又称钢筋网挂贴湿作业法，一般用于安装剁斧板。这种构造做法施工复杂、费时费工，存在易污染、易空鼓脱落、易返霜污染等问题；但是其价格便宜，故仍在不少小型工程中被使用。一般是将石板背部穿孔、剔槽，用钢丝或铜丝绑扎在钢筋网上，再灌 1∶3 的水泥砂浆将石板贴牢。此做法应先在墙面上固定 ϕ6 ~ ϕ8mm 的竖向筋，在竖向筋外侧焊接横向筋，其位置以低于饰面板缝 20 ~ 30mm 为宜，如图 3-34 所示。

（3）干挂法　这种方法是在需要铺贴饰面石材的部位用电钻钻孔，打入膨胀螺栓，然后用不锈钢挂件或铝合金挂件与面板固定，最后进行勾缝和压缝处理。干挂法有传统干挂法和新型背栓式干挂法两种。传统干挂法的构造做法如图 3-35 所示，新型背栓式干挂法的构造做法如图 3-36 所示。

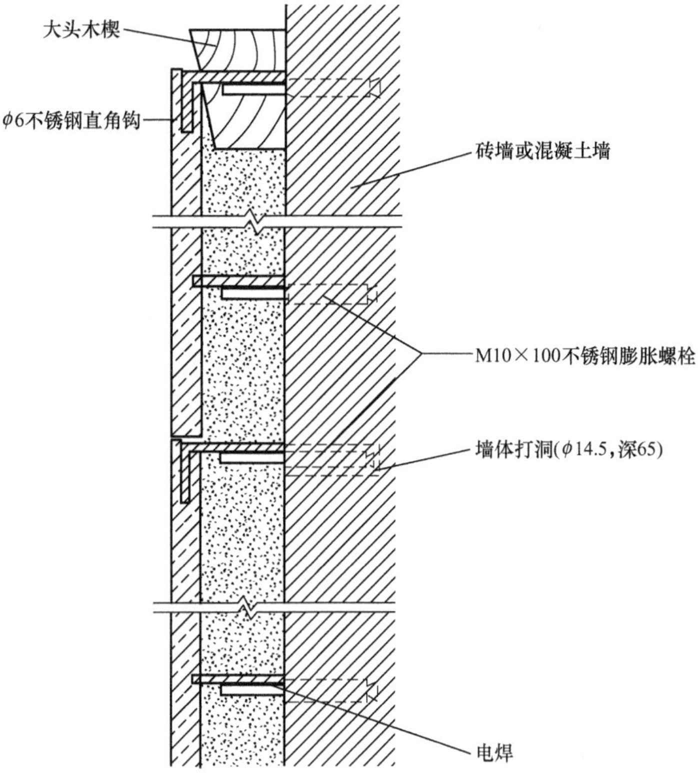

图 3-33　钩挂灌浆法（二）

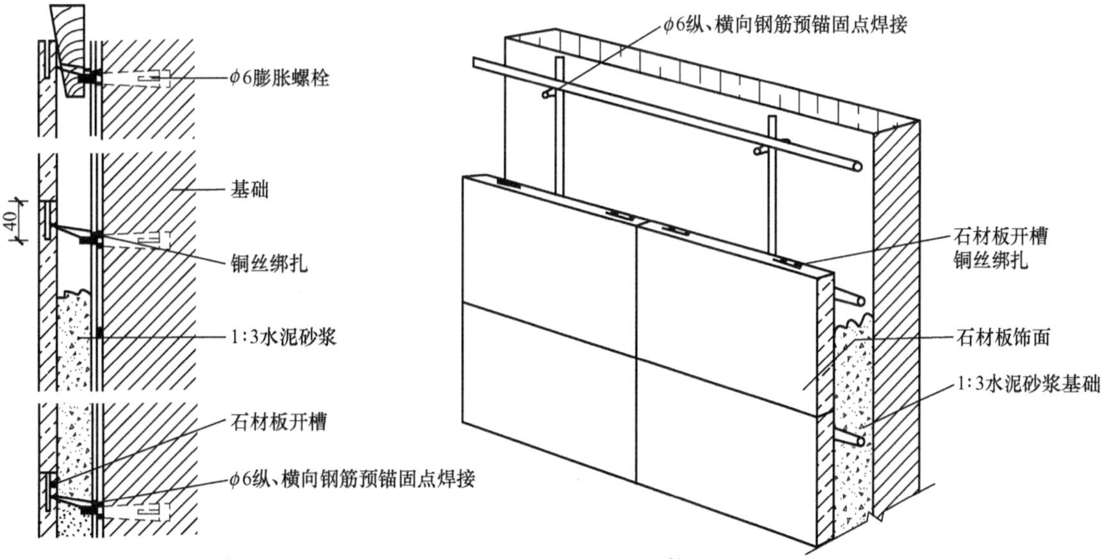

图 3-34　湿挂法
a）湿挂石材板构造节点图　b）湿挂石材板构造示意图

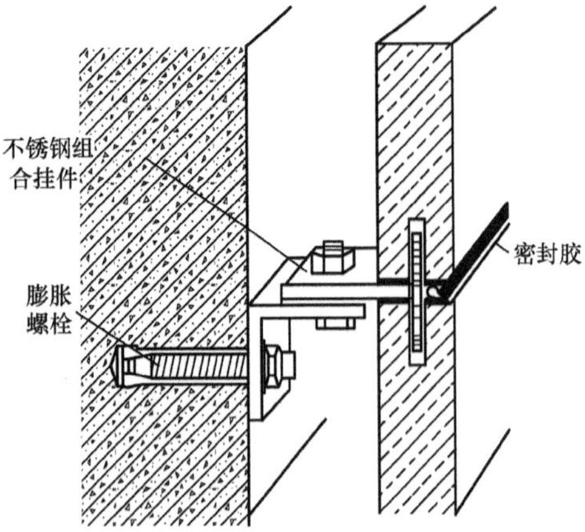

图 3-35　传统干挂法的构造做法

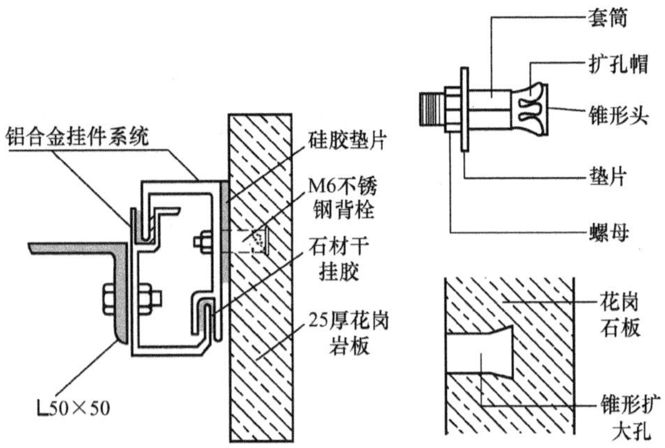

图 3-36　新型背栓式干挂法的构造做法

（4）粘贴法　粘贴法又可分为聚酯砂浆粘贴法和树脂胶粘贴法。树脂胶粘贴法具有施工简便、经济、施工周期短、施工限制小等优点，常采用的树脂胶为大力胶，大力胶粘贴石材板的构造做法主要有以下两种：

1）直接粘贴法。适用于建筑内墙石材饰面板，与地面净空距离在 5mm 以下的装饰方法，如图 3-37 所示。

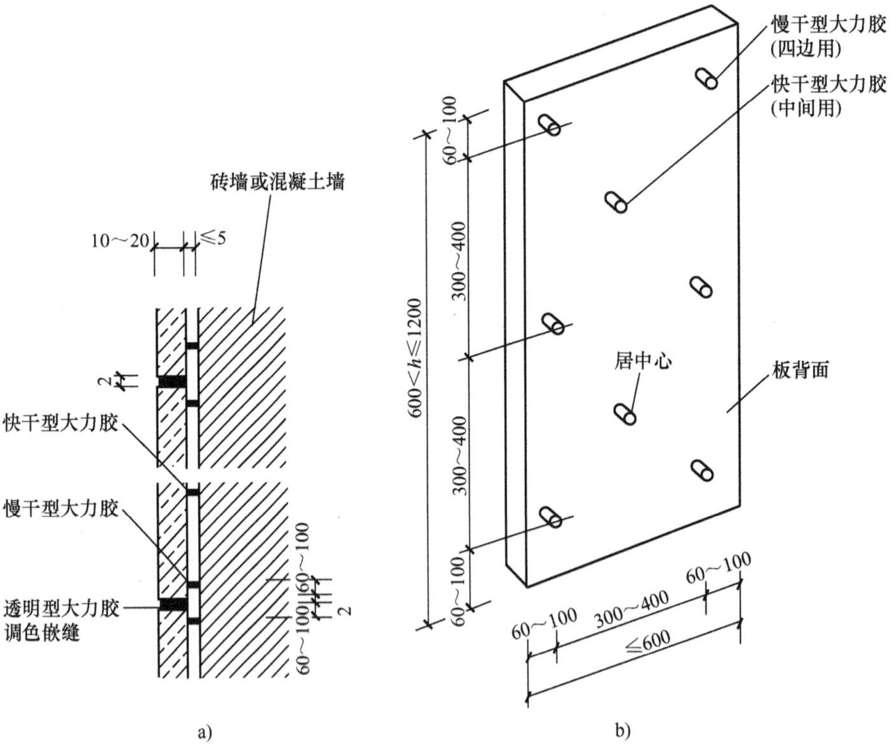

图 3-37　直接粘贴法

a）基本构造　b）饰面板背面点涂大力胶位置

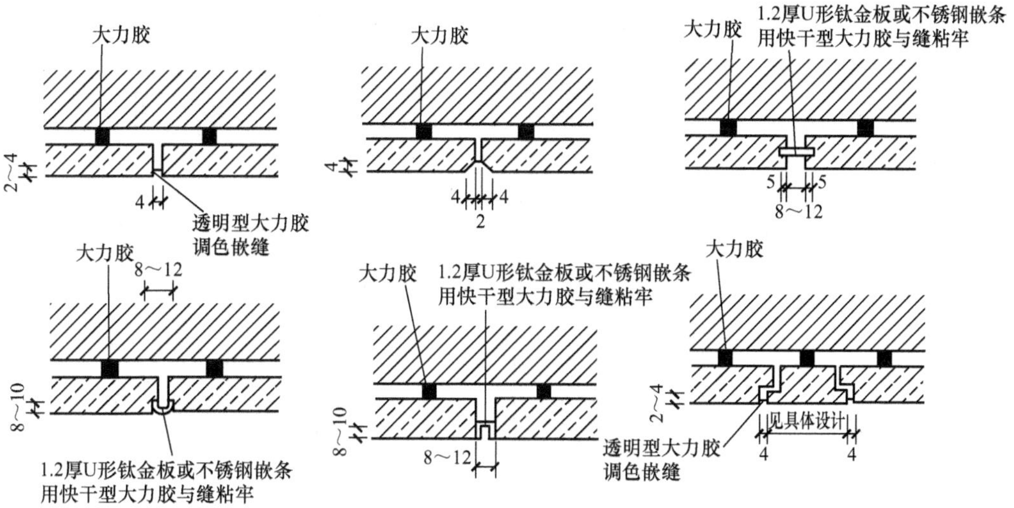

c)

图 3-37 直接粘贴法（续）

c）石材板墙面嵌缝示例

2）钢架粘贴法。适用于石材饰面板粘贴于钢架上的墙柱面，如图 3-38 所示。

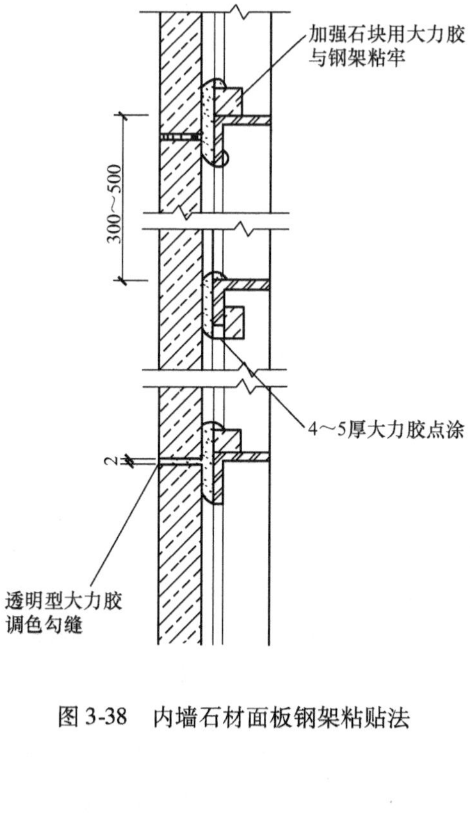

图 3-38 内墙石材面板钢架粘贴法

2. 石材安装的细部构造

(1) 板缝的拼接　常见的拼接方式有平接、搭接、对接、嵌件和斜口对接等，如图3-39所示。

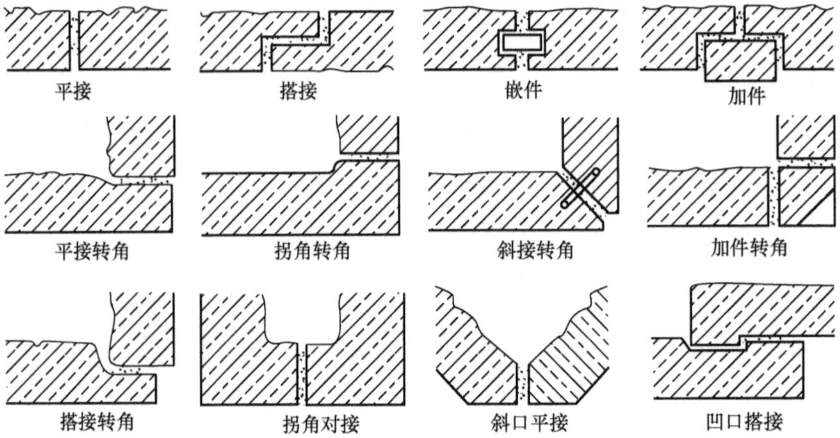

图3-39　石材接缝构造

(2) 转角处理　石材转角分为阴角和阳角，其接缝构造如图3-40所示。

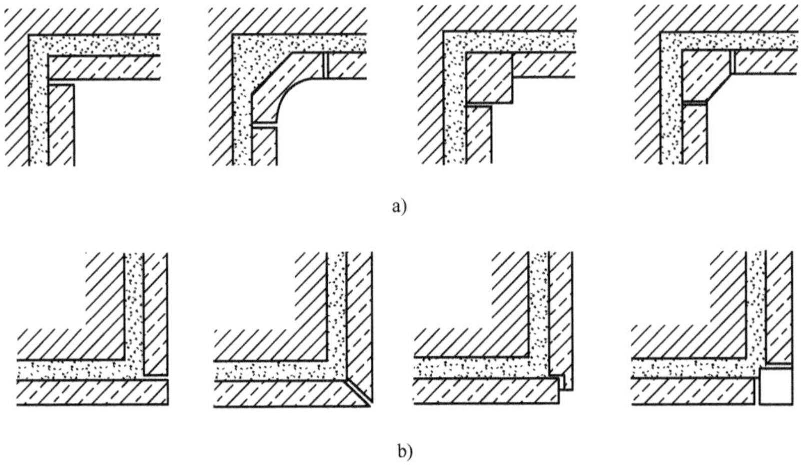

图3-40　阴、阳角的拼接形式
a) 阴角的拼接　b) 阳角的拼接

3.5.2　文化石

文化石具有粗犷的质感、自然朴实的形态，是人们回归自然、返璞归真的心态在室内装饰中的一种体现。文化石可以分为天然文化石和人造文化石两类。

安装文化石有着不同的方法。天然文化石可以直接在墙面施工，先把墙面用YJ-302型混凝土界面处理剂处理，然后用专用瓷砖胶粘贴即可。人造文化石的安装除了可以用天然石材的办法外，还可以采用9厘板或12厘板打底，然后直接用玻璃胶粘贴，具体做法如下。

(1) 基层处理　将附着在基层的垃圾、灰尘清扫干净。在修改工程中原有的旧墙壁时，要将油漆、壁纸、胶粘剂、油等冲洗干净。为保证粘贴得牢固，应在清理后的基层上涂刷界面剂。

（2）涂胶粘剂　使用带梳子齿的水泥铲向墙面涂抹内装修用的胶粘剂，厚度在5mm左右。贴砖前，为了使胶粘剂干燥得慢些，必须将胶粘剂涂抹$1m^2$以上。注意：在常温下，内装修用胶粘剂不能用于房间墙壁以外的用途，特别是要绝对避免在直接被火烤的场所或温度保持在60℃以上的环境中使用。

（3）粘贴文化石　粘贴时要充分按住石材，直到石材的四周有胶粘剂露出。有转角的地方先从转角处开始施工。

（4）接缝处理　接缝加工用蘸水毛刷压住胶粘剂，调节接缝的深度。每贴完$1m^2$的砖就进行接缝加工，直到全部贴完为止。

3.5.3　石材柱面装饰构造实例

石材柱面装饰构造实例如图3-41和图3-42所示。

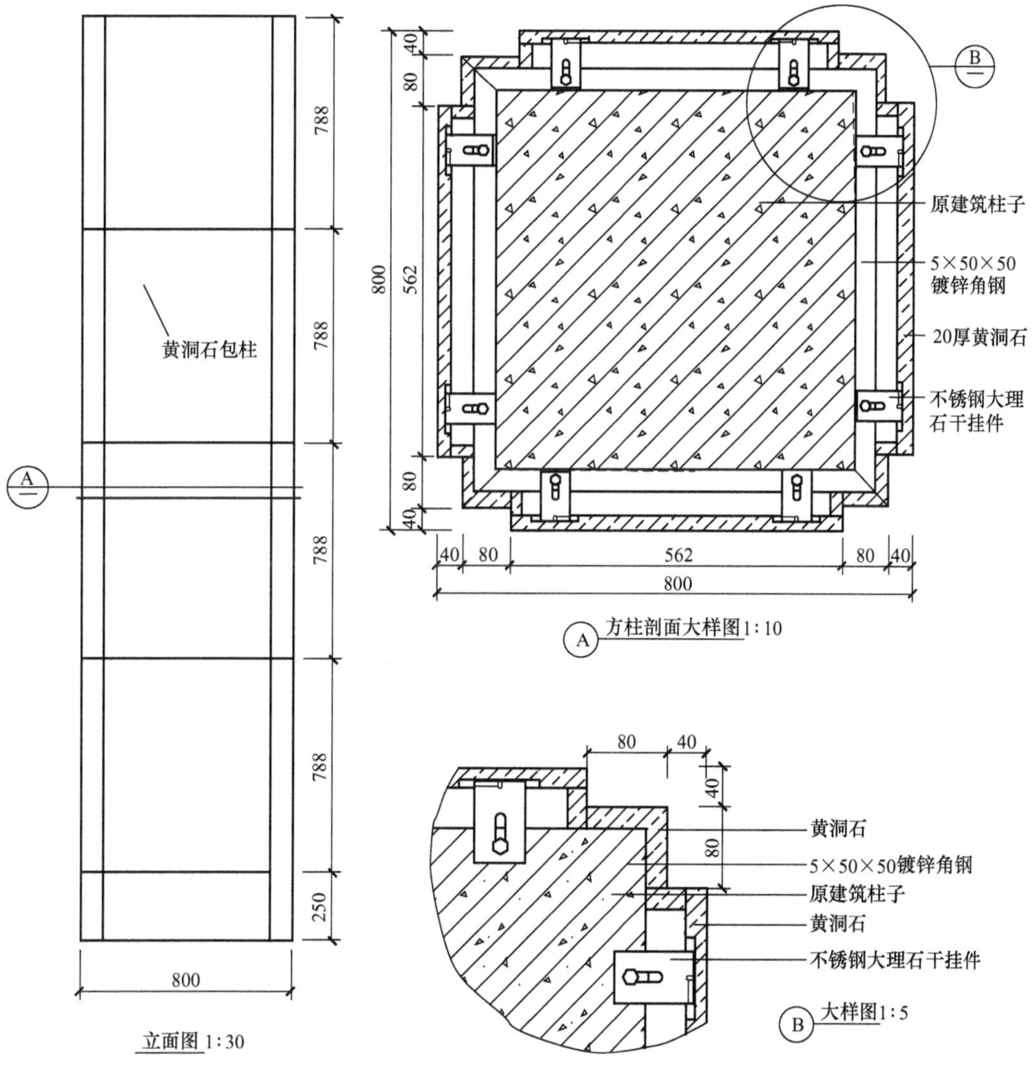

图3-41　石材包方柱立面及节点大样图

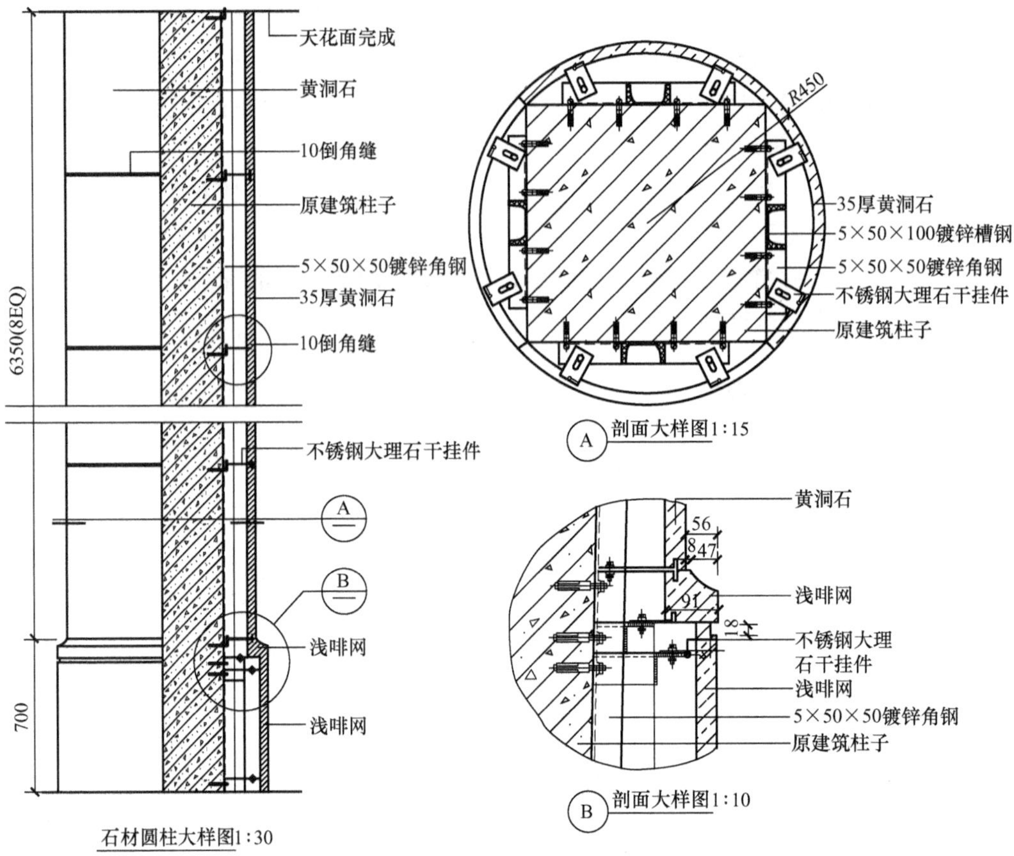

图 3-42　石材方柱包圆柱节点大样图

3.6　裱糊类墙柱面装饰构造

3.6.1　壁纸（布）材料

壁纸（布）种类繁多，按照材料的特点来分包括以下几类。

1. 纸基涂塑壁纸

纸基涂塑壁纸又称为塑料壁纸，它是以纸为基层，用高分子乳液涂饰面层，经印花、压纹等工序制成的一种墙面装饰材料。它具有防水、耐磨、透气性良好，颜色、花纹、质感丰富多彩等优点，其使用方便、操作简单、功效高、成本低，适用于一般的公共建筑、民用住宅的内墙、顶棚、梁和柱等贴面装饰。

纸基涂塑墙纸按其外观效果划分，有浮雕墙纸、发泡墙纸和压花墙纸等。

塑料壁纸的规格有以下三种：

1）小幅小卷。幅宽 530 ~ 600mm，长 10 ~ 12m。

2）中幅中卷。幅宽 760 ~ 900mm，长 25 ~ 50m。

3）宽幅大卷。幅宽 920 ~ 1200mm，长 50m。

2. 天然材料墙面纸

天然材料墙面纸是用草、麻、木材、草席和芦苇等材料制作而成的。用它来装饰墙面，可以营造出返璞归真、情趣自然的生活氛围。

3. 金属墙纸

金属墙纸是在基层上涂金属膜制成的墙纸，具有银色或金色的质感与光泽，可以给人一种金碧辉煌、豪华贵重的感觉，适用于大厅和大堂等场所。

4. 装饰墙布

装饰墙布是以纯棉平纹布经前期处理、印花、涂层等工序制作而成的。该墙布的特点为强度大、静电小、蠕变形小、无光、吸声、无毒、无味，对施工人员和用户均无害，其花纹、色泽美观大方，可用于宾馆、饭店、公共建筑和高级民用建筑中的装饰。

5. 无纺贴墙布

无纺贴墙布是用棉、麻等天然纤维或涤纶、腈纶等合成纤维，经过无纺成形、上树脂、印制花纹而成。它具有挺括、富有弹性、不易折断、纤维不老化等性能，对皮肤无刺激作用，其色彩鲜艳、图案雅致、粘贴方便，同时还具有一定的透气性和防潮性，可擦洗、不褪色。适用于各种建筑物的室内墙面装饰，特别适用于高级宾馆和高级住宅。

6. 玻璃纤维贴墙布

玻璃纤维贴墙布是以玻璃纤维布为基材，表面涂以耐磨树脂，印上彩色图案而制成的。其色彩鲜艳、花色繁多；不褪色、不老化、防火、耐潮性较强，可用肥皂水直接刷洗；施工简单、粘贴方便。玻璃纤维贴墙布适用于宾馆、饭店、商店、展览馆、会议室、餐厅和住宅等建筑。

3.6.2　塑料墙纸饰面的构造做法

塑料墙纸的一般构造做法如下：

（1）刮腻子　批刮腻子两三遍，用砂纸磨平。

（2）封闭底层　涂封闭乳液底涂料（封闭底胶）一道，或1∶1稀释的108胶水一遍。

（3）刷胶　采用成品壁纸胶。

（4）裱贴壁纸　裱贴壁纸的方法如图3-43所示。

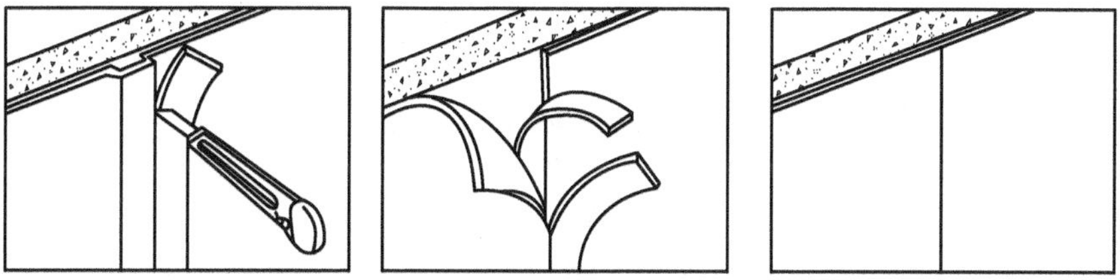

a)　　b)　　c)

图3-43　裱贴壁纸的方法

a）搭接切割　b）揭废纸条　c）复位对缝

3.6.3　无纺贴墙布、玻璃纤维贴墙布和装饰墙布的饰面构造做法

墙布可直接粘贴在墙面的抹灰层上，粘贴方法大体与墙纸相同。但由于墙布的性质与墙纸不同，故裱糊方法也有所区别：

1）玻璃纤维贴墙布和无纺贴墙布的盖底力稍差。基层表面颜色较深时，应满刮膏腻子，或在胶粘剂中掺入10%的白色涂料（如白色乳胶漆）。若相邻部位的基层颜色较深，则更应注意颜色一致的处理，以免裱糊后色泽有差异，影响装饰效果。

2）玻璃纤维基材无吸水膨胀的特点，墙布无须预先湿水，可直接在基层上（墙布上不刷胶）刷胶裱糊。如预先湿水，反而会因表面树脂涂层稍有膨胀而使墙布起皱，贴上墙后也难以平复。

3）玻璃纤维的性质与纸基不同，宜用聚乙酸乙烯乳液作为胶粘剂。贴玻璃纤维墙布用聚乙酸乙烯乳液：化学浆糊（25%）水溶液=60∶40；贴无纺贴墙布用聚乙酸乙烯乳液：化学浆糊（25%）：水=5∶4∶1，还可以掺入20%的淀粉浆糊。

3.6.4 丝绒和锦缎饰面

丝绒和锦缎是一种高级墙面装饰材料，只适用于室内饰面，具有绚丽多彩、质感温暖、古雅精致、色泽自然逼真等特点。但由于其造价高、太柔软、易变形、易霉变，且不耐脏、不耐光，故在应用方面受到局限，仅在一些高级的墙面装饰或有特殊要求的房间中使用。

锦缎柔软光滑，极易变形，不易裁剪，故很难裱糊在各种基层表面上，尤其是抹灰基层更难施工。因此，一般做法是先在锦缎背面裱宣纸一层，使锦缎硬朗挺括后再裱在阻燃型胶合板或特别平整光滑的纸面石膏板上。其一般构造做法如下：

1）首先对墙面作防潮处理，即用20mm厚的1∶3水泥砂浆找平，再抹3～4mm厚的防水建筑胶粉浆。

2）立木墙筋，木龙骨断面为50mm×50mm，纵、横双向间距为450mm。

3）把胶合板（衬板）钉于木墙筋上。

4）用壁纸胶将锦缎裱贴于胶合板上，构造做法如图3-44所示。

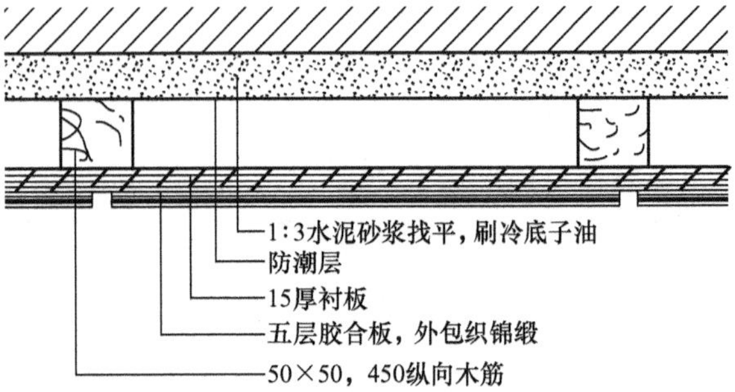

图3-44 织锦缎饰面构造做法

【复习思考题】

1. 简述增强水泥、石膏空心条板隔墙的构造做法。
2. 轻钢龙骨石膏板隔墙的龙骨有哪几个系列？
3. 简述轻钢龙骨纸面石膏板隔墙的构造做法。
4. 墙柱面安装玻璃的构造做法有哪几种？
5. 铝塑板墙面的构造做法有哪几种？分别适用于什么情况？
6. 不锈钢板墙柱面构造装饰有哪几种构造方法？
7. 天然石材板饰面构造做法有哪几种？

单元4　典型地面装饰构造

单元概述

本单元主要介绍全瓷玻化砖地面装饰构造，天然石材地面装饰构造，木地板地面装饰构造，地毯铺装构造，装配式地板构造和栏杆、栏板、扶手构造。

学习目标

通过本单元的学习，了解典型地面装饰工程的材料和构造做法；会选用地面装饰材料；会绘制简单的地面装饰构造详图。

4.1　全瓷玻化砖地面装饰构造

4.1.1　全瓷玻化砖的品牌及市场价位

近几年，市场上全瓷玻化砖的著名品牌有“冠军”“斯米克”“东鹏”“诺贝尔”“蒙娜丽莎”等，低档价位地砖报价为20～50元/片，中档价位地砖报价为60～100元/片，高档价位地砖报价在100元/片以上。

4.1.2　全瓷玻化砖的包装、标识

国家规定，在全瓷玻化砖产品上应该有商标，包装上应标有企业名称和地址、产品名称(吸水率)、商标、数量、质量，产品的等级、生产日期，执行标准代号，标志尺寸和工作尺寸，产品使用说明书。

4.1.3　全瓷玻化砖地面的构造做法

1）刷素水泥浆结合层。为保证与基层结合牢固，在清理好的基层上，均匀洒水一遍，等地面无明水后，再均匀涂刷一道素水泥浆。

2）铺设干硬性水泥砂浆（用手捏成团，以落地即散为宜）垫层，水泥和砂的配比为1：4～1：3（体积比），铺设厚度在30mm左右，结合层与干硬性水泥砂浆垫层应分段随刷随铺。

3）铺贴时，砖背面朝上涂抹4～5mm水泥膏（图4-1），铺贴在水泥砂浆垫层上，砖上楞略高出水平标高线，找正、找平后，用橡皮锤包白布拍实。如图4-2所示。

图 4-1　涂抹水泥膏

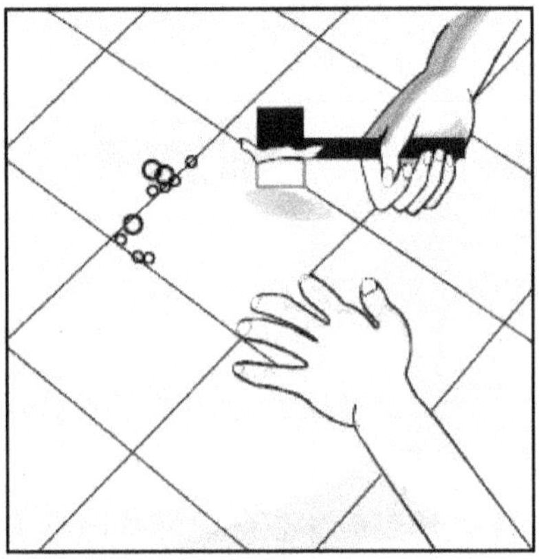

图 4-2　橡皮锤拍实

4）铺贴过程中砖缝要求小于 2mm（仿古砖除外），用专业勾缝剂进行填缝处理。

5）注意卫生间和厨房的铺贴要做出 1∶100 的泛水斜度。在房屋二次装修更换地砖时，容易损伤原有防水层，要对防水层进行处理。

全瓷玻化砖地面的装饰构造做法如图 4-3 所示。

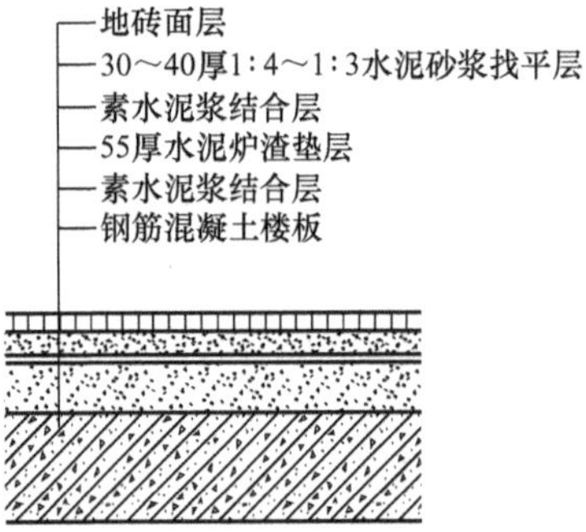

图 4-3　全瓷玻化砖地面装饰构造做法

4.2　天然石材地面装饰构造

4.2.1　天然石材的施工构造

1. 刷素水泥浆

在基层表面刷一道素水泥浆，随铺随刷，保证粘结力。

2. 铺砂浆垫层

拉十字控制线，铺设干硬性水泥砂浆（用手捏成团，落地即散为宜，水泥∶砂 =1∶3 或 1∶4），厚度控制在放上石板材高出面层水平线 3 ~4mm 为宜，用大杠刮平、找平。

3. 铺大理石或花岗岩石材板块

大理石、花岗岩等块材在铺设前，应将板块浸水湿润，待擦干或阴干表面无明水后方可铺设，否则会空鼓、起壳。

石材的铺装可采用刮水泥膏法、浇浆法和干撒水泥喷水法。根据房间拉的十字线，纵横各铺一行，作为大面积铺砌标筋用。根据试拼时的编号、图案及缝隙，从十字线交点开铺。

（1）刮水泥膏法　适用于规格在600mm×600mm以下较薄石材的铺装。与铺地板砖相同，铺贴时，石材的背面朝上抹4～5mm厚水泥膏，铺贴到水泥砂浆垫层上，砖上楞略高出水平标高线，找正、找平后，用橡皮锤包白布拍实。

（2）浇浆法　适用于规格在600mm×600mm以上石材的铺装。铺板前，先在水泥砂浆垫层上满浇一层水灰比为0.5的素水泥浆（用浆壶浇匀），铺完第一块后，向两侧和后退方向顺序铺砌，先里后外，退至门口。

（3）干撒水泥喷水法　适用于规格在600mm×600mm以上厚度较大石材的铺装。在已铺好的干硬性水泥砂浆垫层上均匀地撒一层干水泥粉，厚度约为2mm，然后用喷壶在水泥粉表面均匀地喷少量水，再将石材抬放在垫层表面，找正、找平后，用橡皮锤包白布拍实。

4. 灌、擦缝

板块之间的缝隙不应大于2mm，地面铺砌完毕24h后浇水养护，2天之后无空鼓、断裂现象，即进行灌缝。用浆壶将稀水泥浆灌入缝内，并用刮板把流出的水泥浆刮向缝与板面擦平，同时擦净板面水泥浆，用锯末、纸板覆盖石材面层进行养护，7天内禁止上人。

4.2.2　天然石材地面构造做法

天然石材地面的构造做法如图4-4所示。

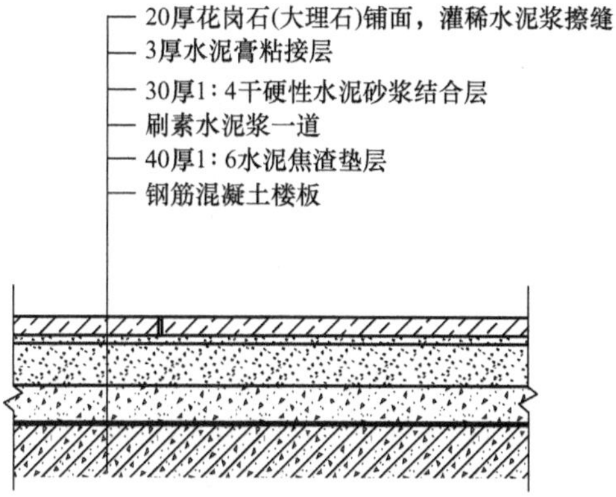

图4-4　天然石材地面构造做法

4.3　木地板地面装饰构造

4.3.1　实木地板的铺装

1. 实木地板的选用

（1）纹理　纹理是判定地板质量好坏的标准。有规则的纹理美观大方，不宜选用纹理杂乱无章的地板。

（2）颜色　优质的实木地板应有自然的色调、清晰的木纹，材质肉眼可见。如地板表面颜色深重，漆层较厚，则可能是为掩饰地板的表面缺陷而有意为之，在地板为六面封漆时需要特别注意。

（3）裂痕　中、低档的地板有裂痕是难免的，但不应太大。有的裂痕产生于木材的纹理之间，这种裂痕不会延伸，可以放心使用；但有的裂痕是贯穿的，则不可购买，因为这些裂痕会延伸，对以后的使用有很大的负面影响。

（4）节子　即节疤，可分为活节（图4-5）和死节。实木地板作为天然制品是不可能没有节子的，活节的合理分布，反而会使木制品更美。优等品不允许存在带有缺陷的节子，国家规定，凡直径小于或等于3mm的活节子和直径小于或等于2mm且没有脱落、非紧密型的死节子都不作为缺陷性节子。另外，有的地板是采用树心材料和近树皮的材料制成的，须谨防商家提高等级标价。有的地板采用的木材被大量的虫蛀过，因而留有许多虫眼，这种地板的木质不是很好，购买时须慎重（刻意做旧的仿古纯手工实木地板除外）。

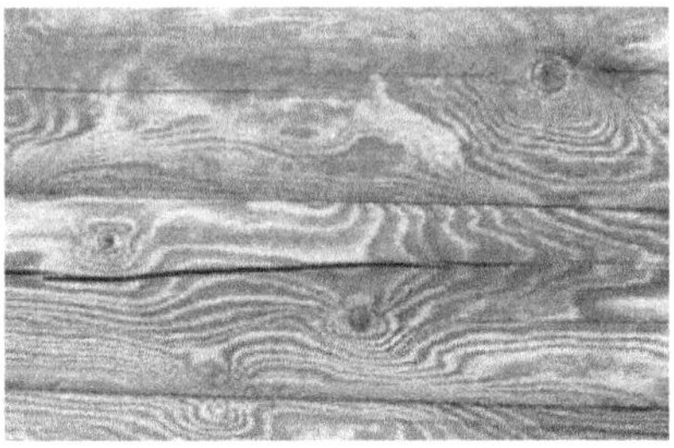

图4-5　木地板中的节子

2. 实木地板的构造做法

（1）留伸缩缝　为确保安装质量，防止木地板变形拱起，木地板安装宽度超过6000mm时必须留一伸缩缝，一般在门口处也要留伸缩缝。沿伸缩缝处木龙骨及木地板要断开，并使用过渡条（高分子条、铜条）盖缝。

（2）安装龙骨　610mm、910mm长的地板，龙骨间距是303mm；760mm长的地板，龙骨间距是253mm。如图4-6所示，用电锤钻孔下木橛法安装，同一根龙骨下相邻洞眼间距不得超过600mm，同时离龙骨两端底最近的两个洞眼口与其端底的距离不得超过100mm，洞的深度不得超过40mm。

图4-6　安装龙骨

（3）龙骨刨平　用1500mm长的平直铝合金条或直尺检测木龙骨的水平性，然后用电刨刨平或用木楔垫平，调整龙骨的整体水平。与墙壁四周相邻的龙骨，其单边落差不得超过3mm，同一房间或客厅的龙骨的整体落差不得超过10mm。

（4）撒防虫剂　在龙骨与地面之间撒防虫剂，防虫剂可采用天然樟木片或花椒代替。

（5）钉毛地板　双层木地板构造要钉毛地板，在木龙骨顶面弹与龙骨成30°～45°角的铺钉线，如图4-7所示。单层木地板不需要铺钉毛地板。

毛地板铺钉时，木材髓心应向上，接头必须设在龙骨上，错缝相接，每块板的接头处留2～3mm的缝隙，板的间隙不应大于3mm，与墙之间留8～12mm的空隙。然后用地板钉钉牢在龙骨上。板的端头各钉两颗钉子，与龙骨相交位置钉一颗钉子，钉帽应冲入地板1mm左右。

毛地板的铺钉也可使用耐水多层胶合板直接钉于木龙骨上，每块板的接头处留2～3mm的缝隙。

(6) 铺防潮垫 在木龙骨上平铺专用防潮塑料衬垫，衬垫与墙之间应留 10～12mm 的空隙。

(7) 固定木地板 地板的安装方向为垂直于龙骨的方向，从过道边的地板开始固定铺装（客厅地板的安装视具体情况而定），地板应错缝铺装（1/2 或 1/3 错缝）。第一排地板与墙壁间要留 10mm 的间隙，凹槽口朝墙壁。用电钻在龙骨正上方地板位置的凸槽上口与地板铺设的前进方向成45°角钻孔，然后用地板专用螺钉固定地板，如图 4-7 所示。

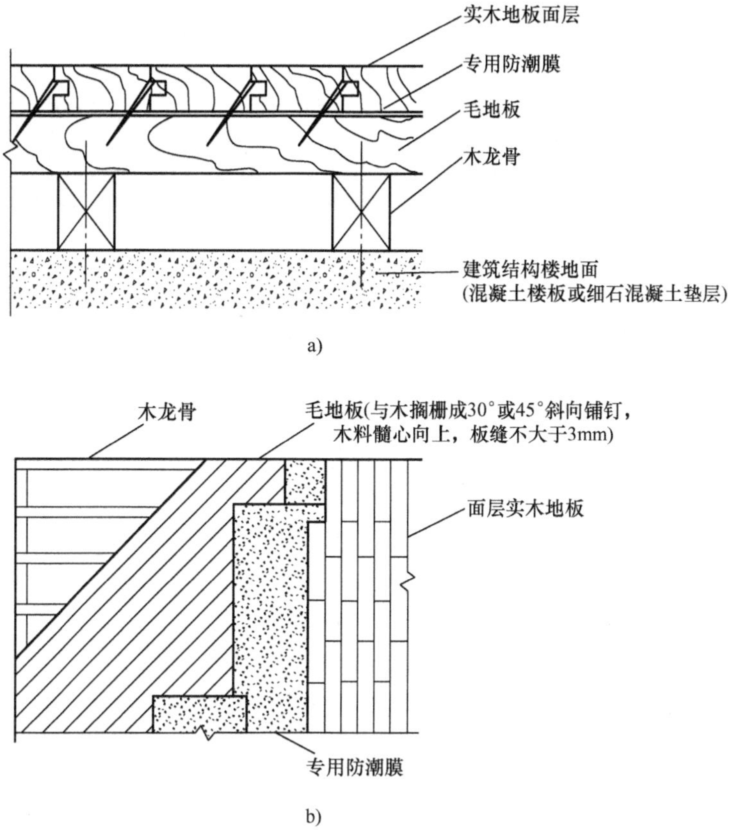

图 4-7 实木地板构造

a）实木地板标准节点图 b）实木地板构造分层剖切图

4.3.2 复合强化木地板

1. 复合强化木地板的选择

复合强化木地板的知名品牌有“圣保罗”“圣象”“大自然”“扬子”“肯帝亚”“安心”“福人”“德尔”“好佳好”“菲林格尔”等。

选择强化木地板时需要注意以下几点：

(1) 甲醛释放量 我国国家标准规定，甲醛释放量应不大于 1.5mg/L。

(2) 耐磨转数 家用复合地板的耐磨转数应不小于 4000 转，公共场所应不小于 9000 转，否则，在使用 1～3 年后就可能出现不同程度的破损。

(3) 花色品种　要在能接受的价位之内选择适合的花色品种，验货时须留意花纹上有无瑕疵。

2. 复合强化地板的构造做法

复合强化地板的构造如图 4-8 所示。

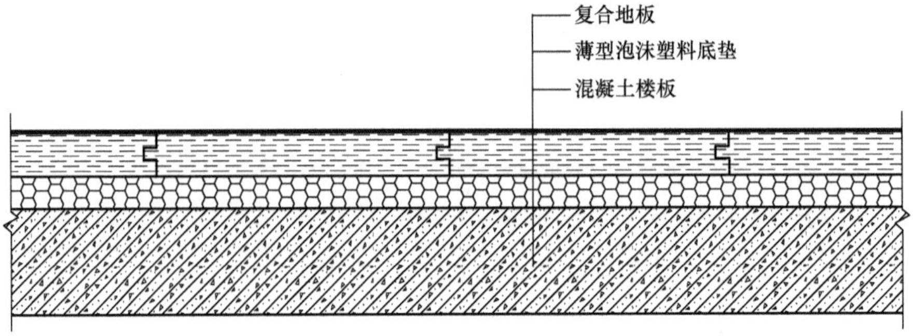

图 4-8　复合地板构造

(1) 铺设双层防潮膜　下面一层用来防潮，上面一层厚度大、稍有弹性，除了防潮外还能起到改善脚感的作用。防潮膜必须完全覆盖整个铺设的地面，接缝的地方也要用胶带封住，如图 4-9 所示。同样，上层薄膜接缝的地方也要用胶带封住。

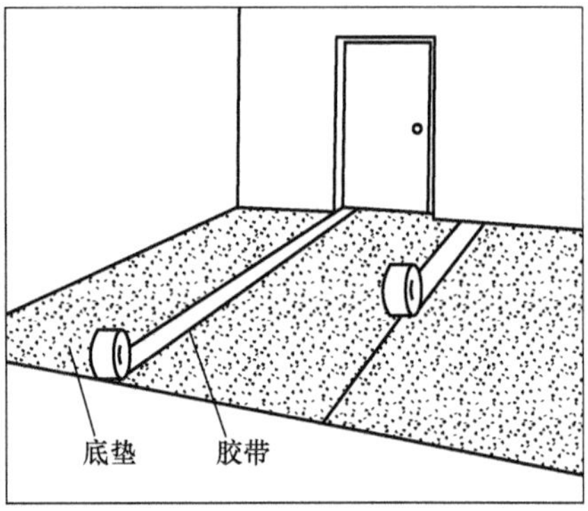

图 4-9　铺设防潮膜

(2) 铺设地板　防潮膜铺设完毕后，即可铺设地板。与实木地板不同，复合地板的侧边有特殊企口（锁扣），安装时能紧紧地扣住，更加稳固。根据测量后的尺寸对地板进行切割，安装时从侧面敲打地板，让地板间的锁扣更好地锁紧，地板表面的接缝也会更小，如图 4-10 所示。

地板与墙面要保持 8～10mm 的间隙，因为有足够的缝隙，才能确保地板不至于发生膨胀起拱。安装时，为了与墙面间保持固定的伸缩缝，可用 10mm 厚的小木块垫在地板靠墙的四周，地板铺装后将小木块拔掉，如图 4-11 所示。

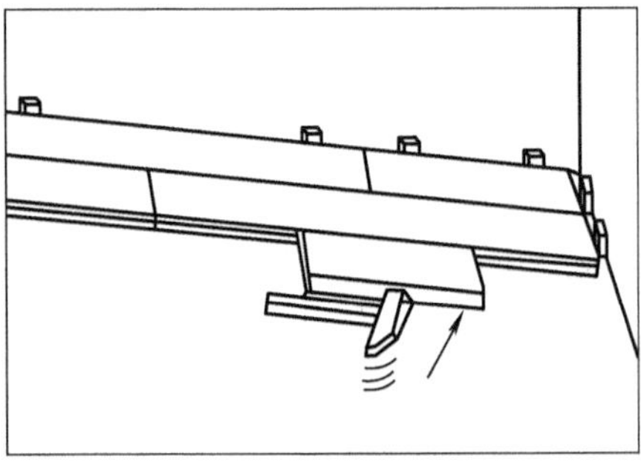

图 4-10　侧面敲打地板

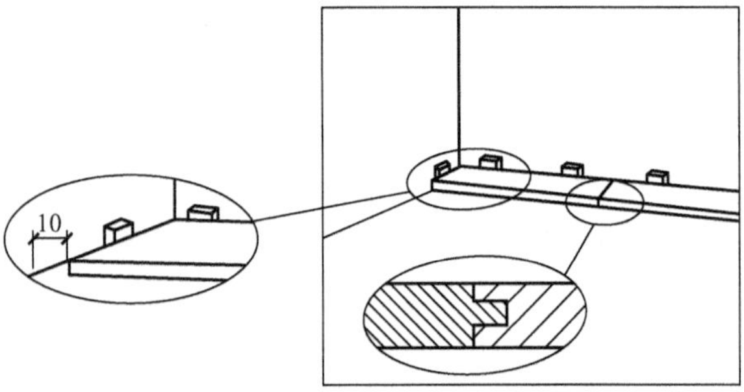

图 4-11　地板接口和插入木块保持缝隙

地板与壁柜间的缝隙要用专用扣条盖缝。

（3）安装踢脚板　应先在墙面上弹出踢脚板上口的水平线，一般先在墙面上安装固定卡，然后将踢脚板扣装在固定卡上。

4.4 地毯铺装构造

地毯是以棉、麻、毛、丝、草等天然纤维或化学合成纤维类原料，经手工或机械工艺进行编结、栽绒或纺织而成的地面铺敷物。地毯可覆盖于住宅、宾馆、体育馆、展览厅、车辆、船舶、飞机等的地面上，有减少噪声、隔热和装饰的效果。

4.4.1 地毯的铺装准备

1）铺设地毯之前，室内装饰必须完毕。室内所有重型设备均已就位并已调试运转，并经核验全部达到合格标准。

2）铺设楼地面毯的基层，要求表面平整、光滑、洁净，如有油污，须用丙酮或松节油擦净。如为水泥楼面，应具有一定的强度，含水率不大于8%。

3）地毯、衬垫和胶粘剂等进场后应检查核对数量、品种、规格、颜色、图案等是否符合设计要求。用前要预铺、配花、编号，待铺设时按号取用。

4）铺装地毯之前应事先把需铺设地毯的房间、走道等四周的踢脚板做好。

4.4.2 地毯的铺装做法

1. 活动式铺设

活动式铺设是不用胶粘剂将地毯铺设在基层的一种方法，即不与基层固定，四周沿墙角修齐即可。这种方法一般仅适用于装饰性工艺地毯的铺设。

2. 固定式铺装

（1）钉倒刺板挂毯条　沿房间或走道四周踢脚板边缘，用高强水泥钉将倒刺板钉在基层上（钉朝向墙的方向），其间距在40cm左右。倒刺板应离开踢脚板面8～10mm，以便于钉牢倒刺板，如图4-12所示。

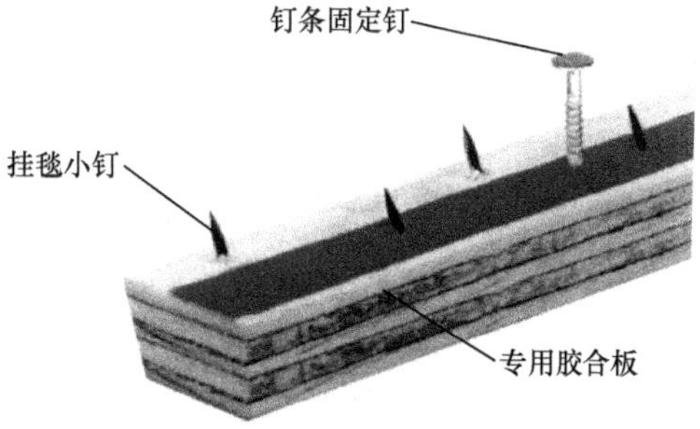

图4-12　倒刺板

（2）铺设衬垫　将衬垫采用点粘法刷108胶或聚醋酸乙烯乳胶，粘在地面基层上，要距离倒刺板10mm左右。

（3）铺设地毯　如图4-13a所示，先将地毯的一条长边固定在倒刺板上，毛边掩到踢脚板下，用地毯撑子拉伸地毯。从一边一步一步推向另一边。如一遍未能拉平，应重复拉伸，直至拉平为止。然后将地毯固定在另外一边的倒刺板上，掩好毛边，长出的地毯用裁割刀割掉。一个方向拉伸完毕，再进行另一个方向的拉伸，直至四个边都固定在倒刺板上。

（4）安装收口条　在地毯的边沿处或与其他材料的地面交接处应使用收口条收口，如图4-13b、c所示。

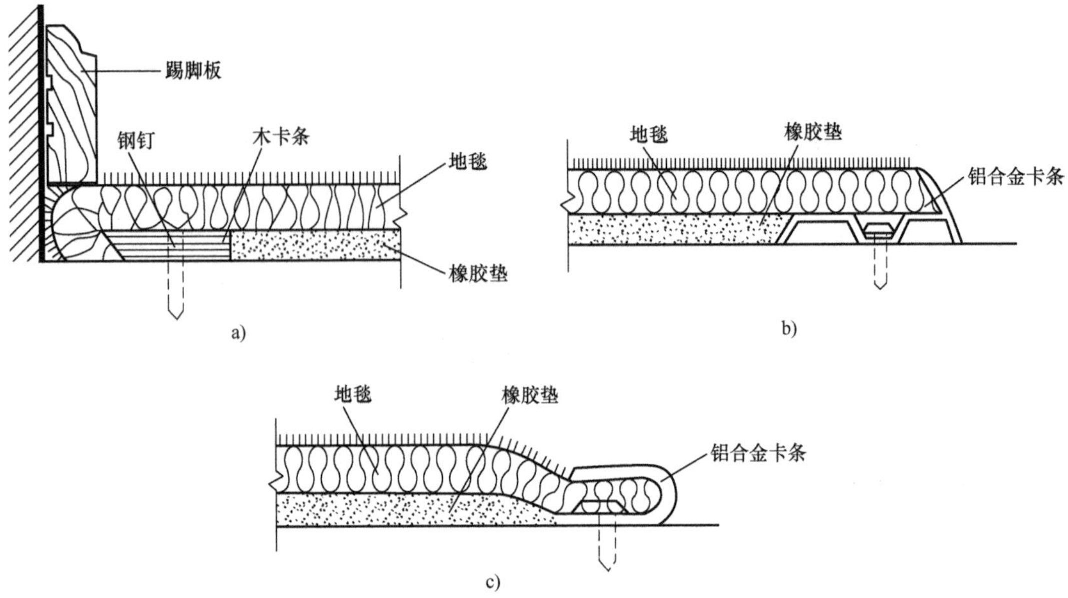

图 4-13 地毯的固定

a）地毯边界处用倒刺板和踢脚板固定 b）地毯边界处用铝合金卡条固定 c）地毯边界处用铝合金压条固定

4.5 装配式地板构造

装配式地板是由各种规格型号和材质的面板块、桁条（横梁）、可调支架等组合拼装而成的。装配式地板与基层地面或楼地面之间所形成的架空空间，不仅可以满足铺设纵横交错的电缆和各种管线的需要，而且通过设计，在架空地板的适当部位设置通风口，还可以满足静压送风等空调方面的要求，如图 4-14 所示。

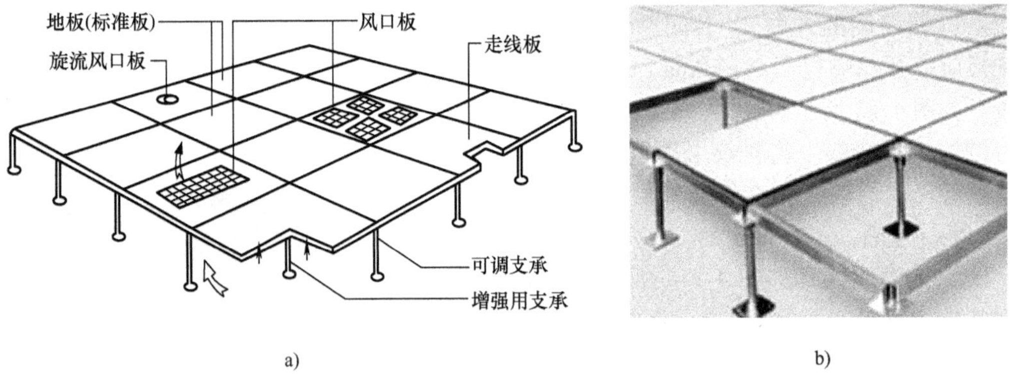

图 4-14 装配式地板

a）装配式地板构造示意图 b）装配式地板效果图

4.5.1 装配式地板的特点及用途

装配式地板具有质量小、强度大、表面平整、尺寸稳定、面层质感良好、装饰性好等特点。此外，还有防火、防虫鼠侵害、耐蚀等性能。

装配式地板适用于邮电部门、大专院校、工矿企业的电子计算机房、试验室、控制室、调度室、广播室等，以及有装备空调要求的会议室、高级宾馆客厅、自动化办公室等。

4.5.2 装配式地板的安装方法

1. 基层处理

活动地板面层的金属支承在现浇混凝土基层或现制水磨石地面上，基层表面应平整、光洁、不起灰，含水率不大于8%。安装前应认真清洗干净，必要时根据设计要求在基层表面上涂刷清漆。

2. 弹线定位

用墨线弹出地板支架的放置位置，即地面纵横方格的交叉点。以活动地板高度线减去面板块厚度的尺寸为标准点，并将其画在各个墙面上，在这些标准点上打钉拉线，拉线的位置依地面的方格墨线安排。拉线的目的是保证地板活动支架能够安装并调整准确，以达到地板架设的水平。

3. 固定支架

在地面弹线方格网的十字交点处固定支架，固定方法通常是在地面钻孔埋入膨胀螺栓，用膨胀螺栓将支架固定于地面，然后调整支架顶面高度。调整方法视产品实际情况而定，有的设有可转动的螺杆，有的是锁紧螺钉，用相应的方式将支架进行高低调整，使其顶面与拉线齐平，然后锁紧其活动构造，如图4-15a所示。

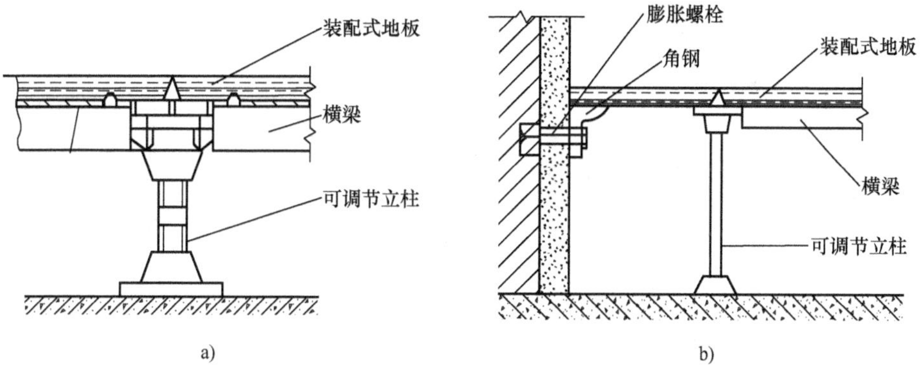

图4-15 固定支架

a）中间支架的固定 b）边部支架的固定

对于抗静电地板，应在支架底座下面铺设铜带，并将铜带连接到专用地线上。

4. 安装桁条

桁条与地板支架的连接方式，有的是用平头螺钉将桁条与支架顶面固定；有的是采用定位销进行卡接；有的产品设有橡胶密封垫条，此时可用玻璃胶将垫条与桁条胶合。

活动地板的桁条铺到墙边处，可用边部支架架设标准桁条。当尺寸较小时，也可采用墙壁固定边部桁条的方法，即用膨胀螺栓将边部桁条固定在墙面上，或在墙面固定角钢进行桁条的安装。操作时应将膨胀螺栓安放在与标准桁条对应的位置上，如图4-15b所示。

5. 铺活动地板

地板下各种管线就位后再安装活动地板块。在组装好的桁条搁栅框架上安放活动地板块，对于抗静电活动地板，地板与周边墙柱面的接触部位要求缝隙严密，接缝较小者，可用泡沫塑料填塞嵌封；如果缝隙较大，则应采用木条镶嵌。

活动地板面层铺完后，面层承载力不应小于 7.5MPa，其体积电阻率宜为 105 ~ 109Ω。

4.6 栏杆、栏板、扶手构造

4.6.1 木栏杆

栏杆由木扶手、车木立柱和梯帮三部分组成。车木立柱是木栏杆中起承力和装饰作用的主要构件，其形式很多。立柱上端与扶手、立柱下端与梯帮均采用大方榫连接。木栏杆的形式如图 4-16 所示，木栏杆的构造如图 4-17 所示。

图 4-16 木栏杆的形式

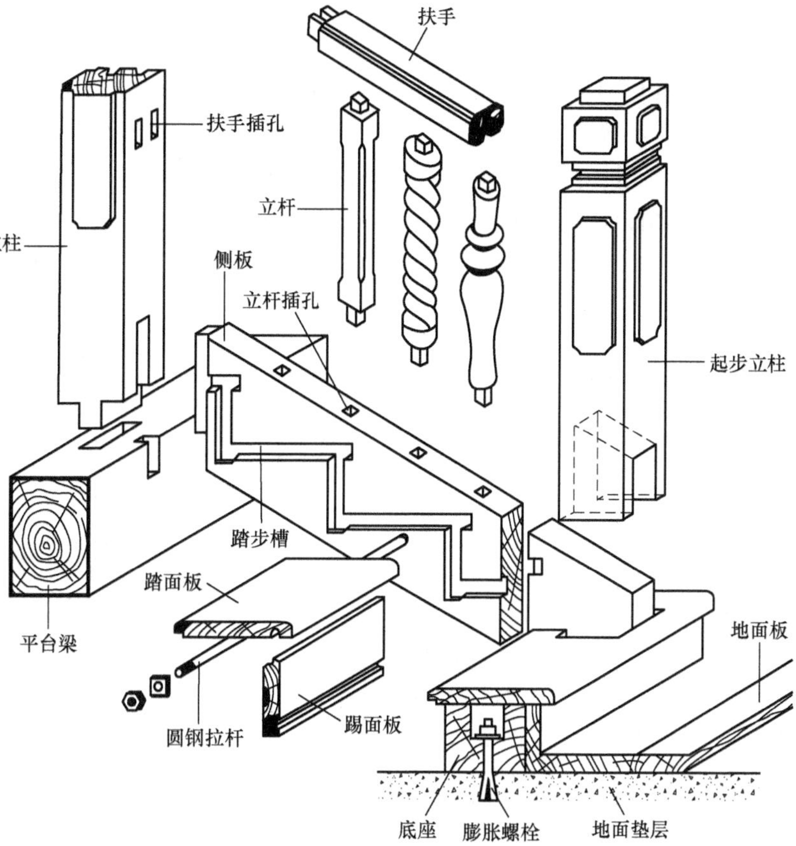

图4-17 木栏杆的构造

4.6.2 金属栏杆

金属栏杆按材料组成分为全金属栏杆、木扶手金属栏杆和塑料扶手金属栏杆三种类型。常用的金属立柱材料有圆钢、方钢、圆钢管、方钢管、扁钢、不锈钢管、铜管等，栏杆式样应根据安全适用和美观要求来设计，如图4-18所示。儿童经常使用的楼梯必须采取安全措施，栏杆应采用不易攀登的构造，垂直杆件间的净距不应大于110mm。

图4-18 铁栏杆造型样式

金属栏杆与踏步的连接方式有多种，可采用焊接的方式，将金属栏杆与踏步内的预埋铁件进行焊接。预埋铁件一般采用钢板，其厚度不应小于6mm，锚固深度不应小于80mm。也可采用预留孔洞的方式，将金属栏杆插入预留孔洞内，预留孔洞深100mm，再用干硬性水泥砂浆灌实，或者采用钢质膨胀螺栓固定。

4.6.3 玻璃栏板

楼梯玻璃栏板通常用厚度在 10mm 以上的平板玻璃或钢化玻璃、夹丝玻璃制成。玻璃栏板的构造类型有两种：一种是全玻璃结构，即不设金属立柱，玻璃栏板代替立柱，起立柱的支承作用，如图 4-19 所示；另一种是玻璃与金属管立柱、扶手相结合结构，即将玻璃装嵌在两金属立柱之间，如图 4-20 所示。

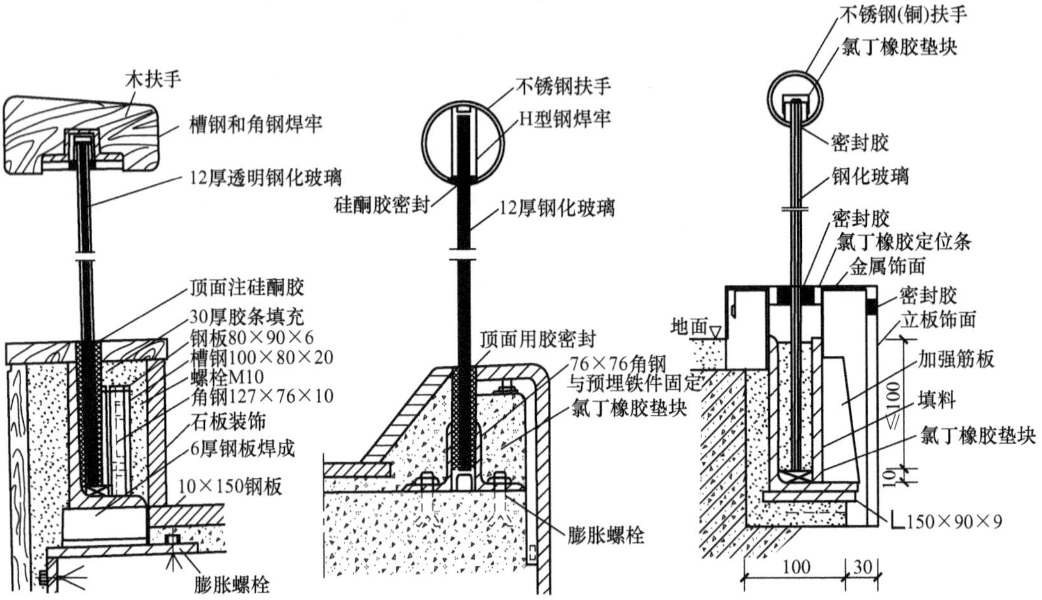

图 4-19 全玻璃无立柱栏板构造

图 4-20 玻璃栏板样式

4.6.4 楼梯扶手

楼梯扶手通常采用木扶手、高分子扶手、不锈钢方管扶手、不锈钢圆管扶手等。楼梯扶手的形式和构造如图 4-21 所示。

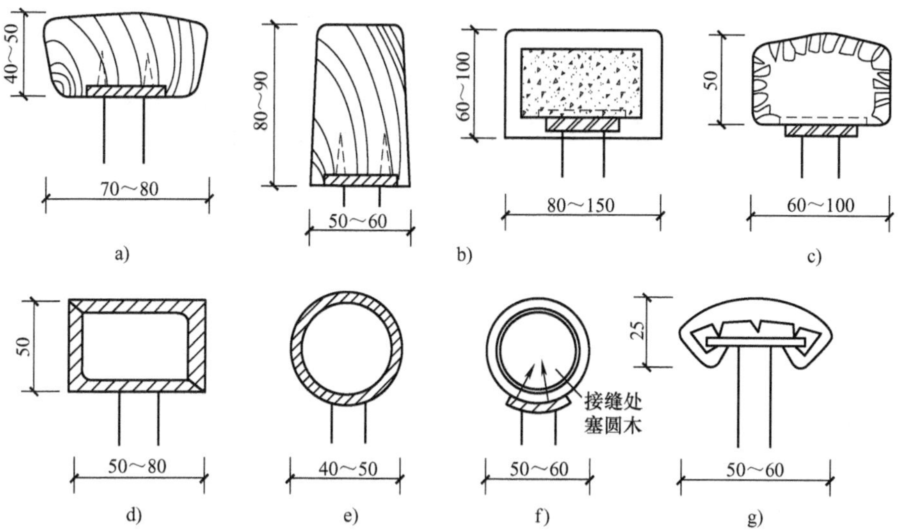

图 4-21 楼梯扶手的形式和构造

a)、b）木扶手 c）高分子扶手 d）方钢管扶手 e）不锈钢圆管扶手 f）钢管扶手 g）塑料扶手

【复习思考题】

1. 简述全瓷玻化砖地面的构造做法。
2. 简述天然石材地面的构造做法，画出构造图。
3. 简述实木免漆地板的构造做法。
4. 简述强化地板的构造做法。
5. 简述固定式地毯的铺装做法。
6. 装配式地板有哪些特点？怎样安装？
7. 楼梯玻璃栏板的常见做法有哪几种？

单元5　常用装饰五金材料

单元概述

本单元主要介绍紧固件、连接件、门窗及家具合页、门锁、拉手等常用装饰五金材料。

学习目标

通过本单元的学习，了解常用装饰五金材料的分类、品种、规格型号；会选用五金装饰材料。

中国古代把常用的五种金属——金、银、铜、铁、锡称为“五金”。后来人们把由这五种金属制成的制品称为五金材料。现代装饰装修中，人们常把由金属材料、高分子材料或复合材料制成的小型配件和制品称为“五金”。

装饰装修中常用的五金材料和制品有紧固件、连接件、门锁、拉手、滑轮、轨道、电线、电缆、开关、插座、灯具、水龙头、阀门、水管、水暖配件、厨卫挂件、洁具配件等。

建筑装饰五金材料和制品按材质分，主要有钢材五金件、不锈钢五金件、铝及铝合金五金件、铜及铜合金五金件、塑料五金件、复合材料五金件和不同材料组合五金件等。

5.1　常用紧固件

5.1.1　装饰用紧固件分类

装饰装修上常用的紧固件有圆钢钉、枪钉、自攻螺钉、铝拉铆钉、螺栓、塑料胀管、膨胀螺栓、化学锚栓、镜钉、广告钉等。紧固件能方便快速地将两个或两个以上部件牢固地连接起来，是装饰工程中必不可少的材料。

5.1.2　圆钢钉

圆钢钉的横截面是圆形，又称圆钉。不同品种的圆钢钉在装修中使用的部位和作用不同，不得随便替代。

1. 普通圆钉

普通圆钉一般只用于施工结构及粗制部件，通常手工钉入即可。当使用钉枪打钉后需要进一步加固时，可使用较大的圆钉。

普通圆钉的规格一般是按圆钉的长度划分，装修上常用的规格有40（ϕ2.2mm）、45（ϕ2.5mm）、50（ϕ2.8mm）、60（ϕ3.2mm）、70（ϕ3.4mm）等。因为普通圆钉是手工打

钉，效率很低，故装修上一般不使用长度小于30mm的圆钉，当钉子长度小于30mm时，多采用枪钉。

2. 地板钉

地板钉的截面呈矩形，钉身呈螺旋状，又叫麻花钉，如图5-1所示。主要用于木地板铺装，不易使木质劈裂，木地板在长期使用中不易松动。地板钉的长度规格主要有25mm（1in）、30mm（1.2in）、37.5mm（1.5in）、50mm（2in）、60mm（2.5in）等，直径为2~4mm。

3. 水泥钉

水泥钉如图5-2所示，其刚性强、不易弯曲，主要用于水泥墙、地面与面层材料的连接。水泥钉的常用规格有2.5mm×25mm、2.8mm×32mm、3.0mm×38mm、3.4mm×50mm等。

图5-1　地板钉

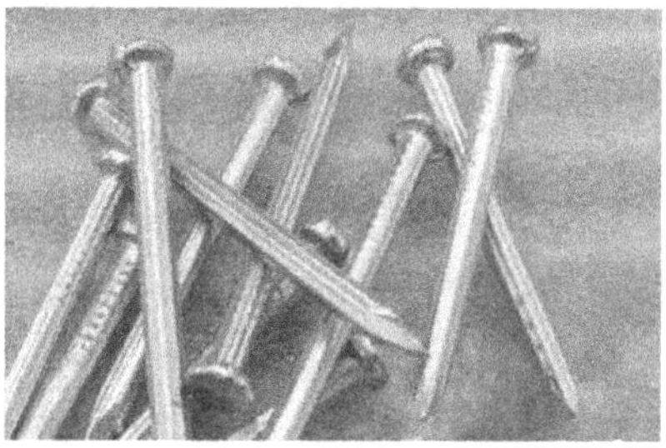

图5-2　水泥钉

5.1.3　枪钉

压缩空气动力枪所使用的钉子统称气动枪钉，简称枪钉。枪钉广泛用于钢木家具、木制品加工，室内外装修工程中的彩色钢板、轻钢龙骨、木材、木龙骨、人造板等材料的固定。

钉枪的使用，极大地提高了施工效率，并且不露钉帽，普通钉枪的射速可达3~5枚钉/s，是手工打钉速度的20~30倍，高速钉枪的射速可达10枚钉/s左右。

枪钉按外观分，有直钉、蚊钉、钢排钉、码钉、卷钉（圆钉）等。

1. 直钉（F）

如图5-3所示，直钉的具体型号表示为“F”加上长度，如F30是指长度为30mm的直钉。直钉的规格有F10、F15、F20、F25、F30等。

2. 蚊钉（P）

如图5-4所示，蚊钉与直钉相近，但更为细小，并且没有钉头。蚊钉的规格有P610（表示钉粗0.6mm、钉长10mm）、P612、P615、P618、P620等。

3. 钢排钉（FST）

如图5-5所示，钢排钉与常见的钢钉相似，其具体型号表示为“ST”加上长度，如ST-30指的是长度为30mm的钢排钉。钢排钉的规格有ST-25、ST-32、ST-38、ST-45、ST-50、ST-57、ST-64等。钢排钉用排钉枪击发能穿透2mm厚的钢板，能将金属薄板、踢脚板、木龙骨等材料直接固定在混凝土墙面或地面上。

图5-3 直钉

图5-4 纹钉

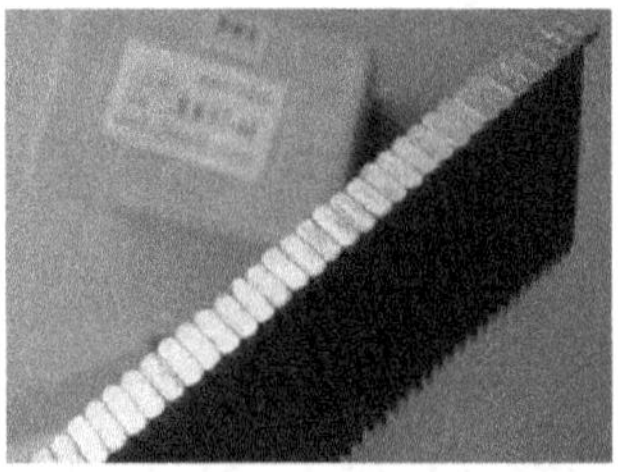

图5-5 钢排钉

4. 码钉（J）

如图5-6所示，码钉与钉书钉相似，其型号一般表示为尺寸规格加“J”。码钉的规格有410J（表示钉口宽4mm、钉长10mm）、413J、416J、419J、422J、1006J、1008J、1010J、1013J、1022J、1222J等。

5. 卷钉

卷钉是卷钉枪的专用钉，如图5-7所示，主要用于家庭装修的细木制作和木质罩面工程，使用卷钉枪打钉时无钉头外露，便于表面的装饰制作。常用的卷钉规格有2.1mm×25mm、2.1mm×32mm、2.1mm×38mm、2.1mm×45mm、2.1mm×50mm、2.3mm×50mm、2.3mm×57mm、2.5mm×64mm、2.5mm×70mm等。

图5-6 码钉

图5-7 卷钉

5.1.4 自攻螺钉

1. 自攻螺钉的分类

自攻螺钉按材质分有碳钢、低合金钢、中合金钢、不锈钢（高合金钢）自攻螺钉等；按性能分有普通木螺钉、防锈型自攻螺钉、高强自攻螺钉和燕尾螺钉等；按螺钉钉头的形状可分为沉头自攻螺钉（图5-8）和扁头自攻螺钉（图5-9所示），装饰上常用沉头自攻螺钉。

图5-8 高强沉头自攻螺钉

图5-9 大扁头自攻螺钉

自攻螺钉钉帽槽一般是十字形，可以固定金属件。使用自攻螺钉钻拧螺钉，能在钢板中自动钻出螺纹，且不易松动。

自攻螺钉的表面处理方式有电镀、热镀锌、黑磷化、回火、淬火等。

自攻螺钉的表面颜色有亮银色（一般为不锈钢材质或镀锌材质）、黑色、银白色、金黄色、蓝色等，除不锈钢螺钉外，蓝色的螺钉强度更高、防锈能力更强。

2. 沉头自攻螺钉

沉头自攻螺钉因为其钉帽可拧入材料内部，使钉帽不露出材料表面而得名。此种连接形式属于可拆卸连接。沉头自攻螺钉最常用于轻钢龙骨、纸面石膏板、埃特板、纤维水泥板、刨花板、细木工板等材料的固定。

沉头自攻螺钉的长度规格有15mm、25mm、32mm、38mm、45mm、50mm、70mm等，直径（包括螺纹）为2.5～5mm。

3. 大扁头自攻螺钉

大扁头自攻螺钉固定后钉帽露出表面，此种连接形式也属于可拆卸连接。

4. 燕尾螺钉

燕尾螺钉也叫钻尾螺钉，如图5-10～图5-12所示。其强度高，尾部类似钻头的形状，利用自攻螺钉钻能更快、更方便地钻透钢管或角钢，不需要事先在角钢表面钻孔。

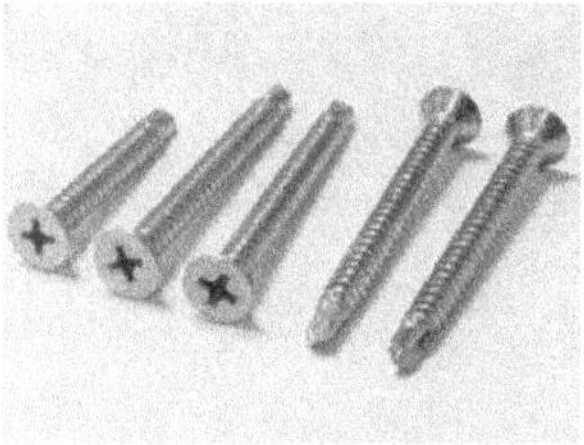

图5-10　沉头燕尾螺钉

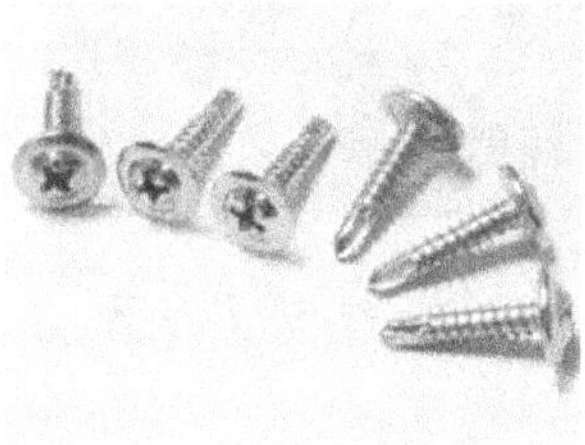

图5-11　圆头燕尾螺钉

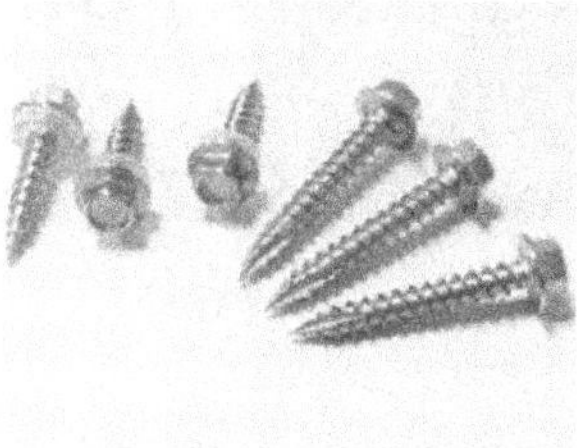

图5-12　外六角燕尾螺钉

5.1.5　铝拉铆钉

铝拉铆钉是由头部和钉杆两部分构成的一类紧固件，如图5-13和图5-14所示，用于紧固连接两个带通孔的零件（或构件），使之成为一件整体。这种连接形式称为铆钉连接，简称铆接，常用于钢板、轻钢龙骨、铝合金型材等金属面的连接。铝拉铆钉的规格有M3.2×7、M3.2×9、M3.2×11、M4×10、M4×13、M4×16、M5×11、M5×13等。

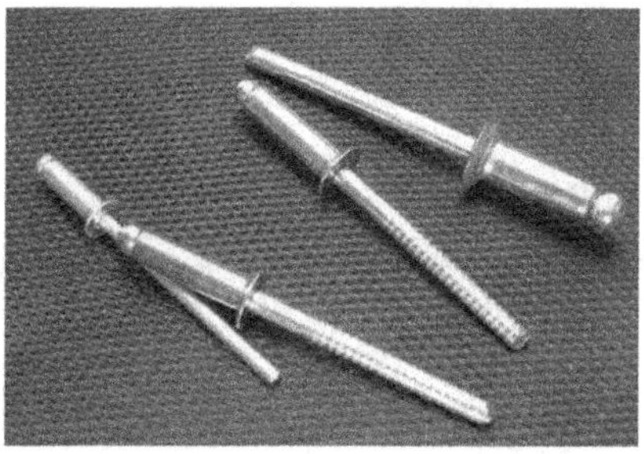

图5-13　开口型铝拉铆钉

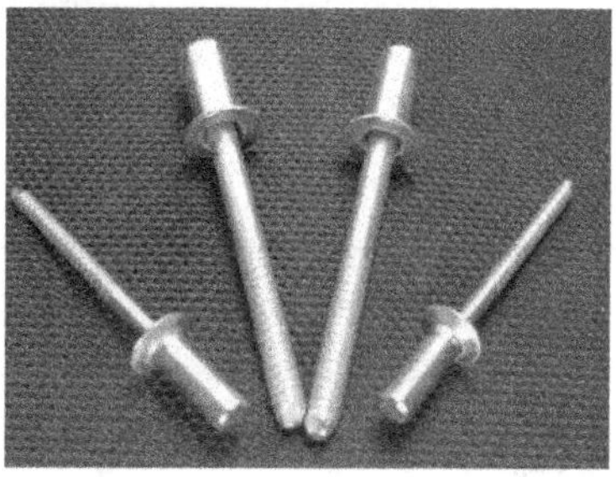

图5-14　封闭型铝拉铆钉

5.1.6 螺栓和螺母

螺栓和螺母是标准件，如图 5-15 ~ 图 5-20 所示。

图 5-15 外六角螺栓

图 5-16 盘头内六角螺栓

图 5-17 沉头内六角螺栓

图 5-18 六角螺母

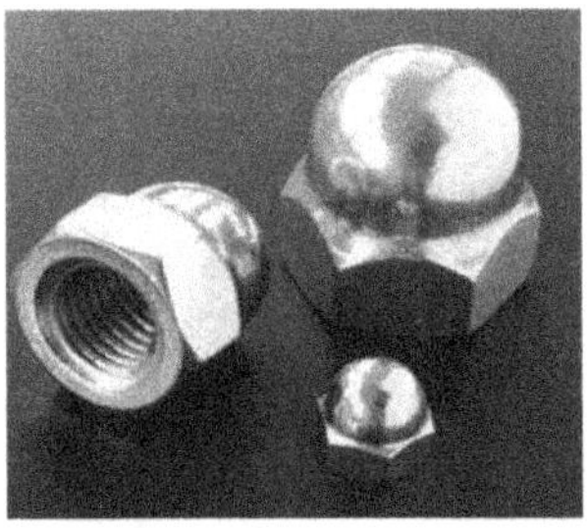

图 5-19 圆头六角螺母

图 5-20 四角螺母

5.1.7 塑料胀管

塑料胀管适用于各种受力不大的物体的锚固，如图 5-21 所示。塑料胀管的规格见表 5-1。

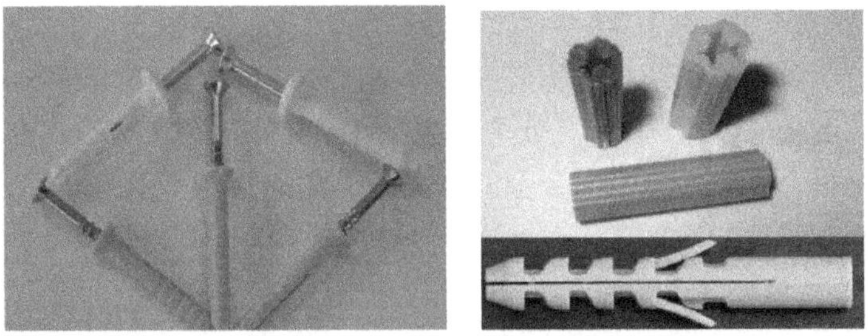

图 5-21 塑料胀管

表 5-1 塑料胀管的规格 （单位：mm）

规格（外径×长度）	混凝土中钻孔直径	加气混凝土中钻孔直径	砖结构中钻孔直径
6×30	6	5~5.5	5.5
8×50	8	7~7.5	7.5
9×60	9	9~9.5	9.5
10×70	10	11~11.5	11.5

5.1.8 膨胀螺栓

1. 膨胀螺栓的应用

膨胀螺栓是由沉头螺栓、胀管、平垫圈、弹簧垫圈和六角螺母组成，如图5-22所示。膨胀螺栓常用来固定钢架和幕墙骨架等承受重荷载的构件。

隐形胀栓有内爆式（图5-23）和拉锚式（图5-24）两种，常用于固定吊顶的吊杆、支架、隐形搁板等。

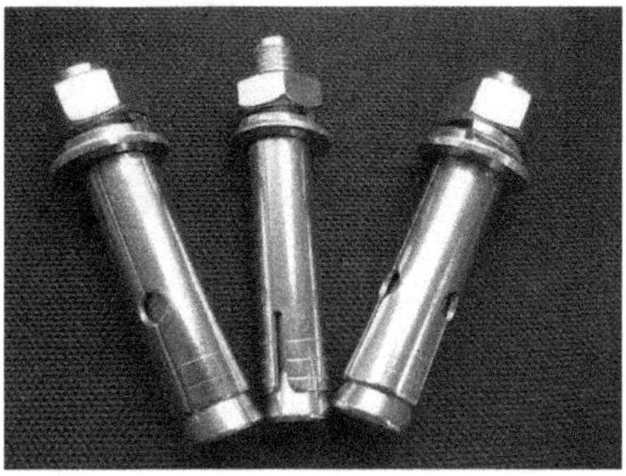

图5-22 膨胀螺栓

图5-23 隐形胀栓（内爆式）

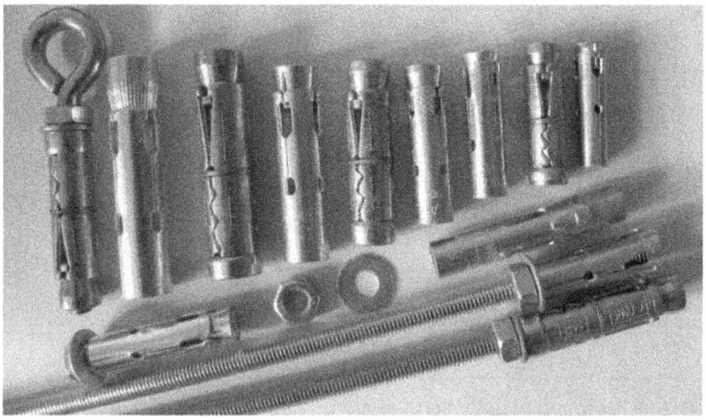

图5-24 吊顶用拉铆式隐形胀栓组合

2. 膨胀螺栓的规格

膨胀螺栓的规格及技术参数见表5-2。

表5-2 膨胀螺栓的规格及技术参数

规格/mm	钻孔直径/mm	钻孔深度/mm	允许拉力/kN	允许剪力/kN
M6（65、75、85）	10.5	49	240	180
M8（80、90、100）	12.5	50	440	330
M10（95、110、125）	14.5	60	700	520
M12（110、130、150）	19	75	1030	740
M16（150、175、200）	23	100	1940	1440

5.1.9 化学锚栓

化学锚栓是新型紧固件，通过合成树脂砂浆粘合锚杆和孔壁，使锚杆、锚固基础与被锚固对象形成一个整体，从而达到固定构件或提高构件承载力的效果。化学锚栓由玻璃试剂管和配套螺栓两部分套装而成，如图 5-25 所示。

1. 化学锚栓的工作原理

使用化学锚栓时，先在基层上钻孔，用空气压力吹管等工具将孔内的浮灰及尘土清除干净，保持孔内清洁，将药剂管插入洁净的孔中，然后用电钻旋入螺杆直至药剂流出为止。药剂管破碎后，树脂、固化剂和石英颗粒混合固化，并填充锚栓与孔壁之间的空隙。

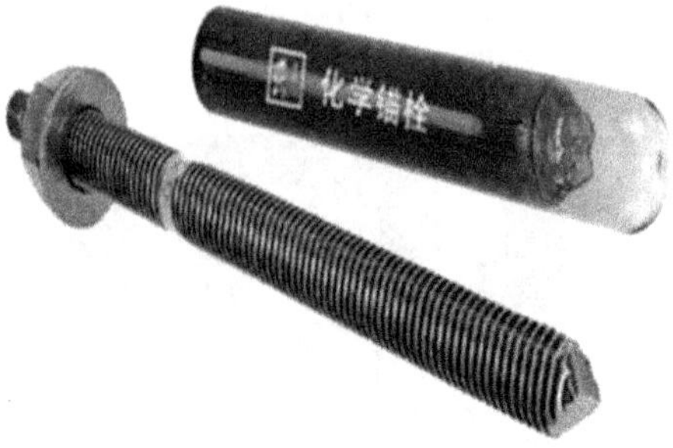

图 5-25 化学锚栓

2. 化学锚栓的特点

1）耐酸碱、耐低温、耐老化。
2）耐热性能良好，常温下无蠕变。
3）耐水渍，在潮湿环境中长期负荷稳定。
4）抗焊性、阻燃性能良好。
5）抗振性能良好，锚固力强。
6）无膨胀应力，边距间距小，适用于空间狭小处。
7）安装快捷、凝固迅速，节省施工时间。

3. 化学锚栓的应用

代学锚栓适用于楼板护边、屋面装饰构件、窗户、护网、重型电梯、施工支架的固定，幕墙立柱、重型广告牌、货架系统的固定，重型门的固定，成套设备的固定，塔吊的固定，管道的固定安装等。

4. 化学锚栓的规格和技术参数

化学锚栓的规格和技术参数见表 5-3。

表 5-3 化学锚栓的规格和技术参数

规　格	螺杆尺寸/(mm × mm)	钻孔直径/mm	钻孔深度/mm	最大锚固厚度/mm	单个锚栓设计拉力/kN	单个锚栓抗拉拔力/kN
M8	8 × 110	10	80	13	10.3	≥20
M10	10 × 130	12	90	20	12.3	≥30
M12	12 × 160	14	110	25	16.8	≥40
M16	16 × 190	18	125	35	28.9	≥60
M20	20 × 260	25	170	65	50.1	≥90

5.1.10 镜钉

镜钉是一种组合紧固件，主要用于在墙柱面或顶棚面上固定玻璃、玻璃镜、亚克力板等材料。镜钉配有装饰帽，其造型美观、使用和拆卸方便。

镜钉主要由装饰帽、螺钉、空心螺杆和橡胶垫圈四部分组成，镜钉安装图如图 5-26 所示。图 5-27 所示为镜钉组合套装。

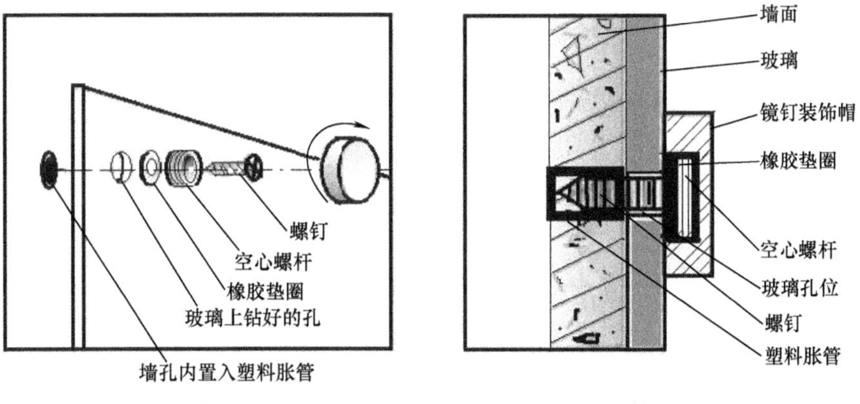

图5-26　镜钉安装图

a）镜钉安装示意图　b）镜钉安装大样图

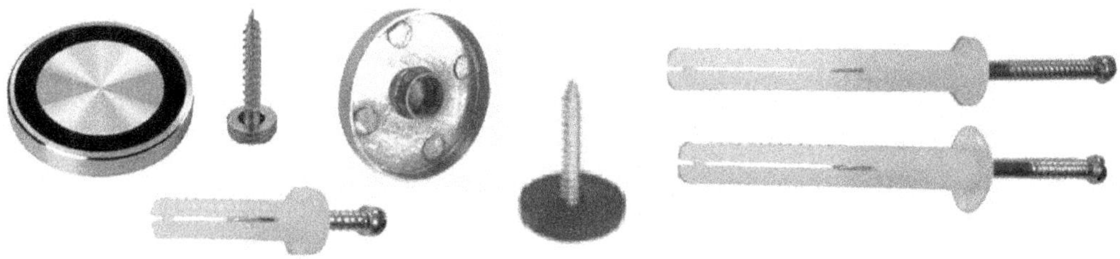

图5-27　镜钉组合套装

5.1.11　广告钉

广告钉是一种组合紧固件，如图5-28所示。广告钉主要用于在墙柱面上固定玻璃、亚克力板等材料的标牌、小型广告牌等，如图5-29所示。广告钉固定的方式是玻璃或亚克力板与墙面保持一定的距离，不贴紧墙面。广告钉配有装饰帽，其使用、拆卸方便。

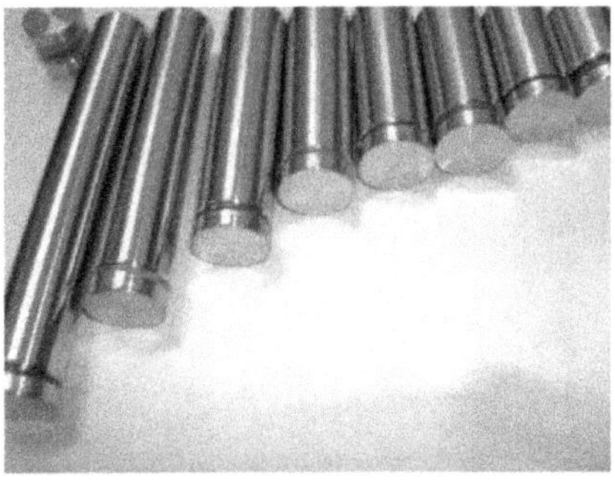

图5-28　不同规格的广告钉

图5-29　广告钉固定标牌

广告钉主要由装饰帽螺杆、支架（空心螺管）、自攻螺钉和橡胶垫圈四部分组成，其安装图如图5-30所示。常用的广告钉规格有12mm×20mm～12mm×100mm、16mm×25mm～16mm×120mm、18mm×25mm～18mm×120mm。

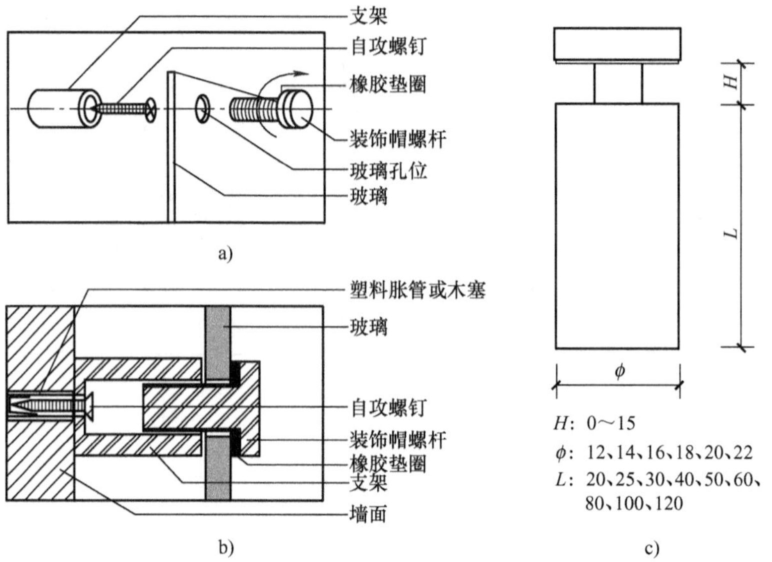

图 5-30　广告钉安装图

a）广告钉装配示意图　b）广告钉安装大样图　c）广告钉规格尺寸

5.2　常用连接件

5.2.1　装饰用连接件的分类

装饰装修上常用的连接件根据使用情况分，有吊顶龙骨连接件、轻质隔墙系统连接件、幕墙连接件、玻璃隔断、栏板、雨棚连接件、水暖安装连接件、其他常用小五金连接件等。连接件是装饰工程中必不可少的材料。

5.2.2　吊顶龙骨连接件

不同的吊顶龙骨系统使用的连接件有所区别，根据吊顶龙骨系统不同，连接件可分为UC 形轻钢龙骨系统连接件、C 形轻钢龙骨系统连接件、UT 形轻钢龙骨系统连接件、T 形轻钢龙骨系统连接件等，如图 5-31 所示。根据作用不同，连接件分为主龙骨吊件、次龙骨挂件、横撑龙骨插件、主龙骨接长件、次龙骨接长件等。

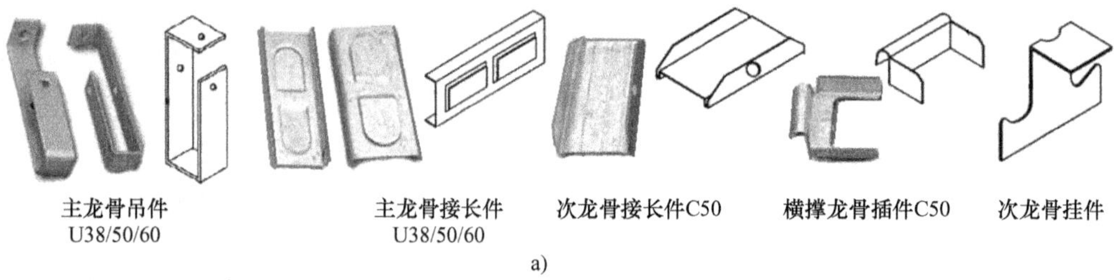

图 5-31　吊顶龙骨系统连接件

a）UC 形轻钢龙骨系统连接件

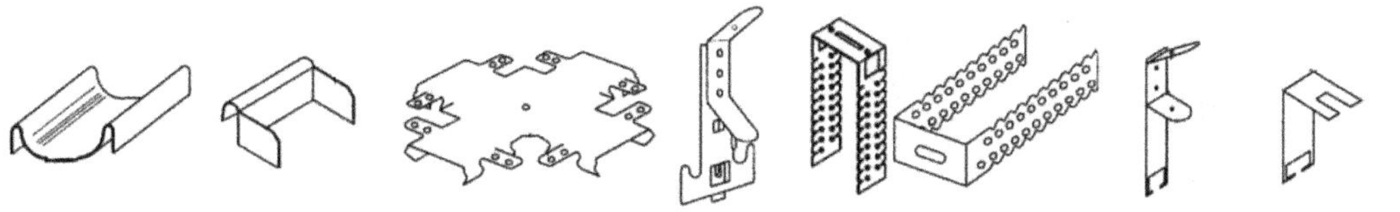

图5-31　吊顶龙骨系统连接件（续）
b）便携式单层C形轻钢龙骨系统连接件　c）T形轻钢龙骨系统连接件

5.2.3　石材幕墙连接件

石材幕墙干挂系统有直接干挂（无骨架干挂）和间接干挂（骨架干挂）之分；挂件与石材的连接工艺有普通开槽式和背栓式两种，背栓式工艺是目前的新工艺。

直接干挂系统常用的组合挂件如图5-32所示，由角码、挂舌、膨胀螺栓（与结构固定）、连接螺栓（连接挂舌和角码）组成；间接干挂系统常用的挂件如图5-33所示。

背栓式干挂工艺常使用的挂件如图5-34所示，它由隐形胀栓（与石材背面预先钻好的孔固定）、勾挂件、调节螺栓、角码连接件组成。

图5-32　直接干挂法（无骨架法）石材干挂组合挂件

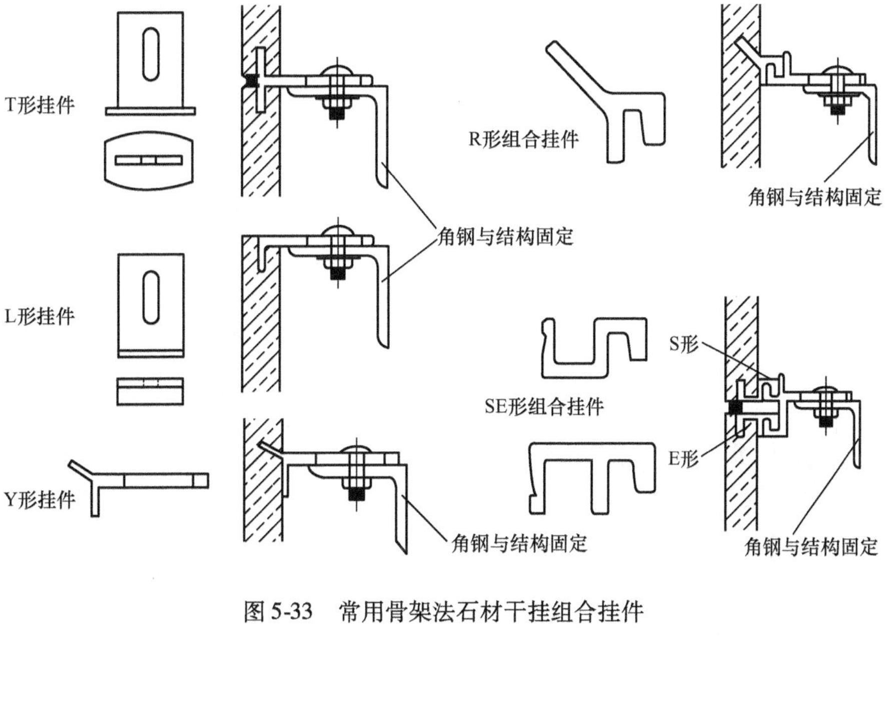

图5-33　常用骨架法石材干挂组合挂件

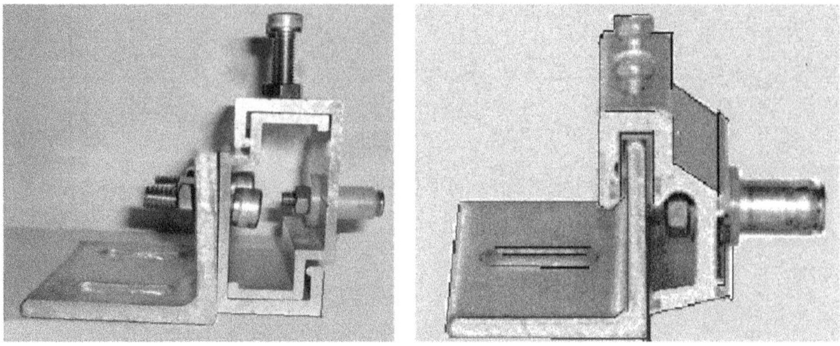

图 5-34　背栓法干挂组合挂件

5.2.4　点式玻璃幕墙连接件

点式玻璃幕墙的结构形式有肋玻璃驳接式、钢架式、拉杆式和索桁架式，每种结构形式采用的连接件不尽相同，如图 5-35～图 5-39 所示。肋玻璃驳接式、钢架式玻璃幕墙的主要连接件是驳接件（由驳接爪、驳接头、转接底座组成）；拉杆式玻璃幕墙的连接件主要由驳接件、拉杆和锁头组成；索桁架式玻璃幕墙的连接件主要由驳接件、连杆、可调节螺杆和钢索组成。

点式玻璃幕墙连接件的材质是 304 不锈钢或 416 不锈钢。

图 5-35　肋玻璃点式幕墙连接件

图 5-36　钢架点式幕墙连接件

图 5-37　索桁架点式幕墙连接件

图 5-38　拉杆点式幕墙连接件

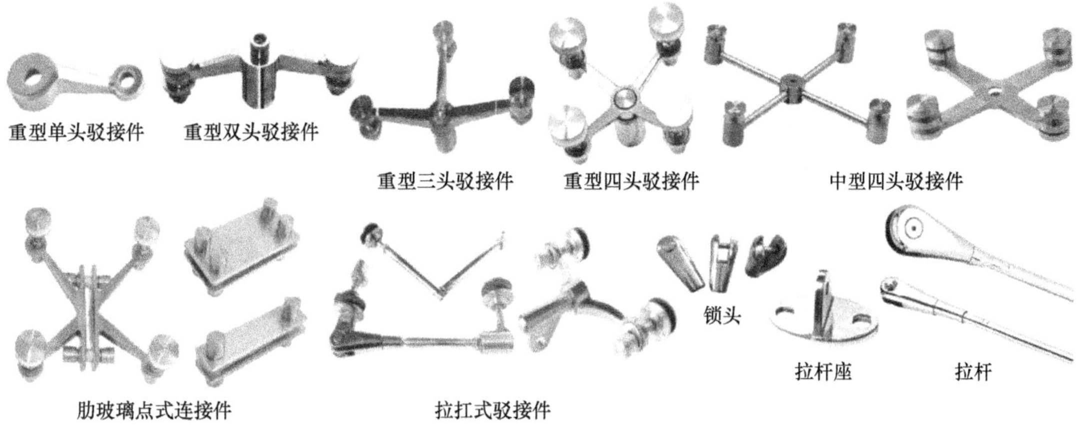

图 5-39　点式幕墙连接件

5.2.5　卫生间隔断连接件

卫生间隔断连接件及其连接方式如图 5-40 ~ 图 5-42 所示。

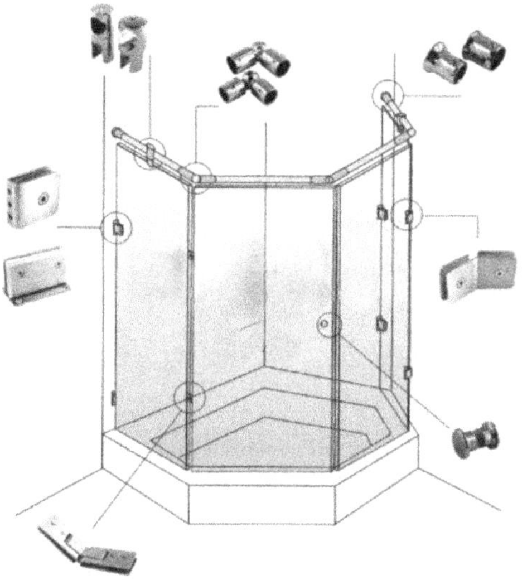

图 5-40　卫生间玻璃隔断连接示意图

图 5-41　卫生间玻璃隔断连接件

5.2.6　泰伯墙板连接件

泰伯墙板连接件如图 5-42 所示。

a)　　b)　　c)

图 5-42　泰伯墙板连接件

a) U 码　b) 组合 U 码　c) 半码

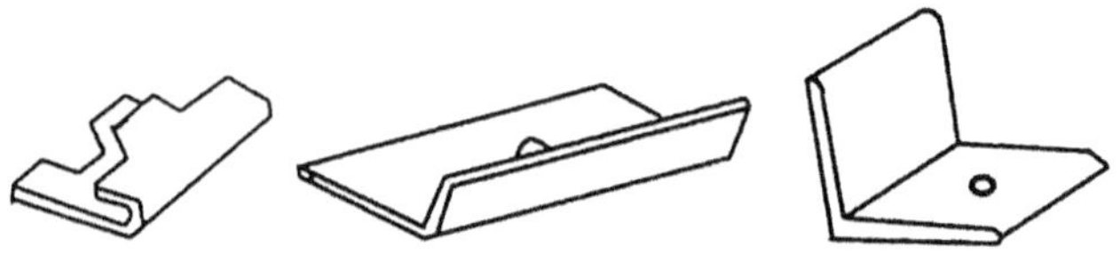

d)　　e)　　f)

图 5-42　泰伯墙板连接件（续）
d）箍码　e）方垫片　f）角码

5.2.7　不锈钢管连接件

不锈钢管连接件如图 5-43 所示。

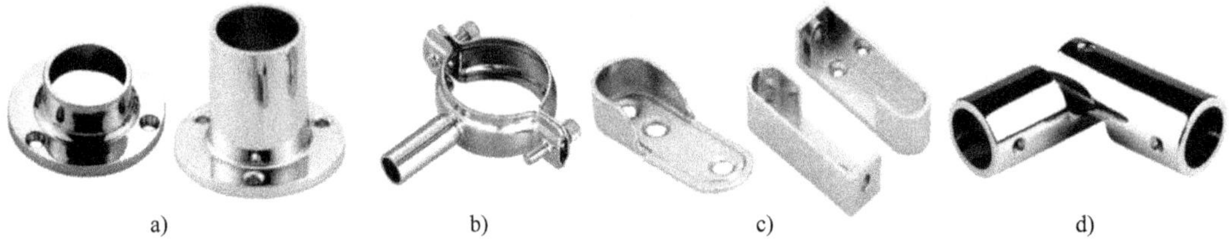

a)　　b)　　c)　　d)

e)　　f)　　g)

图 5-43　不锈钢管连接件
a）不锈钢管法兰座　b）不锈钢管固定环　c）不锈钢扁管支座　d）不锈钢管拐角
e）不锈钢扁管支架　f）不锈钢单管支架、堵头　g）不锈钢双管支架、堵头

5.3　常用门窗及家具合页

5.3.1　常用房门合页系列

常用的房门合页有普通合页、子母合页、弯折合页、旗形合页、弹簧合页、焊接安装合页、防盗门隐形合页等。

普通合页主要用于普通木门；子母合页主要用于成品烤漆门、成品钢木复合门、成品复合免漆门等；弯折合页、旗形合页主要用于金属门、防盗门等，旗形合页大多是可拆分的；弹簧合页主要用于弹簧门，焊接安装合页的表面无孔，需用电焊焊接在钢制门和门框上。常用房门合页如图 5-44 所示。

常用房门合页的材质有纯铜、铝合金、铜合金、锌合金、不锈钢、碳素钢等。合页的表面处理工艺有电镀（镀铬，镀锌、镀镍、镀铜、镀金）、电泳、喷涂、氧化（铝合金合页）等。

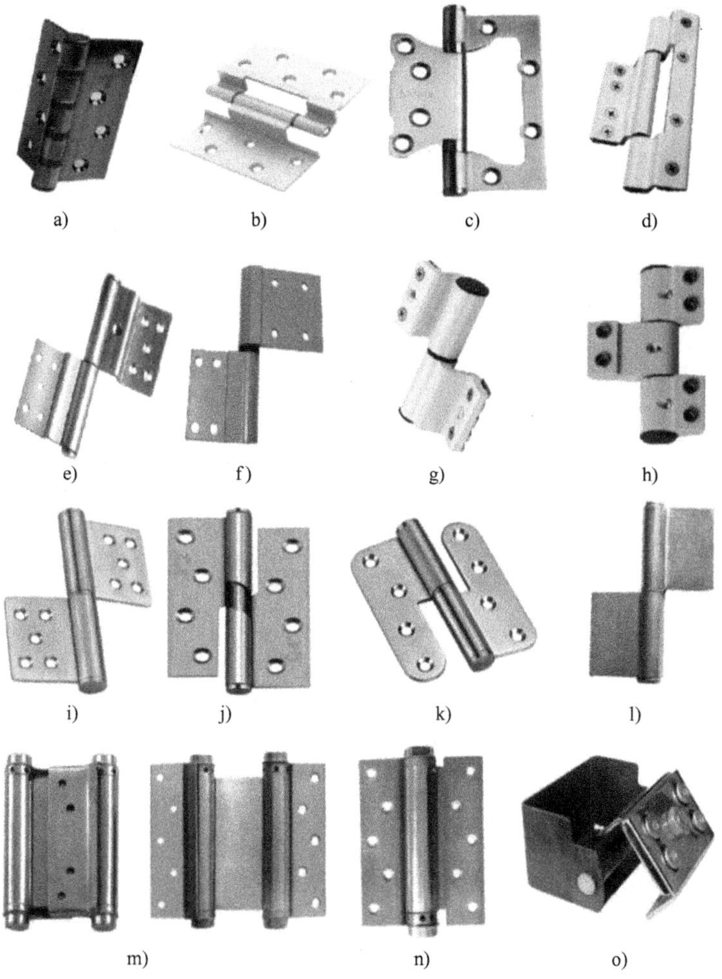

图5-44 常用房门合页

a）普通木门合页 b）普通弯折合页 c）子母合页 d）子母弯折合页 e）旗形弯折合页 f）旗形弹簧合页 g）旗形弯折弹簧合页 h）三维可调合页 i）旗形可折合页 j）旗形合页 k）旗形圆角可拆合页 l）旗形焊接合页 m）双轴弹簧合页 n）单轴弹簧合页 o）防盗门隐形合页

5.3.2 新型四合一液压缓冲定位合页

新型四合一液压缓冲定位合页（有合页、缓冲、门吸、闭门器四合一功能）如图5-45所示。这种合页采用液压闭门器原理，可在90°~180°范围内实现任意定位，角度小于90°时自动关闭，角度小于30°时自动闭门，且闭门速度可调节。

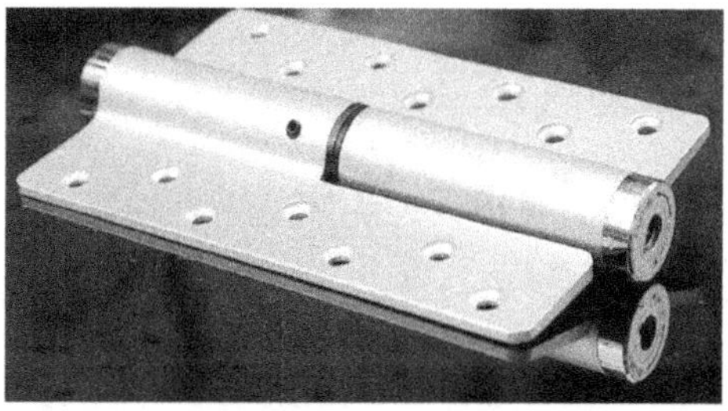

图5-45 新型四合一液压缓冲定位合页

5.3.3 家具柜门合页

家具柜门合页常采用弹簧合页，多为钢制表面电镀。其外形有直背型、中弯型和大弯型三种，直背型用于外挂全盖门，中弯型用于外挂半盖门，大弯型用于内嵌门。根据性能分，有普通柜门合页、液压阻尼合页、加装阻尼器缓冲合页等，如图 5-46 所示。家具柜门合页的安装方式如图 5-47 所示。

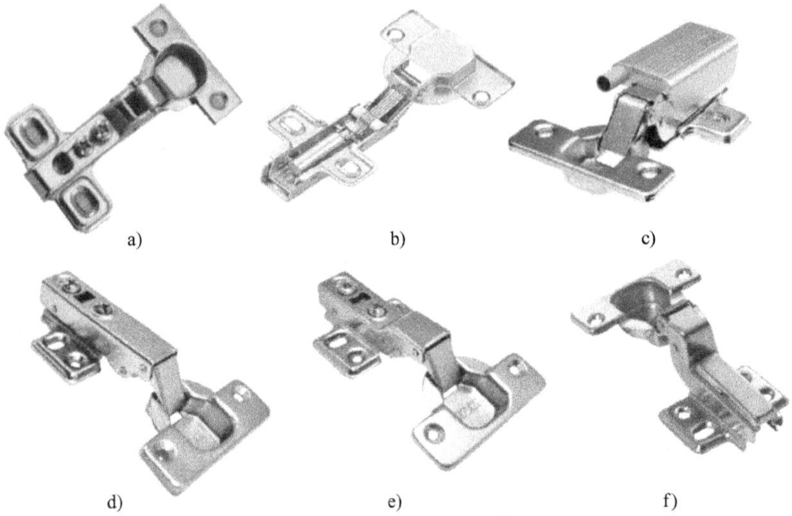

图 5-46　家具柜门合页

a）普通弹簧合页　b）液压阻尼合页　c）加装阻尼器缓冲合页　d）直背合页　e）中弯合页　f）大弯合页

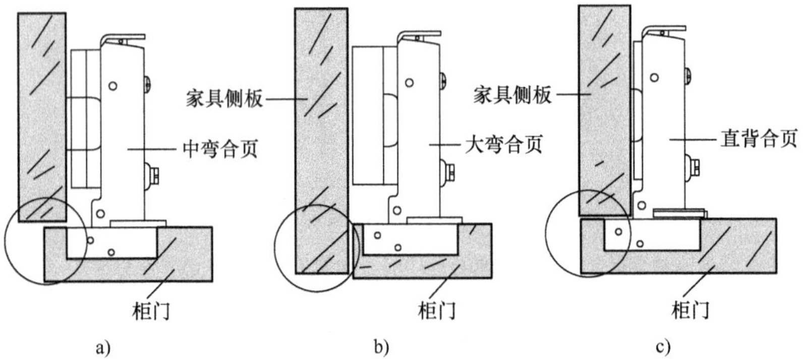

图 5-47　家具柜门合页安装的方式

a)半盖门式　b）嵌门式　c）全盖门式

5.4 门锁、拉手

5.4.1 门锁的分类

市面上的锁具种类繁多，如图 5-48 所示。门锁按用途分，有户门锁、卧室锁、浴室或卫生间门锁等；按形状分，有明锁、球形锁、执手锁等，球形锁和执手锁具有锁、拉手和碰球三种功能；按功能分，有机械锁（开门需要钥匙）、密码锁、IC卡感应锁（酒店客房专用）、指纹识别锁等。

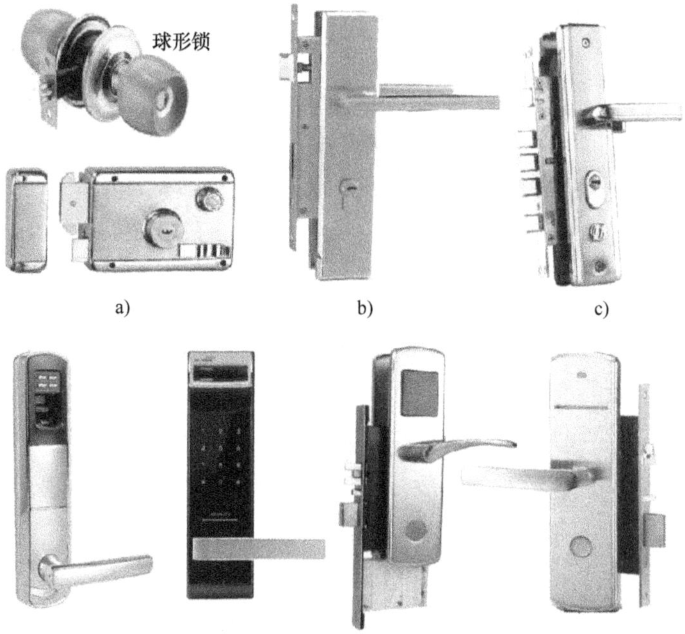

a)　b)　c)　d)　e)　f)　g)

图5-48　不同类型的门锁

a）无拉手明锁　b）普通室内门锁　c）防盗门锁　d）指纹锁　e）密码锁　f）磁吸式感应锁　g）插卡式感应锁

（1）户门锁　起保险安全作用，所以又称保险锁或防盗锁。

（2）通道锁　起门的拉手和碰球的作用，没有保险功能，适用于厨房、过厅、客厅、餐厅及儿童间的门锁。

（3）浴室锁　特点是在里面能锁住，在门外用钥匙能打开，适用于卫生间或浴室。

（4）卧室锁　在里面锁上保险，外面必须用钥匙开启，适用于卧室及阳台门。

5.4.2　机械锁

机械锁是最常用的门锁，机械锁由拉手、锁体、锁芯、钥匙四部分组成，用于锁具的材料主要有铜、不锈钢、锌合金、钢铁、铝或铝合金等。

机械锁使用简单，价格便宜，根据锁芯的构造和防盗性能不同使用不同的钥匙，有普通单向齿钥匙、四面齿钥匙（十字钥匙）、一字钥匙（原子钥匙）、半月形钥匙、U形双层齿钥匙等、双钥匙（一把门锁上有两个锁芯，开门时需用两把不同的钥匙）、AB钥匙（A钥匙为装修钥匙，装修完工后主人启用B钥匙，A钥匙将自动失效）等。

5.4.3　防盗锁芯

目前防盗门市场上的锁具的锁芯大体分三种：A级别防盗锁芯（简称A级锁、B级别防盗锁芯（简称B级锁）和超B级别防盗锁芯（简称超B级锁），如图5-49所示。

A级锁就是单排弹子结构，技术开启时间大于1分钟，防止破坏性开启时间不少于15

分；B 级锁是双排弹子结构，防止技术性开锁时间不少于 5 分钟，B 级锁芯防止破坏性开启时间不少于 30 分钟；超 B 级锁是双排弹子结构加隐形弹子锁，防止技术性开锁时间不少于 180 分钟。

a)　　b)

c)

图 5-49　机械防盗锁锁芯

a）A 级锁芯　b）B 级锁芯　c）超 B 级锁芯

机械防盗锁芯的主要技术指标见表 5-4。

表 5-4　机械防盗锁芯的主要技术指标　　（单位：min）

序　号	检验项目技术标准	A 级（国家标准）	B 级（国家标准）	超　B　级
1	防盗门抵抗非正常开启时间	15	30	30
2	防钻破坏时间	15	30	30
3	防撬破坏时间	15	30	30
4	防拉破坏时间	15	30	30
5	防冲击破坏时间	15	30	30
6	防技术开启时间	1	5	180
7	互开率	≤0.03%	≤0.01%	≤0.0004%

不法分子主要针对的是传统的 A 级锁，而超 B 级锁的技术开启难度相对较大，不法分子在遇到超 B 级锁时，一般都会忽略。

只有适时地提升锁具的级别，增加技术性开锁的难度，延长开锁时间，才能有效地保护人民群众的生命、财产安全。

5.4.4　拉手

现在的拉手一般多用于家具柜门、抽屉。拉手有多种形式，如图 5-50 所示。

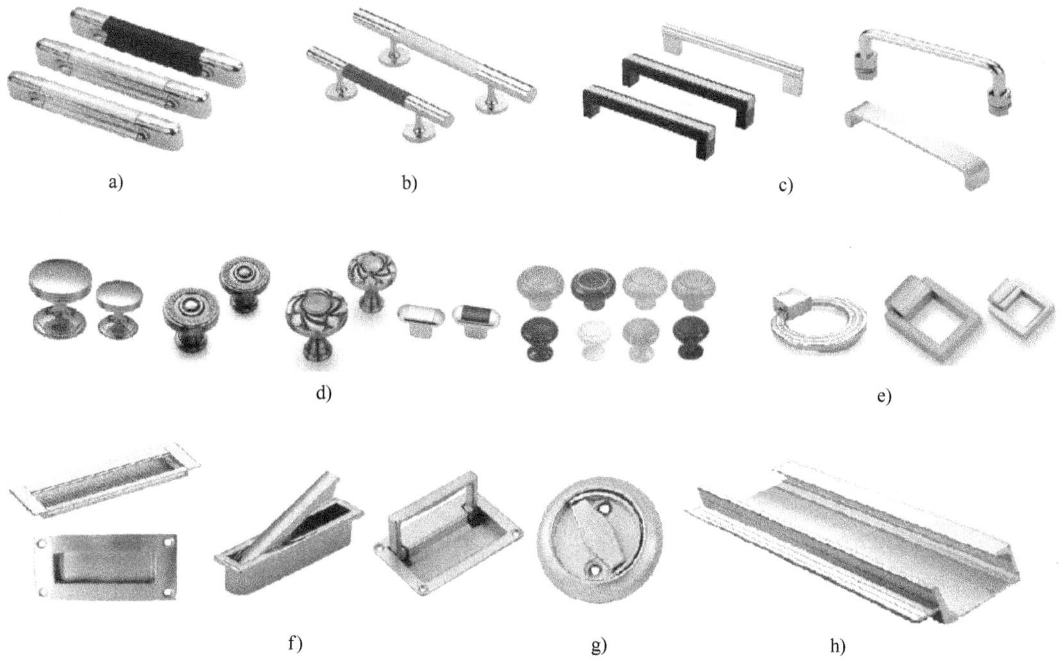

图5-50　拉手

a）一字形拉手　b）H形拉手　c）U形拉手　d）点式拉手（手扣）　e）拉环
f）方形暗拉手　g）圆形暗拉手　h）橱柜隐形拉手

【复习思考题】

1. 装修上常用的枪钉有哪些品种？其规格各有哪些？
2. 装修上常用的膨胀螺栓有哪些品种？怎样应用？
3. 墙面安装玻璃常使用什么紧固件？
4. 装饰装修上常用的连接件怎样分类？
5. 装饰装修常用的合页有哪些类型？
6. 常用的门锁怎样分类？
7. 防盗门的锁具的锁芯分为哪三种？对防技术开锁的要求分别是什么？

单元6　常用水暖装饰材料

单元概述

本单元主要介绍铝塑复合管及管件、PP-R管及管件、PEX管及管件，装修常用阀门，装修常用水龙头、冷热水混合器等装饰材料及制品。

学习目标

通过本单元的学习，了解常用装饰水暖材料的分类、品种、规格型号和特点；能正确选用水暖装饰材料。

6.1　铝塑复合管及管件

6.1.1　铝塑复合管

铝塑复合管简称铝塑管，是一种由中间纵焊铝管，内、外层聚乙烯塑料及层与层之间热熔胶共挤复合而成的新型管道，如图6-1所示。聚乙烯是一种无毒、无异味的塑料，具有良好的耐撞击、耐蚀、耐候性能；中间层铝使管子具有金属的耐压强度和耐冲击能力，使管子易弯曲、不反弹。因此，铝塑复合管拥有金属管坚固耐压和塑料管抗酸碱、耐蚀的两大特点，是新一代管材的典范。铝塑管质轻、耐用、施工方便，且具有可弯曲性，适合在家装中使用。

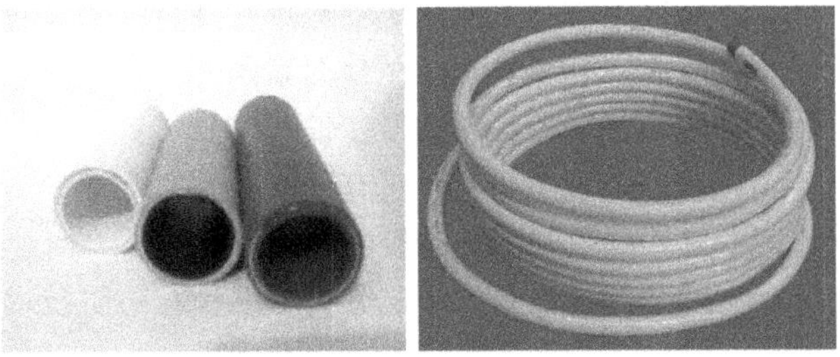

图6-1　铝塑管

6.1.2　铝塑复合管的分类

铝塑复合管按用途分类，有普通饮用水用管、耐高温用管和燃气用管，各类管的特点及用途如下。

(1) 普通饮用水用铝塑复合管　白色，有“L”标识，适用范围为生活用水、冷凝水、氧气、压缩空气、其他化学液体管道。

普通钦用水用铝塑复合管内部平滑、不易腐蚀，不结水垢，比金属管道的流量大30%；容易弯曲，能直接绕过梁柱安装，能埋于墙壁与混凝土内，用一个简单的金属探测器便能探测出装设所在。所以，该管非常适合工业与民用建筑中冷水管路系统使用。

（2）耐高温用铝塑复合管　红色，有“R”标识，主要用于长期工作水温在95℃以上的热水及采暖管道系统。耐高温用铝塑复合管不易结霜，保温性好。

（3）燃气用铝塑复合管　黄色，有“Q”标识，主要用于天然气、液化气、煤气管道系统。

纵向焊接的铝管夹在塑料中间，使全管可经受住较高的工作压力，保证气体（氧气）渗透率为零，且管子长可以减少接头，避免渗漏。所以，这种管用于压缩空气、煤气、氧气等气体输送线路是安全可靠的。

6.1.3　铝塑复合管的特点

铝塑复合管的优势主要可以归纳为以下三个方面。

（1）突出的卫生性能　铝塑复合管内、外层均为特殊聚乙烯材料，清洁无毒。最重要的是铝塑复合管的中间层是铝，它不仅能够隔光，而且能够阻隔氧气，杜绝了微生物和藻类植物的滋生，这是全塑管所不能及的。全塑管中的抗氧剂萃取进入管道滞留的水中，容易造成水质污染，而且因为全塑管中没有隔光阻氧的材料，所以极易滋生微生物而导致水质的二次污染。

（2）耐高、低温性能优异　高温管长期使用温度为95℃，最高使用温度为110℃；且铝塑复合管的热膨胀系数小，与铝的热膨胀系数相当，只有全塑管的1/6。温度变化时，铝塑复合管的变形量较小，且为柔性盘管，管道本身可以消化一定的变形量，不会造成管路系统的热胀变形。而全塑管的耐高、低温性能相对较差。

（3）使用寿命长　铝塑复合管的使用年限在50年以上（高温管在95℃，1MPa的使用条件下能使用50年以上），其所用的PE塑料是塑料中较为稳定的，抗老化性能很强。

6.1.4　铝塑复合管的质量鉴别方法

（1）撞击法　随机选择一段铝塑复合管，用比较坚硬的物体撞击，管面会出现弯形，如果变形至破裂，则为劣质；若变形面不能恢复，则为一般质地；若变形之后可马上恢复至原形，则为优质铝塑复合管。

（2）目测法　取一段铝塑复合管，顺着光线观察，优质铝塑复合管色泽均匀，没有色差；中间铝层接口严密，没有粗糙痕迹；整个管面平滑，弧形标准。

（3）触摸法　取一段铝塑复合管垂直切断，将手指伸进管内，优质管管口光滑，没有纹路的感觉，管口没有毛边。

（4）对比法

1）原料对比。如果原料来自于回收材料，则无法保证质量。

2）实物对比。取不同品牌的铝塑复合管从以上几个方面逐一对比，择优选用。

6.1.5　铝塑复合管管件

铝塑复合管一般使用纯铜或铜合金管件，接头方式采用螺纹压紧方式。

常用铝塑复合管管件如图6-2所示。

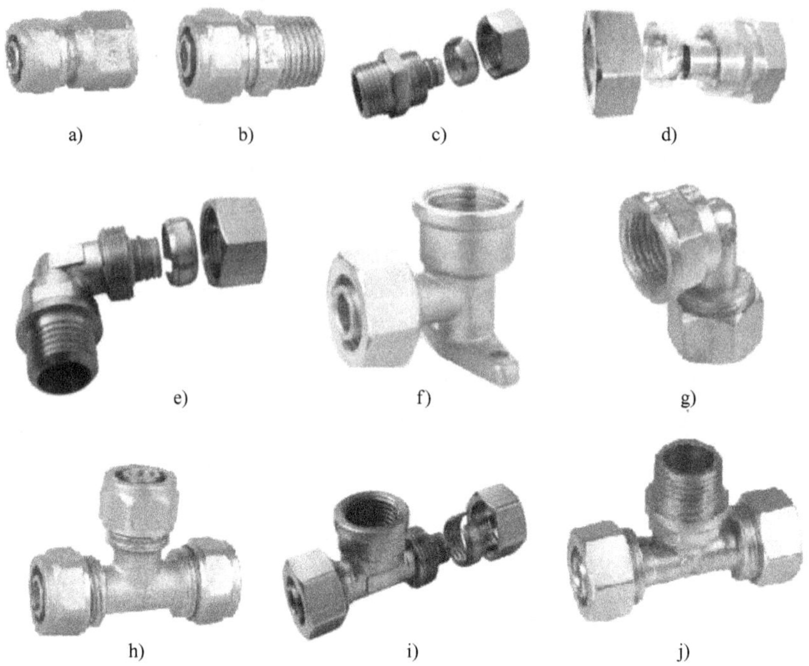

图6-2 常用铝塑复合管管件

a）内丝直接 b）外丝直接 c）外丝直接示意图 d）内丝直接示意图 e）外丝弯头示意图 f）带座弯头 g）内丝弯头 h）三通接头 i）内丝三通 j）外丝三通

6.2 PP-R管及管件

6.2.1 PP-R管

PP-R管正式名为无规共聚聚丙烯管，又称三聚丙烯管，是欧洲于20世纪90年代初开发应用的新型塑料管道用管，也是目前家装工程中采用最多的一种供水管道。它采用无规共聚聚丙烯经挤出成为管材，注射成为管件，具有较好的抗冲击性能和抗长期蠕变性能。

PP-R管的接头采用热熔技术，管子之间完全融合到了一起，所以一旦通过安装打压测试，一般不会再漏水，可靠度极高。从综合性能上来讲，PP-R管是目前性价比较高的管材，所以成为家装水管改造的首选材料。但这并不是说PP-R管是没有缺陷的，其耐高温性、耐压性稍差些，长期工作温度不能超过70℃；每段长度有限，且不能弯曲施工，如果管道铺设距离长或转角处多，在施工中就要用到大量接头，管材虽便宜，但配件价格相对较高。

作为一种新型的水管材料，PP-R管具有得天独厚的优势，正在成为一种推广材料，由于其无毒、质轻、耐压、耐蚀，故不仅适用于冷水管道，也适用于热水管道，甚至可作为纯净饮用水管道。PP-R管不会结垢，号称永不结垢、永不生锈、永不渗漏，是绿色高级给水材料。

6.2.2 PP-R管的分类

根据使用温度，PP-R管分为热水管和冷水管。一般在水电改造中，原有的水管都会更换，由于热水管的各项技术参数高于冷水管，且价格相差不大，所以家装公司和商家在建议装修者安装PP-R管时全部选用热水管。

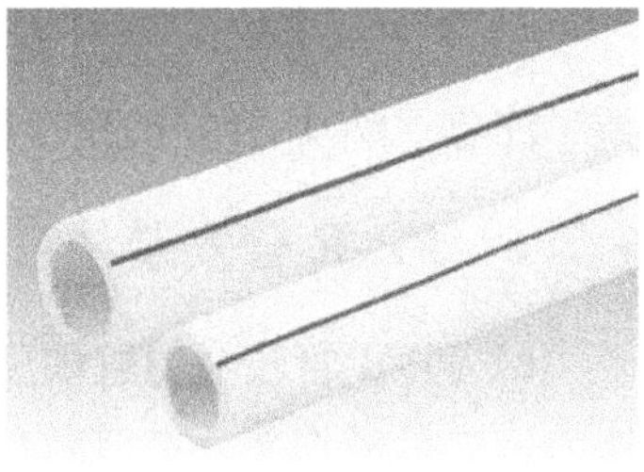

图6-3 PP-R管

市面上销售的PP-R管的颜色有白色（图6-3）、灰色、绿色等。一般建议购买白色的PP-R管，因为有极少数厂家会使用回收料生产PP-R管，通过添加色料来掩盖由原料不纯造成的瑕疵。

6.2.3 PP-R管的规格

PP-R管的管径可以从16mm到160mm，家装中用到的主要是20mm和25mm两种（分别俗称4分管和6分管），其中4分管用得更多些。如果经济条件允许，建议使用管径为25mm的PP-R管，尤其是进水的冷水管。因为现代家庭居住高度集中，用水器越来越多，同时用水的概率很高，使用6分管可以尽可能地减少水压低、水流量小的困扰。

6.2.4 PP-R管的特点

（1）无毒、卫生 PP-R的原料分子只有碳、氢元素，没有有害有毒的元素存在，卫生可靠，不仅可用于冷、热水管道，还可用于纯净饮用水系统。

（2）保温节能 PP-R管的导热系数为0.21W/m·K，仅为钢管的1/200。

（3）较好的耐热性 PP-R管的维卡软化点为131.5℃。最高工作温度可达95℃，长期使用时工作温度可达75℃，是目前最理想的室内冷、热水管道。

（4）使用寿命长 PP-R管在工作温度70℃、工作压力（P.N）1.0MPa的条件下，使用寿命可达50年以上（前提是管材必须是S3.2和S2.5系列以上）；常温下（20℃）使用寿命可达100年以上。

（5）安装方便、连接可靠 PP-R具有良好的焊接性能，管材、管件可采用热熔和电熔连接，安装方便、接头可靠，其连接部位的强度大于管材本身的强度。

（6）物料可回收利用 PP-R废料经清洁、破碎后可回收利用于管材、管件的生产。回收料用量不超过总量的10%时，不影响产品质量。

（7）质量小 20℃时密度为0.90g/cm^3，质量仅为同等规格钢管的1/9，纯铜管的1/10，可大大降低施工强度。

（8）耐蚀性能好 PP-R为非极性材料，与水中的所有离子和建筑物中的化学物质均不起化学作用，不会生锈和腐蚀。

（9）管道阻力小 光滑的管道内壁使得沿程阻力比金属管道小，能耗更低。

6.2.5 PP-R管的应用

1）建筑物的冷、热水系统，包括集中供热系统。

2）建筑物内的采暖系统，包括地板、壁板及辐射采暖系统。

3）可直接饮用的纯净水供水系统。

4）中央（集中）空调系统。

5）输送或排放化学介质等的工业用管道系统。

6）用于气缸传送的气路等管道系统。

注意：PP-R 管件的壁厚应不小于同规格管材的壁厚。

6.2.6 PP-R 管安装注意事项

1）PP-R 管较金属管硬度低、刚性差，在搬运、施工过程中应加以保护，避免不适当的外力造成机械损伤。在暗敷后要标出管道位置，以免二次装修时破坏管道。

2）PP-R 管在5℃以下存在一定的低温脆性，冬季施工时要加以注意，切管时要用锋利的刀具缓慢地切割。对已安装的管道不能重压、敲击，必要时应对易受外力部位覆盖保护物。

3）PP-R 管长期受紫外线照射易老化降解，安装在户外或阳光直射处时必须包扎防护层。

4）PP-R 管除了与金属管或用水器连接时使用带螺纹嵌件或法兰等机械连接方式外，其余均应采用热熔连接，使管道一体化，无渗漏点。

5）PP-R 管的线膨胀系数较大（0.15mm/m·℃），在明装或非直埋暗敷布管时必须采取防止管道膨胀变形的技术措施。

6）管道安装后在封管（直埋）及覆盖装饰层（非直埋暗敷）前必须试压。冷水管试验压力为系统工作压力的1.5倍，且不得小于1MPa；热水管试验压力为工作压力的2倍，且不得小于1.5MPa。

7）PP-R 管明敷或非直埋暗敷布管时，必须按规定安装支架、吊架。

6.2.7 PP-R 管件

常用的PP-R 管件有普通直接头、内丝直接头、外丝直接头、普通弯头、内丝弯头、外丝弯头、带座弯头、普通三通、内丝三通、外丝三通、四通、过桥等，如图6-4所示。

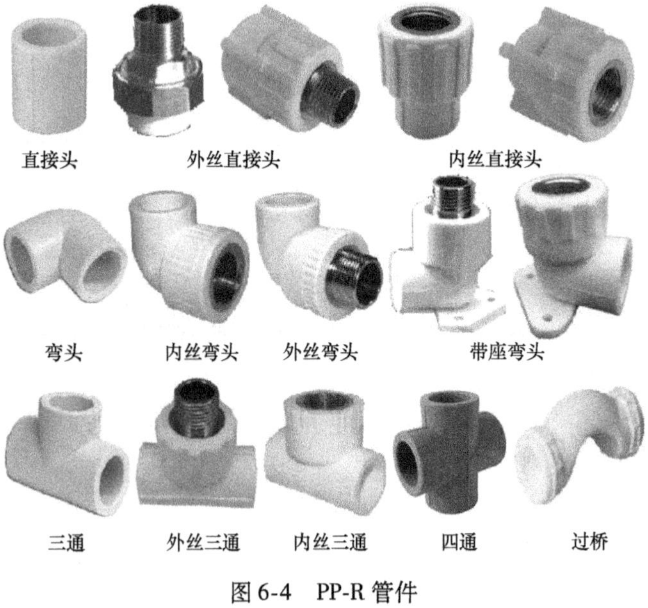

图6-4 PP-R 管件

6.3 PEX管及管件

6.3.1 PEX管

PEX管（图6-5）又称交联聚乙烯管，它由聚乙烯材料制成，将聚乙烯线性分子结构通过物理及化学方法变为三维网络结构，从而使聚乙烯的性能得到提高。

图6-5 PEX管

6.3.2 PEX管的优点

1）耐压性能好。公称压力为1.25MPa，20℃时的爆破压力大于4MPa。

2）温度适应性强。可在-70~95℃的范围内正常使用，短时使用温度可达110℃。

3）耐酸碱腐蚀。可用于多种化学物质的输送。

4）管内、外壁光滑，阻力小，不结垢。

5）清洁、无污染。不含增塑剂，不会发生霉变和滋生细菌，符合饮用水卫生标准，可用于饮用水、纯净水的输送。

6）使用专用管件，可方便快捷地安装，不需攻螺纹、套螺纹、焊接，节约安装时间，降低安装费用约50%。

7）有很好的弹线和柔韧性，易弯曲，市场成盘供应，节约管件。

8）质量小。相同管长情况下，质量只有镀锌钢管的1/10。

9）具有较好的隔热保温性能。

10）使用寿命长。在70℃、工作压力为0.8MPa的情况下，连续使用年限为50年。

6.3.3 PEX管的应用

1）用于室内给水管、热水管、纯净水输送管。

2）用于食品工业中的液体食品输送管道。

3）用于水暖供热系统、中央空调管道系统、地面辐射采暖系统、太阳能热水器系统等。

注意：管道安装完毕应进行水压试验，试验压力为管道系统工作压力的1.5倍，且不得小于0.60MPa。

6.3.4 PEX 三层双色太阳能热水器专用管

PEX 三层双色太阳能热水器专用管（图 6-6）弥补了普通太阳能热水器管不防紫外线、容易冻裂的缺点，集单层保温防冻管与防紫外线管的所有特性于一体，安装便利、使用寿命长，具有优异的性价比。其规格有 ϕ12mm 和 ϕ16mm 两种，在工作温度为 -40 ~ 110℃ 的条件下可使用 10 年以上，适用于所有地区太阳能热水器的上水，使用楼层不限。

图 6-6　PEX 三层双色太阳能热水器专用管

PEX 三层双色太阳能热水器专用管的特性如下：

1）具有防冻裂、抗紫外线、高效保温等功能。

2）该产品保温层为闭泡红结构，外界空气中的水很难渗透到材料之中，具有优异的抗水、抗气渗透能力，即使表面在安装过程中划伤磨损也不影响整体的隔气性。目前市场上橡胶保温管因材料配方及价格的局限，发泡比较透、气孔较大、反弹性能较差，容易走气萎缩。

3）每台太阳能热水器安装时平均需要 20m 左右的热水器管，PEX 三层双色太阳能热水器专用管成盘供应，不需接口。

4）隔热保温性能好，导热系数为 0.45W/m · K，远远小于金属管，因而在导热时不结垢，导冷时不结霜，节约管外隔热材料。同时可使流体不受污染，无毒无害，是净水工程的理想管材。

5）易于切割、加工，可用专用管件连接而不需攻、套螺纹；小口径管材成卷供应，可任意切割。

6.3.5 PEX 管件

PEX 管件有螺纹式和卡压式，图 6-7 所示为螺纹式尼龙管件，图 6-8 所示为螺纹式纯铜管件，图 6-9 所示为卡压式纯铜管件。

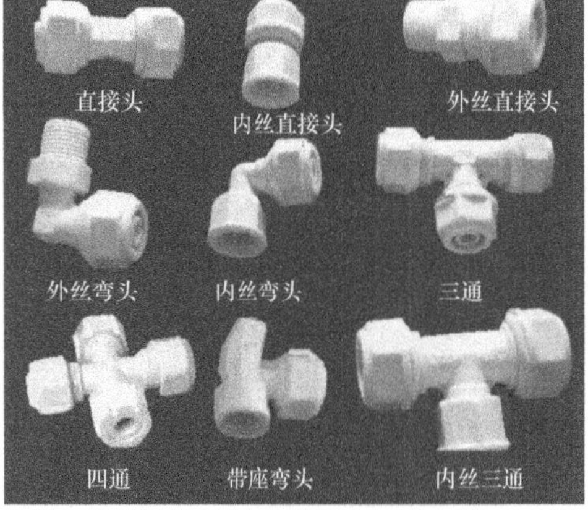

图 6-7　螺纹式尼龙管件

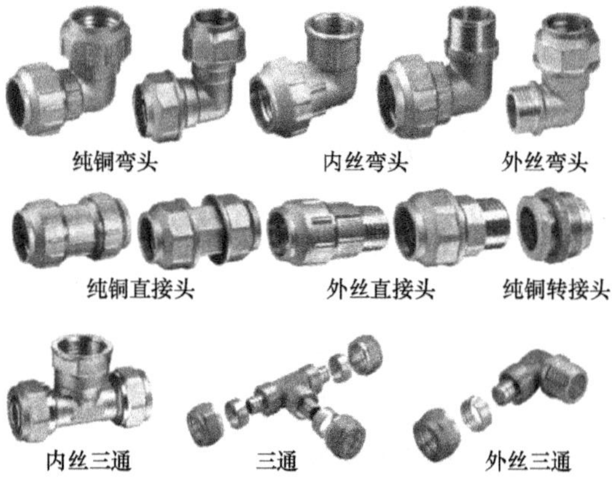

图 6-8　螺纹式纯铜管件

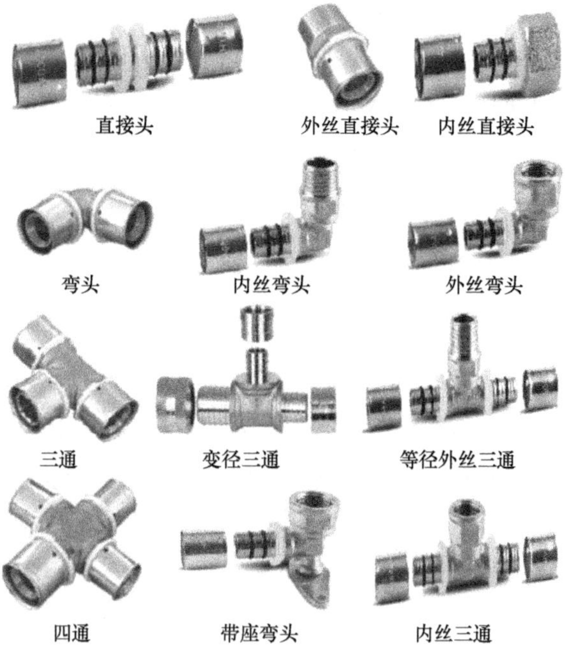

图6-9　卡压式纯铜管件

6.4　装修常用阀门

装修上最常用的阀门有角阀、球阀和截止阀等。

1. 角阀

角阀（图6-10）又称三角阀、角形阀。因为管道在角阀处成90°角的拐角形状，且阀的阀体有进水口、水量控制口和出水口三个口，所以称为三角阀。

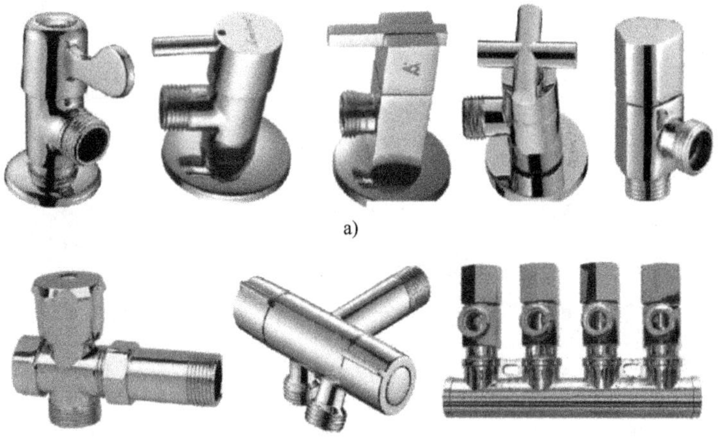

a)

b)　c)　d)

图6-10　角阀

a）普通单控角阀　b）加长角阀　c）双控角阀　d）组合分水角阀

角阀的用途如下：

1）起转接内、外出水口的作用。通过软管联通供水管和水龙头，只能控制水龙头的流量，不能控制供水管的流量，如果有龙头漏水等现象发生，可以把三角阀关掉，而不必关总阀。

2）美观大方，是一般新房装修时必不可少的水暖配件。

优质角阀的阀芯采用陶瓷片铜阀芯，其质量高，经受50万次以上的开关仍可操作顺畅、省力，耐久，不漏水；阀体采用纯铜压铸工艺，坚固耐用、耐蚀；金属镀层采用多层电镀，具有足够的厚度，附着力强，均匀、光滑、明亮。优质角阀可正常使用10年以上，而劣质角阀的寿命一般在3年以下。

2. 球阀

球阀是阀芯（旋塞体）由阀杆带动，并绕阀杆的轴线作旋转运动（可旋转90°）的阀门，有圆形通孔或通道通过其轴线。球阀在管道中一般应水平安装，主要用来切断、分配和改变介质的流动方向，它只需要用旋转90°的操作和很小的转动力矩就能关闭严密，易实现快速启闭。图6-11所示为装修上常用的球阀。

球阀的主要特点是结构简单紧凑、密封可靠、易于操作和维修；密封面与球面常处于闭合状态，不易被介质冲蚀，适用于水、溶剂、酸和天然气等一般工作介质，而且适用于工作条件恶劣的介质，如氧气、过氧化氢、甲烷和乙烯、天然气等，在各行业得到了广泛的应用。

3. 截止阀

截止阀也叫截门，是使用很广泛的一种阀门。它之所以广受欢迎，是由于比较耐用、开启高度不大、制造容易、维修方便，不仅适用于中低压，而且适用于高压。截止阀的闭合原理是依靠阀杆压力，使阀瓣密封面与阀座密封面紧密贴合，阻止介质流通，如图6-12所示。截止阀非常适合作为切断、调节和节流用。

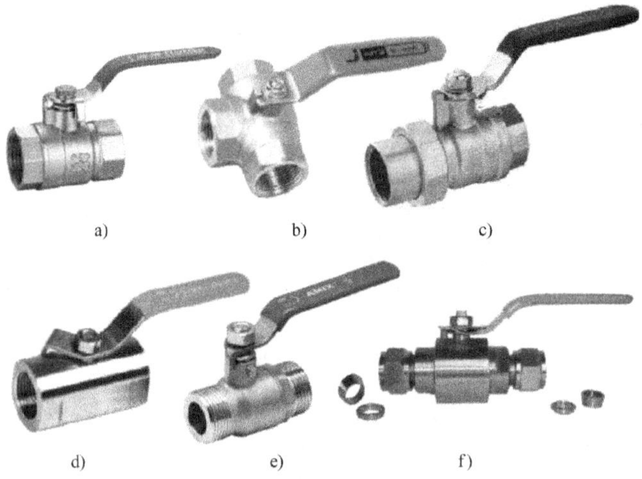

图6-11　球阀

a）内螺纹球阀　b）纯铜三通球阀　c）纯铜活接球阀

d）不锈钢广式球阀　e）不锈钢处螺纹球阀

f）卡套式不锈钢球阀

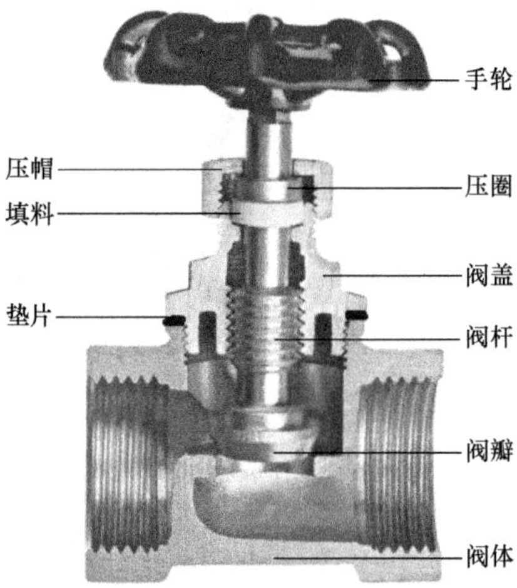

图6-12　截止阀内部结构图

装修上常用的截止阀如图6-13所示。

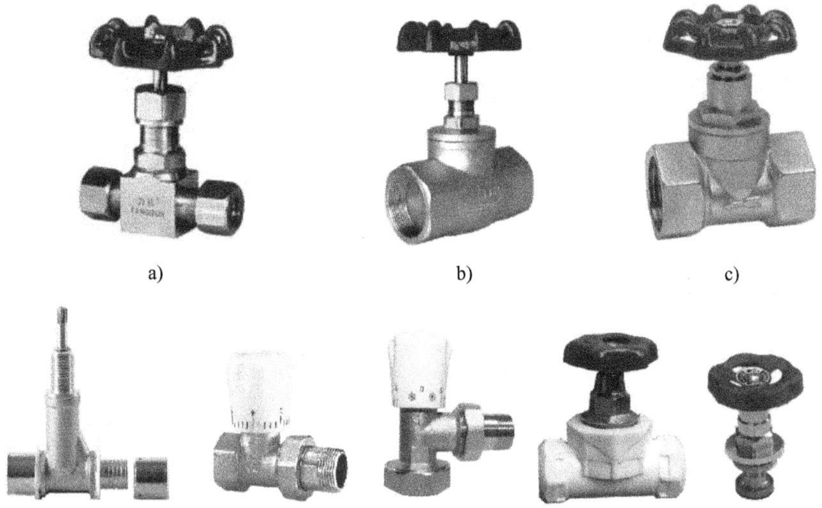

a)　b)　c)

d)　e)　f)　g)

图6-13　截止阀

a）不锈钢卡套式针型截止阀　b）不锈钢内螺纹截止阀　c）黄铜截止阀　d）卡压式针型截止阀
e）暖气管用活接式截止阀　f）PP-R管专用截止阀　g）阀芯

6.5　装修常用水龙头、冷热水混合器

水龙头俗称水嘴，最早出现于16世纪，用青铜浇注，主要作用是控制水管出水和水流量的大小。早期的水龙头是螺旋升降式的，现在市场上大多数都是陶瓷阀芯的水龙头，螺旋升降式的已经被淘汰。

6.5.1　水龙头的分类

（1）按材料分类　可分为304不锈钢、铸铁、全塑、黄铜、锌合金材料水龙头，高分子复合材料水龙头等。

（2）按功能分类　可分为面盆水龙头、浴缸水龙头、淋浴水龙头、厨房水槽水龙头及电热水龙头（瓷能电热水龙头）。随着生活水平的提高，能迅速加热的水龙头（瓷能电热水龙头）越来越受到消费者的欢迎。

（3）按结构分类　可分为单联式、双联式和三联式等。单联式可接冷水管或热水管；双联式和三联式都称为冷热水混合器，双联式可同时接冷、热水两根管道，多用于浴室面盆及有热水供应的厨房洗菜盆的水龙头；三联式除接冷、热水两根管道外，还可以接淋浴喷头，主要用于浴缸的水龙头。另外，还有单手柄和双手柄之分。单手柄水龙头通过一个手柄即可调节冷热水的温度，双手柄则需通过分别调节冷水管和热水管来调节水温。

（4）按开启方式分类　可分为螺旋式、扳手式、抬启式和感应式等。螺旋式手柄打开时要旋转很多圈；扳手式手柄一般只需旋转90°；抬启式手柄只需往上一抬即可出水；感应式水龙头只要把手伸到水龙头下，便会自动出水，手离开后水龙头自动关闭，适用于公共卫生间的洗手盆。另外，还有一种延时关闭的水龙头，关上开关后，水还会再流几秒钟才停，这种水龙头也适用于公共卫生间。

（5）按阀芯分类　可分为橡胶阀芯（慢开阀芯）、陶瓷阀芯（快开阀芯）和不锈钢阀芯等。影响水龙头质量的最关键部分就是阀芯。陶瓷阀芯水龙头是近几年出现的，其质量较好，现在应用比较普遍；不锈钢阀芯更适合水质差的地区。

常用水龙头如图 6-14 所示。

图 6-14　常用水龙头

6.5.2　水龙头配件

常见龙头零配件有软管、胶垫圈、花洒、去水、铜头、铜拐脚、装饰帽等。

【复习思考题】

1. 铝塑管按用途分有哪些类型？
2. PP-R 管有哪些特点？PP-R 管件有哪些？
3. PEX 三层双色太阳能热水器专用管有哪些特点？
4. 装修上常用的阀门有哪些类型？各有哪些特点？
5. 装修上常用的水龙头按结构分有哪些类型？安装水龙头时的常用配件有哪些？

单元7　常用装饰灯具及其安装

单元概述

本单元主要介绍装饰装修工程中常用的筒灯、射灯、吸顶灯、吊灯、格栅灯、效果灯等灯具及暗藏光源、发光顶棚的构造。

学习目标

通过本单元的学习，了解装饰工程中常用灯具的分类、品种、特点及应用；能正确选用灯具；了解暗藏光源、发光顶棚的构造。

7.1　筒灯

7.1.1　筒灯的定义及应用

1. 筒灯的定义

筒灯是一种嵌入顶棚内，光线下射式的照明灯具。普通筒灯的光源一般采用功率为5～40W的白炽灯或节能灯，灯头一般采用螺口灯头，其构造简单，供电电压为220V，不需要使用变压器或镇流器。现在采用LED光源的新型筒灯更节能、发热量更小、使用寿命更长，深受人们欢迎，LED筒灯结构较复杂，有散热装置，灯内装有LED控制器。常用筒灯如图7-1所示。

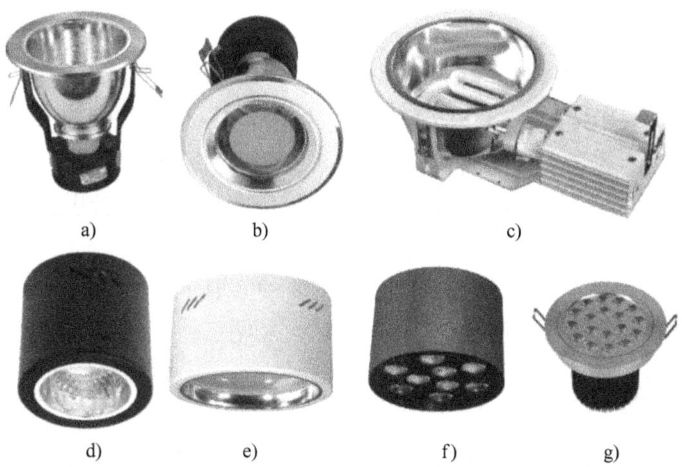

图7-1　常用筒灯

a）普通筒灯　b）防雾筒灯　c）视装光源筒灯　d）明装筒灯　e）明装防雾筒灯　f）明装LED筒灯　g）嵌装LED筒灯

2. 筒灯的特点

1）筒灯是嵌装于顶棚内部的隐置性灯具，光线向下投射，属于直接配光，光源换装非常方便，可以用不同的反射器、镜片、光源来取得不同的光线效果。

2）筒灯不占据空间，可增加空间的柔和气氛；采用了弹簧固定卡，施工方便；可装设多盏筒灯，减轻空间压迫感，营造温馨的感觉。

3）筒灯一般不作为主要光源，仅作为辅助照明使用。

3. 筒灯的应用

筒灯主要适用于酒店、家庭、咖啡厅、大型办公室、百货商场及专卖店、实验室、机场及住宅等场所。

7.1.2 筒灯的分类

（1）按安装方式分类　分为嵌装式筒灯与明装式筒灯。

（2）按光源的防雾情况分类　分为非防雾筒灯与防雾筒灯。

（3）按光源的类型分类　分为普通筒灯和 LED 筒灯。

（4）按灯杯内径分类　分为 2in（ϕ70mm）、2.5in（ϕ80mm）、3in（ϕ90mm）、3.5in（ϕ100mm）、4in（ϕ125mm）、5in（ϕ140mm）、6in（ϕ170mm）、8in（ϕ210mm）、10in（ϕ260mm）。筒灯的长度（高度）一般在 100mm 以上。

筒灯安装时的开口尺寸如下：

（1）家用筒灯　2in 筒灯（ϕ90mm × 100H，H 为筒灯开孔上方高度）、2.5in 筒灯（ϕ105mm × 100H）、3in 筒灯（ϕ115mm × 100H）、3.5in 筒灯（ϕ125mm × 100H）、4in 筒灯（ϕ145mm × 100H）。

（2）工程筒灯　3in 筒灯（ϕ115mm × 120H）、3.5in 筒灯（ϕ130mm × 140H）、4in 筒灯（ϕ145mm × 150H）、5in 筒灯（ϕ165mm × 170H）、6in 筒灯（ϕ195mm × 195H）、8in 筒灯（ϕ235mm × 225H）、10in 筒灯（ϕ285mm × 260H）。

7.1.3 筒灯的材质

1. 面盖材料

筒灯的成本与筒灯面盖材料的材质、厚度和工艺有直接的关系，面盖材料有铁质、纯铝、铝合金、锌合金等，采用纯铝、铝合金压铸工艺的比较贵，但比较耐用。工程上多用铁质面盖的筒灯，家装筒灯用不容易生锈的面盖较美观。一般家庭用筒灯不超过 2.5in，使用 5W 节能灯。LED 筒灯可以作为普通筒灯的替代品，其光源寿命长、发热量小、节能效果好。

2. 灯头材料

灯头的主要材质是陶瓷。里面的簧片是最重要的，有铜片和铝片两种，簧片接触点下装有弹簧，以加强接触性。质量好的灯头，其电源线采用三线式接线，有的带有接线端子。

7.1.4 筒灯的安装

筒灯的安装方式有明装和暗装两种。明装筒灯比暗装筒灯更具有装饰性。筒灯一般安装在无顶灯或吊灯的区域，一般安装在顶棚内，吊顶板上方空间需要在 150mm 以上才可安装。筒灯光线相对于射灯要柔和。筒灯的安装方式如图 7-2 所示。

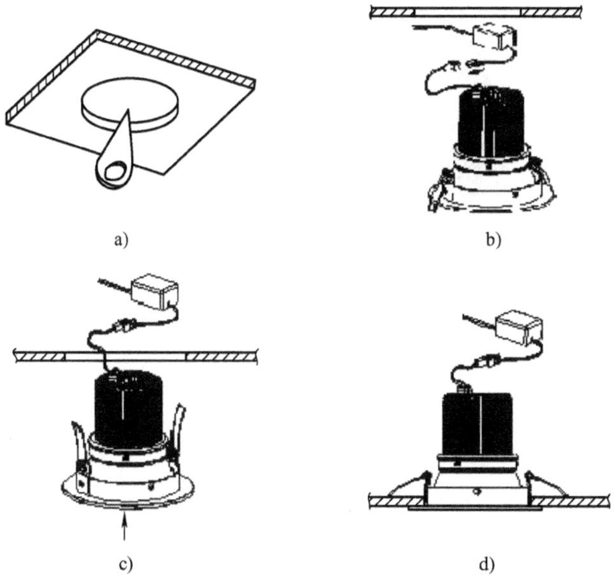

图7-2　筒灯安装示意图
a）开孔　b）接线　c）安装调试　d）安装完成

7.2　射灯

7.2.1　射灯的定义及作用

1. 射灯的定义

射灯是装饰性照明中，用于收窄光束的照射范围，使之聚焦在某小片面积上的灯，常用于商店柜台上方、酒柜或形象墙、装饰品等处作为局部强化照明，以加强照明效果。常用射灯如图7-3所示。

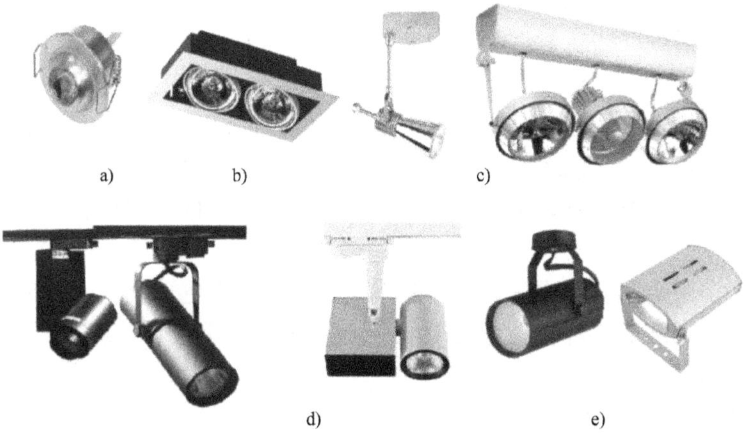

图7-3　常用射灯
a）牛眼射灯　b）石英斗胆射灯　c）石英轨道射灯　d）金卤轨道射灯　e）金卤射灯

f)　　g)　　h)

图 7-3　常用射灯（续）

f）LED 轨道射灯　g）LED 射灯　h）LED 格栅射灯

2. 射灯的作用

射灯是典型的局部照明灯，属于现代流派照明，其作用表现为以下几个方面：

1）射灯能营造室内照明气氛，将小射灯组合起来，能让光线变幻出各种奇妙的图案。因为小射灯可自由变换角度，所以组合照明的效果也千变万化。

2）射灯既可对整体照明起主导作用，突出重点，又可局部采光，烘托气氛。

3）射灯可安置在吊顶四周或家具上部，也可置于墙上。射灯可与吸顶灯配合使用，可群体使用，也可单个使用。

7.2.2　射灯的特点

（1）聚光　光线集中，可以重点突出或强调某物件或空间，装饰效果明显。

（2）舒适　颜色接近自然光，将光线反射到墙面上，不会刺眼。

（3）可调角度　能够调节照射角度，达到不同的投射效果。

（4）发热量较大　一般发热量较大，要配合专业的变压器或恒流电源使用。

7.2.3　射灯的分类

射灯按使用的光源可分为普通石英射灯、LED 射灯、金卤射灯等；按照射的方向分为下照式射灯、上射射灯、路轨射灯等；按光色的冷暖分为冷光射灯和暖光射灯。

1. 下照式射灯

下照式射灯分为全藏式和半藏式两种类型。下照式射灯是光源自上而下作局部照射和自由散射，可将人的视线引向艺术品，便于品味观赏。选择下照式射灯时，瓦数不宜过大，不然会强光刺眼。下照式射灯可装于顶棚、墙壁上，还可以吊挂、落地、悬空安装。

2. 路轨射灯

路轨射灯大多用金属喷涂或陶瓷材料制作，有纯白、米色、浅灰、金色、银色、黑色等颜色；外形有长形、圆形，规格尺寸大小不一。路轨射灯可装于顶棚下 15～30cm 处，也可装于顶棚一角靠墙处。

3. 冷光射灯

冷光射灯的冷光不会对所照物品产生热辐射，从而可确保物品不受热伤害；灯具配光投射角精准，不会产生光污染，能防眩目；节能省电、寿命长、光效高；无频闪，不易使人眼产生疲劳；显色性好，能展现出商品的细致工艺与真实色彩；低电压供电，安全环保，款式精美。

7.2.4　射灯的应用和选购

1. 射灯的应用

射灯可应用于家居照明、商业店铺装饰照明、娱乐场所照明等。射灯在商业照明中优势明显，对空间、色彩、虚实感受都有十分强烈而独特的影响，既能做主体照明，又能做辅助光源。

2. 射灯的选购

射灯分低压和高压两种，低压射灯的寿命长一些、光效高一些。射灯的光效高低以功率因数体现，功率因数越大，光效越高。普通射灯的功率因数在0.5左右，价格便宜；优质射灯的功率因数能达到0.99，但价格稍贵。

使用射灯时要搭配变压器；射灯的灯珠很容易损坏，吊顶里的射灯灯珠更换起来相当麻烦，灯珠也应选择品质好的。目前市场上射灯的质量良莠不齐，凭肉眼很难辨别好坏，所以购买射灯时最好选择品牌产品，并选择与其搭配的优质变压器。

7.2.5　射灯的安装

安装射灯时，前期施工时需要电工与木工配合好，注意把线的位置布置正确。

吊顶板上方的空间高度决定射灯孔的深度，施工时，灯孔的深度要能放进射灯。灯孔开挖时要准确，尺寸和间距等要一致。

7.2.6　射灯和筒灯的区别

筒灯是一种相对于普通明装灯具更具有聚光性的灯具，一般用于普通照明和辅助照明。射灯是一种高度聚光的灯具，它的光线照射是具有特定目标的，主要用于特殊的照明，如强调某个特殊的位置。

1. 光源

筒灯可以装白炽灯，也可以装节能灯。装白炽灯时是黄光，装节能灯时视灯泡类型可以是白光或黄光。顶棚筒灯的光源方向是不能调节的。

一般家用射灯用的是石英灯珠（只有黄光）或LED灯珠，大型射灯用的是金卤灯珠；一般射灯的光源方向可以自由调节。

2. 应用位置

筒灯一般用于普通照明或辅助照明。在无顶灯或吊灯的区域安装筒灯是很好的选择，其光线相对于射灯要柔和。

射灯主要用于需要强调或表现的地方，如电视墙、挂画、饰品等处，可以打出光晕以增强效果。

3. 安装方法

筒灯一般安装在顶棚内，一般吊顶高度在150mm以上才可安装。筒灯也有外置型的。

射灯的安装方式一般有轨道式、点挂式和内嵌式等。内嵌式的射灯可以装在顶棚内。

7.3 吸顶灯

7.3.1 吸顶灯的定义

吸顶灯是一种安装在房间内部的灯具，灯具上部较平，紧靠屋顶安装，像是吸附在屋顶上，所以称为吸顶灯。吸顶灯的光源有普通白炽灯泡、荧光灯、节能灯、紧凑型荧光灯、LED 光源等。吸顶灯的透光面板材料有亚克力板、玻璃板、水晶头或挂片等。吸顶灯的灯体材料有不锈钢、亚克力、铝材、涂层钢板、雕刻板等。

吸顶灯光源的安装方式有明装和暗装两种，不同的室内环境有不同类型的吸顶灯可供选择，如客厅吸顶灯、卧室吸顶灯、卫生间吸顶灯、过道吸顶灯等，如图 7-4 ~ 图 7-11 所示。

图 7-4　客厅水晶头吸顶灯

图 7-5　客厅 LED 吸顶灯

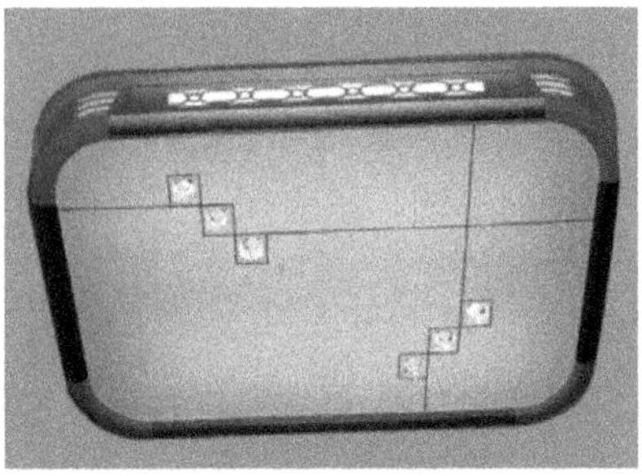

图 7-6　卧室铁框-玻璃板吸顶灯

图 7-7　卧室铝框-亚克力板吸顶灯

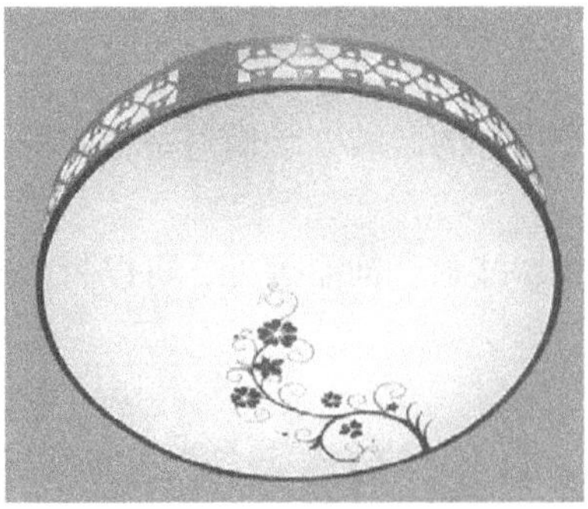

图 7-8　卧室圆形亚克力吸顶灯

图 7-9　明装式方形 LED 吸顶灯

图 7-10 造型四头吸顶灯

图 7-11 造型八头吸顶灯

7.3.2 吸顶灯的安装

吸顶灯不再局限于以前的单灯，而是向多样化发展，既吸取了吊灯的豪华与气派，又采用了吸顶式的安装方式，避免了较矮的房间不能装大型豪华灯饰的缺陷。吸顶灯的灯体直接安装在顶棚上，适合作整体照明使用，通常用于客厅和卧室。

吸顶灯在安装和使用中应注意以下几点。

1）在楼板上安装吸顶灯时，应采用预埋螺栓或用塑料胀管固定，不可使用木楔固定。并且上述固定件的承载能力应与吸顶灯的重量相匹配，以确保吸顶灯固定牢固、可靠。

2）每个灯具用于固定的螺栓或螺钉不应少于2个，且灯具的重心要与螺栓或螺钉的重心相吻合。

3）吸顶灯不可直接安装在可燃的物件上，必须采取隔热措施；当灯具表面高温部位靠近可燃物时，也要采取隔热或散热措施。

4）安装吸顶灯前应检查引向每个灯具的导线线芯的截面面积，铜芯软线不小于 $0.4mm^2$，铝芯不小于 $0.5mm^2$。

5）如果吸顶灯中使用的是螺口灯头，则其接线还要注意以下两点：

① 相线应接在中心触点的端子上，零线应接在螺纹的端子上。

② 灯头的绝缘外壳不应有破损和漏电，以防更换灯泡时触电。

6）装有白炽灯泡的吸顶灯具，灯泡不应紧贴灯罩；灯泡的功率也应按产品技术要求选择，不可太大，以避免灯泡温度过高，玻璃罩破裂后向下溅落伤人。

7.4 吊 灯

7.4.1 吊灯的定义

所有垂吊下来的灯具都归入吊灯类别。吊灯无论是用电线或用金属丝垂吊，都不能吊得太矮，以免阻碍人正常的视线或令人觉得刺眼。

7.4.2 吊灯的种类

吊灯的种类很多，常用的有欧式烛台吊灯、中式吊灯、水晶吊灯、羊皮纸吊灯、球形吊灯、鸟巢吊灯、餐厅吊灯等，如图 7-12 ~ 图 7-19 所示。用于居室的吊灯分为单头吊灯和多头吊灯两种，前者多用于卧室、餐厅，后者宜装在客厅里。

图 7-12　欧式吊灯

图 7-13　豪华水晶吊灯

图 7-14　欧式铁艺吊灯

图 7-15　中式吊灯

图 7-16　鸟巢吊灯

图 7-17　餐厅球形吊灯

图 7-18　餐厅气泡水晶吊灯

图 7-19　羊皮纸球形吊灯

7.4.3　吊灯的安装

大的吊灯安装于结构层上，如楼板、屋架下弦和梁上；小的吊灯常安装在龙骨上或附加龙骨上。无论是单个吊灯或组合吊灯，都由灯具厂一次配套生产，单个吊灯可直接安装，组合吊灯要在组合后安装或安装时组合。

安装吊灯时应注意以下几点：

1）安装时如有多个吊灯，应注意它们的位置、长短关系，可在安装顶棚的同时安装吊灯，这样可以以吊顶龙骨为依据，调整吊灯的位置和高低。

2）吊杆出顶棚面可采用直接出法和加套管的方法。加套管的方法有利于安装，可保证顶棚面板完整，仅在需要出管的位置钻孔即可。直接出顶棚的吊杆，安装时板面钻孔不易找正。有时可能采用先安装吊杆再在面板上挖孔安装的方法，但对装饰效果有影响。

3）吊杆应有一定长度的螺纹，以备调节高低用。吊索吊杆下面悬吊灯箱，应注意连接的可靠性。

4）吊灯的安装高度，其最低点与地面的距离应不小于2.2m。

7.5　格栅灯

7.5.1　格栅灯的定义

格栅灯是一种常见的照明灯具，一般由格栅灯盘和灯管两大核心部件组成，适合安装在办公室、会议室和教室里。格栅灯一般由灯盘（底盘）、灯管、格栅反光片或透光片等组成，一般用荧光灯管做光源，如图7-20～图7-25所示。

图7-20　嵌装格栅灯

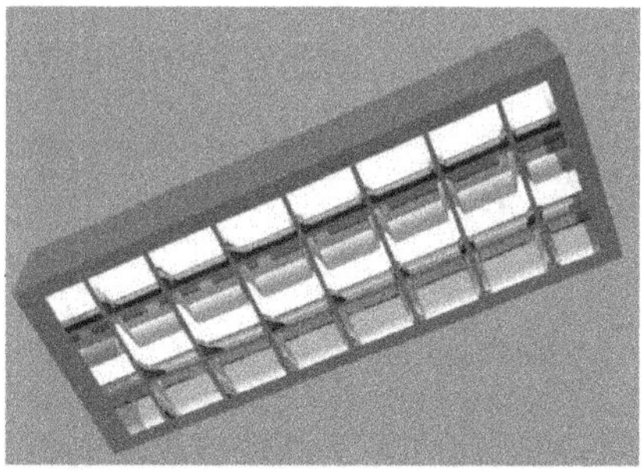

图7-21　吸顶式（明装）格栅灯

图7-22　LED灯珠格栅灯

图7-23　LED灯管格栅灯

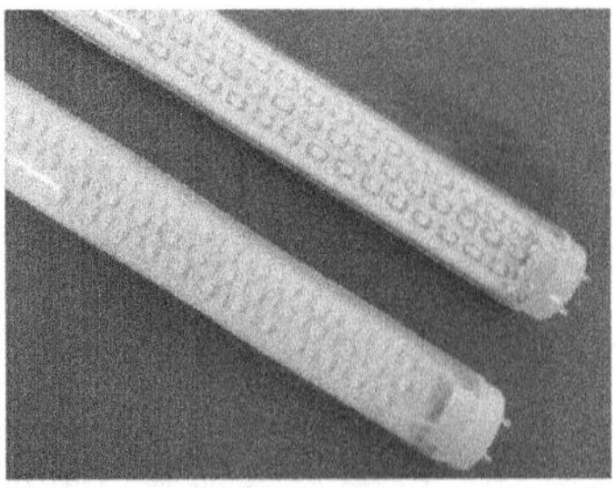

图 7-24　LED 灯管

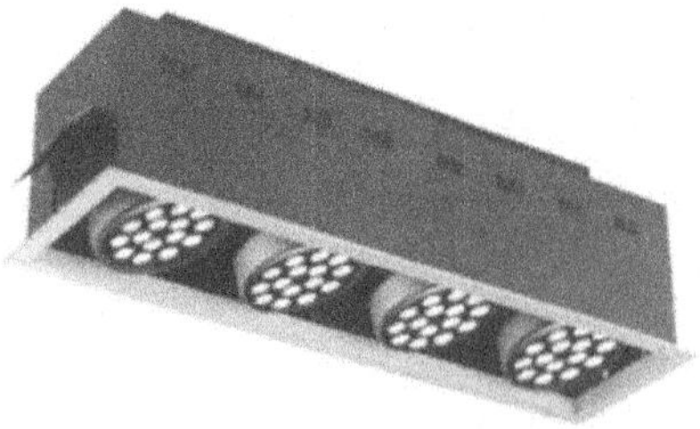

图 7-25　LED 格栅射灯

7.5.2　格栅灯的分类

（1）根据格栅灯盘材质分类　主要分为镜面铝格栅灯和有机板格栅灯两大类，光源一般是荧光灯管。

（2）根据安装方法分类　分为嵌入式和吸顶式格栅灯。

（3）根据光源类型分类　有荧光灯格栅灯、LED 灯珠格栅灯、LED 灯管格栅灯、混合光源格栅灯等。LED 格栅灯节电效果好、寿命长，不存在需要经常更换部件的问题。

7.5.3　格栅灯的规格尺寸

2×14W（T5 灯管）、2×21W（T8 灯管）、3×14W、3×21W：外框尺寸 600mm×600mm。

2×28W（T5 灯管）、2×40W（T8 灯管）：外框尺寸 300mm×1200mm。

3×28W、3×40W：外框尺寸 600mm×1200mm。

7.5.4　格栅灯的特点及应用

格栅灯价格低廉、安装方便、照度均匀、明亮、光线柔和、能耗低，因此特别适合于办公室、会议室、教室、阅览室等场所照明使用。

7.6　效果灯

7.6.1　效果灯的定义

效果灯是利用灯光、机械传动和电气控制，投射出各种景物、自然界气象变化和虚幻景象的一类舞台影视灯。它能表现出各种静止景物和活动景物，如各种自然现象等，还可以用动态的光影做背景表现各种变化，如图 7-26 和图 7-27 所示。

图 7-26　效果灯

图 7-27　水晶魔球效果灯

7.6.2 效果灯的分类

效果灯分为舞台效果灯、影视效果灯和舞厅效果灯。

1. 舞台效果灯

舞台效果灯多数是幻灯，大且亮。需要动的投影时，可采用专用的投影幻灯。舞台效果灯有多种，有在天幕上产生各种背景的天幕幻灯，用于戏剧演出时作文字说明的字幕幻灯，表现行云、波浪、红旗飘动等特技效果的转盘幻灯，表现微波荡漾的跑水幻灯，以及与天幕幻灯配套的闪电效果器、雨雪效果器、转盘效果器、双环带效果器等。

2. 影视效果灯

影视效果灯是一种照明场面大、功率也大的灯具。有功率达1000～2000W的长弧氙灯、营造大面积闪电光场效果的闪电效果灯，也有能形成太阳或扫描文字等效果的激光效果器等。

3. 舞厅效果灯

舞厅效果灯是舞厅中为各类舞曲、音响等设备配置的各种不同效果的灯具。它又分为宇宙球灯、滚筒灯、多头旋转灯、镜面反射球、频闪灯、扫描灯、蘑菇灯、飞碟灯、彩灯链、喷水池效果灯等，如图7-28所示。

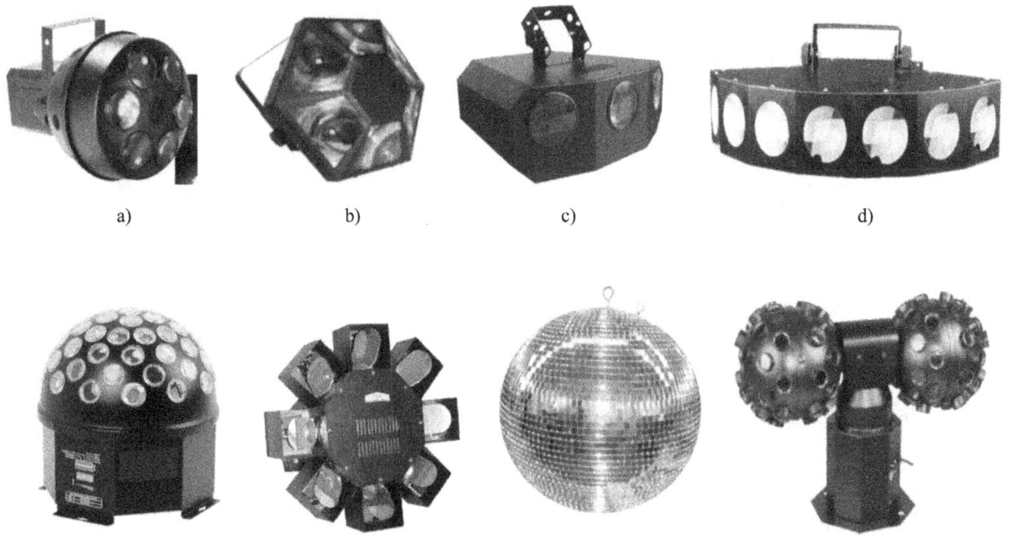

a) b) c) d)

e) f) g) h)

图7-28 舞厅效果灯

a）六眼效果灯 b）六角效果灯 c）三头效果灯 d）七孔飞碟效果灯

e）LED水晶魔球效果灯 f）八爪鱼舞厅效果灯 g）镜面球灯 h）双头蘑菇灯

（1）宇宙球灯 宇宙球灯是通过电动机与电气控制调光、调速，既能自转又能公转，同时投射出20～30股彩色光束的圆球形效果灯。在较暗的舞厅或酒吧里，它使人有置身于宇宙、太空之中的感觉。

（2）滚筒灯 滚筒灯是置8～20股同时投射的彩色光束于长方体滚筒的4个面上的效果灯。其作用与宇宙球灯相同。

（3）多头旋转灯 多头旋转灯有4头、6头、8头之分，可单独旋转，在一定范围内可调节光束投射角度。

（4）镜面反射球　在一个圆球外表面上有规则地贴上大小不一的玻璃镜，由电动机带动单向旋转，周围放3～5只向圆球表面投射彩色光束的细光束灯具，在室内得到许多大小不一的移动的反射光斑。

（5）频闪灯　频闪灯是调节氙灯的脉冲频率，使灯光可快慢闪动的效果灯。主要用于跳“迪斯科”时加强节奏感。

（6）扫描灯　扫描灯有1头、2头、4头之分，如4头扫描灯有4条彩色光在一定的平面角度上旋转，同时每个灯头也能上下旋转，改变俯仰角度，可形成扫描效果的灯光。

（7）蘑菇灯　蘑菇灯是外形像蘑菇，可单向旋转，能投射多股彩色光束的效果灯。

（8）飞碟灯　在碟形灯体的周边排满投射出彩色光束的通光口，既能平面旋转又能做360°翻滚转，有与宇宙球灯不同的翻滚光束的效果。

7.7 暗藏光源

暗藏光源是指灯具暗藏，看不见发光体，“见光不见灯”。在室内灯光表现中，暗藏光源的使用频率是非常高的。无论是家装中的客厅、卧室，还是公装中的会议室、酒店大堂等，均大量使用暗藏光源进行照明。如将光源设在茶几、电视柜、沙发底部，或在架空木地板装有玻璃的下方设置光源，甚至可将光源设于地槽中，再铺上玻璃充当地面。图7-29所示为住宅装修中暗藏光源的应用实例。

图7-29　暗藏光源应用实例

7.8 发光顶棚

7.8.1 发光顶棚的定义

发光顶棚采用透光的有机灯光片、磨砂玻璃、透光石、漫射型透光板、彩绘玻璃等透光且有扩散特性的材料做吊顶面层，在吊顶面层上方均匀地设置各种灯具，使整个空间获得均匀柔和的照明，如图7-30所示。发光顶棚无直射眩光和反射眩光，并且由于顶棚明亮，会使整个空间显得开阔、敞亮。

图7-30　发光顶棚实例

7.8.2 发光顶棚的构造

发光顶棚的一般构造如图7-31所示。

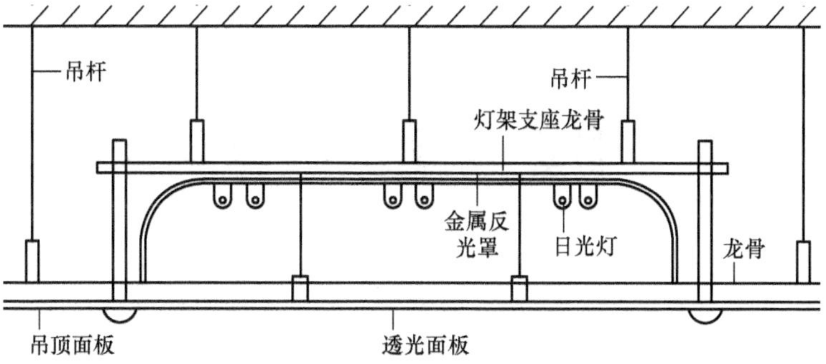

图7-31　透光材料发光顶棚的构造

1）透光饰面材料的固定一般采用搁置、承托、螺钉、粘贴等方式与龙骨连接。采用粘贴的方式时，应设进人孔和检修走道，并将灯座做成活动式，以便于拆卸检修。

2）顶棚骨架的布置。为了分别支承灯座和面板，骨架必须设置两层，上、下层之间用吊杆连接。

3）顶棚骨架与主体结构的连接。将上层骨架用吊杆与主体结构连接，构造做法同一般吊顶。

4）发光顶棚整体透亮、光线均匀，减少了室内空间的压抑感，装饰效果丰富。但大面积使用时耗能较多，技术要求较高，要保证顶部光线均匀透射，灯具与饰面板之间必须保持一定距离，占据一定的高度空间。

5）发光顶棚应具有均匀的亮度，所以吊顶内的光源要求排列均匀，并保持合理的间距。间距过大，会形成光斑，使发光顶棚的亮度不均匀；间距过小，光源数量增多，浪费能源并使发光顶棚过亮，影响艺术效果。

6）为了使顶棚亮度均匀，安装在顶棚上夹层中的光源之间的距离 S 与光源至透光板的距离 L 之比要恰当，如图7-32所示，比值不合适时，发光顶棚看上去会存在光斑。对于玻璃或有机玻璃顶棚，一般取 $S \leqslant 1.5 \sim 2.0L$。

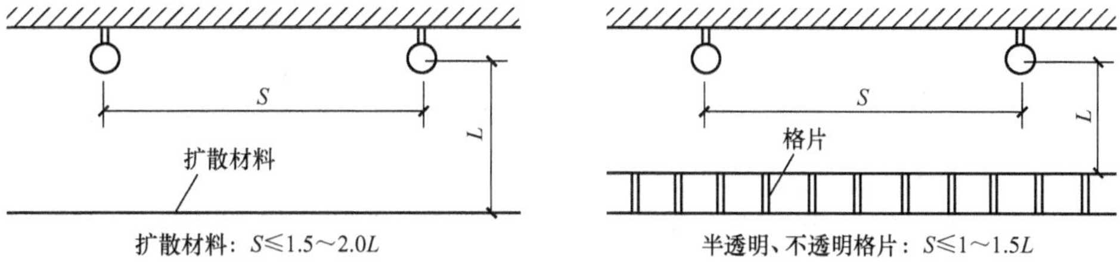

图7-32　发光顶棚光源之间的距离 S 和光源至透光板的距离 L

【复习思考题】

1. 筒灯有哪些类型？其优点有哪些？
2. 简述射灯的作用及分类，射灯是如何安装的？
3. 吸顶灯是如何安装的？
4. 吊灯的种类有哪些？安装时的注意事项有哪些？
5. 什么是格栅灯？常用的格栅灯有哪些？
6. 效果灯如何分类？
7. 什么是发光顶棚？简述发光顶棚的构造要点。

单元8　新型建筑装饰材料及其应用

单元概述

本单元主要介绍市场上出现的一些新型装饰材料，如艺术玻璃、LED灯、LED玻璃、光导纤维等。

学习目标

通过本单元的学习，了解新型装饰材料的品种、特点及应用；了解市场变化，善于发现新材料、新工艺；学习新材料、新技术的相关知识，敢于使用新材料、新技术。

8.1　艺术玻璃

艺术玻璃是采用平板玻璃经过艺术加工和表面处理而制成的装饰玻璃。其艺术表现手法有雕刻、沥线、物理暴冰、彩色聚晶、磨砂、乳化、热熔、图案夹层、贴片等。

8.1.1　艺术玻璃的应用

艺术玻璃广泛用于门、窗、店面、宾馆、舞厅、屏风、隔断、墙面、顶棚、家具等的装饰，还可以用来做家居中的文化墙。

8.1.2　艺术玻璃产品

艺术玻璃产品有热熔壁饰玻璃（见彩图10）、热熔叠纹玻璃、热熔浮雕玻璃、彩晶玻璃（见彩图11）、彩钻玻璃（见彩图12）、彩釉玻璃（见彩图13）、艺术夹层玻璃、艺术彩绘玻璃（见彩图14）、冰裂玻璃、冰雕玻璃（图8-1）、烤漆玻璃（图8-2）、冰花玻璃（图8-3）、冰蒙玻璃（图8-4）、乳花玻璃、炫彩玻璃、镭射玻璃等。

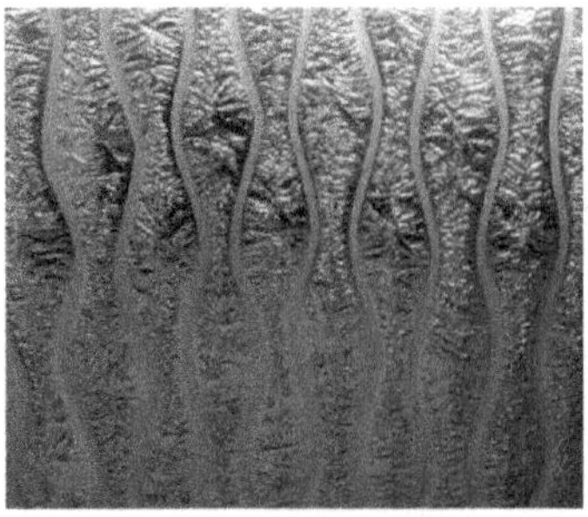

图8-1　冰雕玻璃

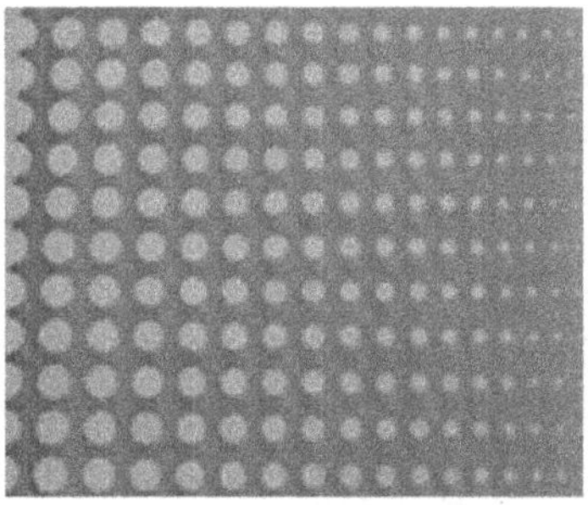

图8-2　烤漆玻璃

图 8-3　冰花玻璃

图 8-4　冰蒙玻璃

8.2　LED 灯

LED 灯是指采用 LED（Light-emitting Diode，发光二极管）技术为主的灯具。LED 灯用的发光二极管（LED 灯珠）有接线式、针脚式和贴片式三种，如图 8-5 ~ 图 8 ~ 7 所示。

LED 灯具的设计理念有两种。一种是 2008 年由飞利浦公司提出的情景照明，它以场所为出发点，旨在营造一种漂亮、绚丽的光照环境，去烘托场景效果，使人感觉到有场景氛围。另一种是 2009 年佛山市凯西欧灯饰有限公司提出的情调照明，它以人的情感为出发点，从人的角度去创造一种意境般的光照环境。

LED 灯光情调照明模式涵盖了情景照明模式、情感照明模式、情绪照明模式、生态照明模式和健康照明模式。

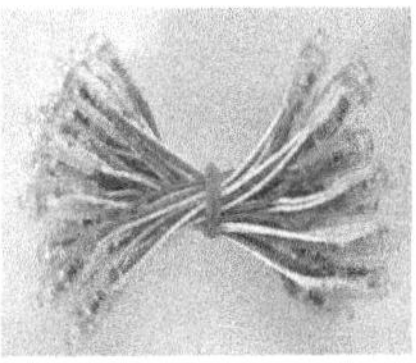

图 8-5　接线式 LED 灯珠

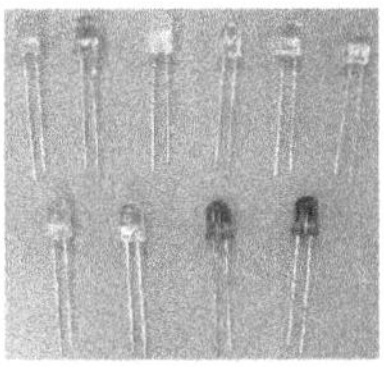

图 8-6　针脚式 LED 灯珠

图 8-7　贴片式 LED 灯珠

8.2.1　LED 灯的分类

根据功能不同，LED 灯可分为 LED 筒灯、LED 吸顶灯、LED 射灯、LED 镜前灯、LED 格栅灯、LED 灯管（图 8-8）、LED 灯带（图 8-9）和 LED 灯泡（图 8-10）。

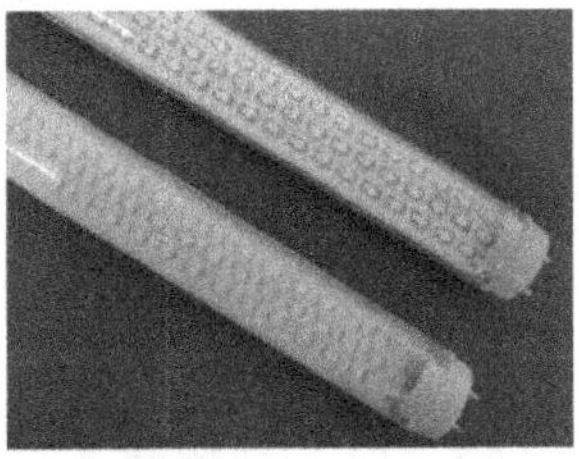

图 8-8　LED 灯管

图 8-9　LED 灯带

图 8-10　LED 灯泡

8.2.2 LED 灯的特点

LED 灯具质量小、体积小，并以环氧树脂封装，可承受高强度机械冲击和振动，不易破碎，且亮度衰减周期长、使用寿命长、节能省电、发热量极少、无紫外与红外辐射，降低了维护费用和更换光源的频率；另外，LED 灯克服了金卤灯使用一段时间后颜色偏移的现象。

8.2.3 LED 灯的应用

1. 建筑物外观照明

对建筑物某个区域进行投射，采用控制光束角的圆头和方头形状的投光灯具，这与传统投光灯具的概念完全一致。由于 LED 光源小且薄，LED 投射灯安装便捷，可以水平也可以垂直方向安装，与建筑物表面能更好地结合，为照明设计师带来了新的照明手段，拓展了创作空间，将对现代建筑的照明产生深远的影响。

2. 景观照明

LED 灯可以在城市的休闲空间，如路径、楼梯、小品、滨水地带、园艺等处进行照明。对于花卉或低矮的灌木，可以使用 LED 灯作为光源进行照明。LED 隐藏式的投光灯具特别受人们青睐，其固定端可以设计为插拔式，依据植物生长的高度方便地进行调节。

3. 标识与指示性照明

LED 灯可以用于需要进行空间限定和引导的场所，如道路路面的分隔显示、楼梯踏步的局部照明、紧急出口的指示照明，如影剧院观众厅内的地面引导灯或座椅侧面的指示灯，以及购物中心内楼层的引导灯等。

4. 室内空间展示照明

商业照明常使用彩色的 LED 灯，由于 LED 光源没有热量、紫外与红外辐射，对展品或商品不会产生损害，与传统光源比较，灯具不需要附加滤光装置，照明系统简单，费用低廉，易于安装。暗藏光带可以使用 LED 灯，这对于低矮的空间特别有利。

5. 娱乐场所及舞台照明

LED 灯具可动态、数字化地控制色彩、亮度和调光，活泼的饱和色可以营造静态和动态的照明效果，制造从白光到全光谱中的任意颜色，其使用为娱乐场所及舞台照明开启了新的思路。

LED 灯具不但可以作为辅助照明，也可以作为主光源使用，更能提供情景照明或情调照明，具有丰富的艺术表现力。随着人们对照明艺术性要求的不断提高，LED 灯具的应用领域将得到更好的扩展。

8.3 LED 玻璃

LED 玻璃是将 LED 光源与玻璃完美结合的一种产品，LED 玻璃是用 LED 做光源，植入玻璃中，组成特定的图案、图像、标识，并通过数控使其产生光点排列及变向闪烁的产品，是一种新型的环保节能材料。

LED 玻璃突破了建筑装饰材料的传统概念，共有红、蓝、黄、绿、白五种颜色。可预先在玻璃内部设计图案或文字，后期通过全数字智能技术实现可控变化，自由掌控 LED 光源的明暗及变化；其内部采用了完全透明的导线，在玻璃表面看不到任何线路。LED的应用在玻璃产业领域是一大技术性突破。

8.3.1 LED玻璃的优点

1）LED玻璃能满足人们对产品的极致要求，并可通过无限想象和构思进行空间作品和平面作品的设计应用，结合流行或时尚的元素，改善生活环境。

2）LED玻璃安全、透明、防潮、可阻隔紫外线，且有内部主动发光的特殊效果，可通过设计图案的变幻，提升玻璃的实用性、艺术性、观赏性，在建筑装饰设计等方面可增加设计师的灵感，从而对建筑、装饰等行业的照明实现了实用性与美观度的提升。

8.3.2 LED玻璃的应用

LED玻璃可广泛应用于各种工程，如大型建筑、室内装潢设计、娱乐场所、户外广告展示等，如图8-11所示。LED玻璃也可与其他材料相互配套设计，以进行照明、装饰、高端商品展示等多方面的应用。

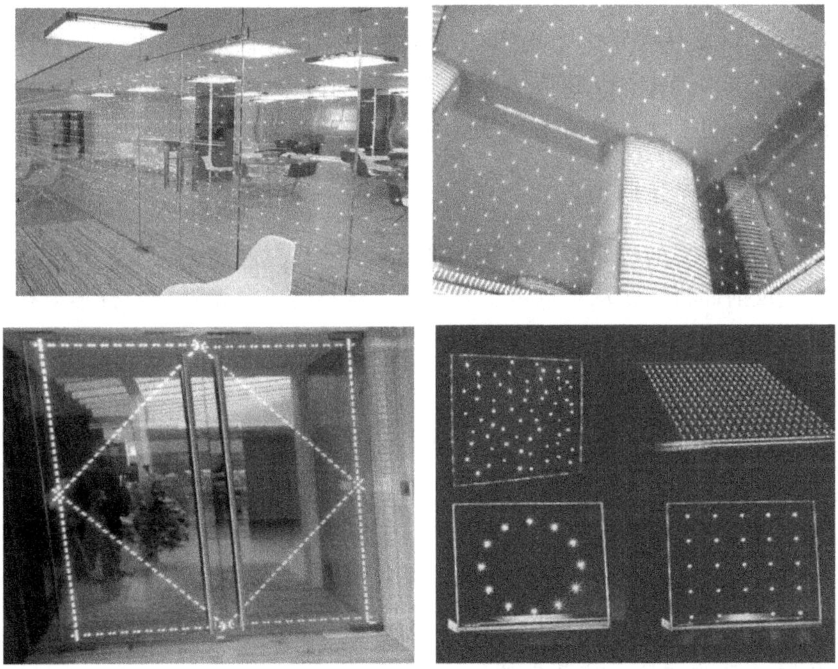

图8-11 LED玻璃的应用

8.4 光导纤维

8.4.1 光导纤维的定义

光导纤维（简称光纤）是受光或放射线照射能发出比照射光波长更长的可见光的纤维，

或纤维本身能发光或能由芯部光源透射出光的纤维。

8.4.2 光导纤维的结构

光导纤维的结构如图 8-12 所示。

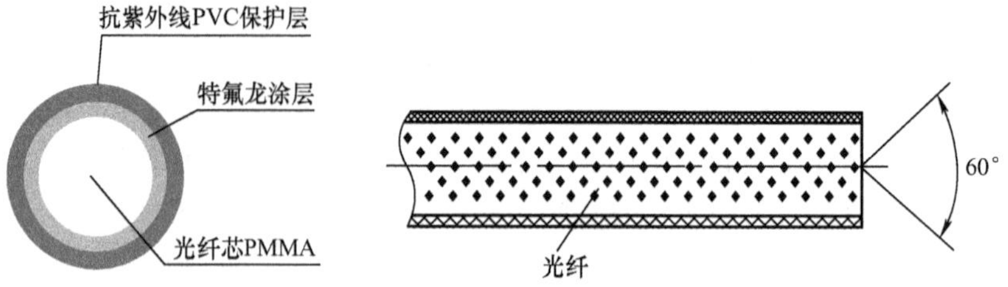

图 8-12 光导纤维的结构

8.4.3 光导纤维的特点

光纤具有低光损耗、高带宽、高耐热性、韧性好、不易折断、不易遭到破坏、无红外和紫外辐射、可以从内部或近处照明物体、无电磁作用、无电火花、电气安全性（无电流）好、发光点微型化等多种优点，可以通过“干净”的光束得到精致的照明效果，具有灵活性和人性化的特点，可多次安装使用，可自动变光，样式新颖。

8.4.4 光导纤维的导光原理

光纤束是由高折射率的透明芯材和低折射率的透明皮材经过一定工艺复合而成的，光在芯皮界面发生全反射而将光线从一端传至另一端，这就是点发光光纤。将芯皮界面以一定的工艺进行规律性破坏时，光纤全反射被破坏，光纤从边部均匀逸出，就成为刺点发光光纤。光纤传光原理如图 8-13 所示。

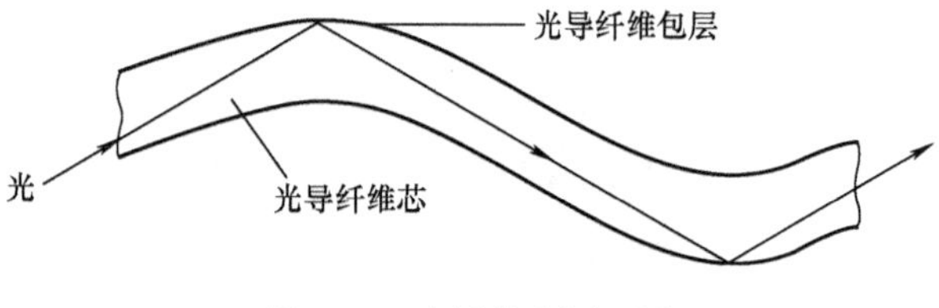

图 8-13 光纤传光原理图

光导纤维一般由塑料或玻璃纤维束或单根塑料纤维构成。常见的光导纤维有以下两种：

（1）点发光光纤 光纤外覆盖非常薄的塑料或玻璃纤维涂层，防止光线外泄，其外有一层不透明的衬层和一层塑料、橡胶或金属丝制的耐热、抗紫外线保护套（用于保护和支承光纤）。点发光光纤分室内型及室外防水型两种，均需配有发光终端附件。

（2）线发光光纤 线发光光纤采用特殊结构，可通长发光，其外有一层透明的衬层和一层耐热、抗紫外线的 PVC 透明保护套，其外径规格有 8mm、11mm 及 15mm 三种，分室内标准型及室外防水型两种，均需配有发光终端附件。

8.4.5 塑料光导纤维

光纤按制造材料分类有石英系光纤、多组分玻璃光纤、塑料包层石英芯光纤、全塑料光纤和氟化物光纤等，用于照明的主要是塑料光纤。

1. 塑料光纤的材料

塑料光纤芯材料有聚甲基丙烯酸甲酯、聚苯乙烯聚碳酸酯，包层材料有聚甲基丙烯酸甲酯、硅树脂等。这些聚合物具有透光性能好、光度均匀、形成光纤能力强、加工稳定性好及价格便宜等优点。

2. 塑料光纤的分类

塑料光纤分为端光光纤和侧光光纤两类，同时又有单股和多股之分。

（1）端光光纤　端光光纤又称尾光光纤（图8-14a），主要通过光纤端面发光来起到装饰照明的作用，其应用方式灵活多变，可利用端点组成各种图案、模拟星空效果，还可以配合光学原理制作出时空隧道等魔幻效果。端光光纤主要应用于广告招牌、娱乐场所、文物珠宝照明、家庭装修等场所。

（2）侧光光纤　侧光光纤又称通体发光光纤（图8-14b、c），光线沿光纤长度方向均匀散射，利用光晕来达到装饰的效果。利用侧光光纤可以勾勒物体轮廓或组成各种艺术造型，由于其使用寿命较长，故被广泛用于勾勒楼宇和水池的轮廓以及作为地下隧道的道路指引。

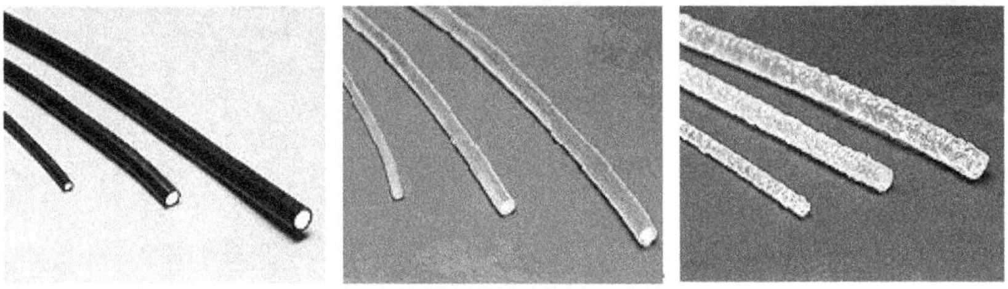

a)　　　b)　　　c)

图8-14　单股光导纤维

a）实心尾光光纤　b）实心侧光光纤　c）实心水晶冰花光纤

（3）多股光纤系列　多股光纤系列分为多股侧光光纤、多股尾光光纤和多股水晶冰花光纤三大类，如图8-15所示。

a)　　　b)　　　c)

图8-15　多股光导纤维

a）多股侧光光纤　b）多股尾光光纤　c）多股水晶冰花光纤

8.4.6　光导纤维装饰的应用

光纤装饰的应用如图8-16所示。

图 8-16　光纤装饰的应用

8.5 软膜材料

8.5.1 软膜材料简介

软膜材料是一种近年被广泛使用的室内装饰材料，主要用于高档场所，如图 8-17 所示。它始创于瑞士，后经法国人费兰德·斯科尔于 1967 年继续研究完善并成功推广到欧洲及美洲国家的室内装饰市场，20 世纪 90 年代引进中国。

软膜采用特殊的聚氯乙烯材料制成，厚度为 0.18 ~ 0.2mm，每平方米重 180 ~ 320g，其防火级别为 B1 级，在 −15 ~ 45℃范围内可保持尺寸的稳定性。软膜材料主要是指软膜天花，透光膜天花可配合各种灯光系统（如霓虹灯、荧光灯、LED 灯）营造无影梦幻的室内灯光效果，也克服了玻璃或有机玻璃易碎、质量大及小块拼装的缺点，成为新型、时尚的装饰材料。

图 8-17　软膜天花

8.5.2　软膜天花的组成

软膜天花由软膜、扣边条和龙骨等组成。

1. 软膜

软膜需要按照在实地测量出的天花形状及尺寸在工厂里生产制作而成，通过一次或多次切割成形，并用高频焊接完成。

2. 扣边条

扣边条采用特殊的聚氯乙烯材料制成，半硬质，挤压成形。

3. 龙骨

软膜龙骨有两种：一种采用聚氯乙烯材料制成；另一种采用铝合金材料挤压成形，有各种各样的形状，可按照需要切割后再装配，作用是扣住软膜。

8.5.3　软膜天花的分类及其特征

1. 基本膜

基本膜是软膜天花中较原始的一种类型，价格最低，表面类似于普通油漆效果。

2. 光面膜

软膜有很强的光感，能产生类似镜面的反射效果。如在水域区使用能显现出水波纹效果。

3. 透光膜

透光膜呈乳白色，半透明，在封闭的空间内透光率可达75%以上，能产生完美、独特的灯光装饰效果。

4. 玻璃膜

玻璃膜属于纯透明膜，效果与玻璃等同，可实现各种复杂、美观的造型。

5. 哑光面膜

哑光面膜的光感仅次于光面膜，但强于基本膜，整体效果较纯净、高档。

6. 鲸皮面膜

鲸皮面膜表面呈绒状，有优异的吸声性能，很容易营造出温馨的室内效果。

7. 金属面膜

金属面膜具有强烈的金属质感，能产生类似于金属的光感，具有很强的观赏效果。

8. 珠光膜

珠光膜具有珍珠的光感，给人以高贵的空间效果。

9. 梦幻膜

梦幻膜具有彩虹般的色彩变换效果，可以在不同角度看到不同的色彩效果。

10. 孔状膜

孔状膜有ϕ1mm、ϕ4mm、ϕ10mm等多种孔径供选择。其透气性能好，有助于室内空气流通，并且小孔可按要求排列成所需的图案，具有很强的展示效果。

8.5.4　软膜天花的特点

（1）防火功能　软膜天花阻燃，燃烧后只会自身熔穿，并于数秒钟之内自行收缩，直至离开火源，然后自动停止，并且不会熔融滴落，伤害人体或财物。

（2）节能功能　光面天花的表面有无数凹凸纹，它能将灯光折射度加强，可以安装壁灯或射灯加强效果，以减少灯源数量。软膜天花是用 PVC 材料做成的，能大大提高绝缘功能，降低室内温度流失。

（3）防菌功能　软膜天花已预先进行抗菌处理，经此特别处理后的材料能够抵抗及防止微生物生长于表面上。

（4）防水功能　软膜天花的材料是 PVC，安装结构采用封闭式设计，所以当遇到漏水情况时，能暂时承托污水。

（5）色彩丰富　软膜天花有多种颜色、8 种类型可供选择，如哑光面、光面、绒面、金属面、孔面和透光面等。其中，孔面的直径有 1mm、2mm、3mm、4mm、10mm 等多种类型。

（6）造型多样　因为软膜天花是一种软性材料，根据龙骨的形状来确定它的形状，所以造型比较随意、多样，让设计师更具创造性。

（7）安装方便　软膜天花可直接安装在墙壁、木方、钢结构、石膏隔墙上，适合各种建筑结构。且软膜龙骨只需用螺钉按一定距离均匀固定即可，安装十分方便。在整个安装过程中，不会有溶剂挥发，不落尘，不对空间内的其他摆设产生影响，不影响正常的生产生活秩序。

（8）安全环保　软膜全部由环保性原料制成，不含镉等有害物质，可回收。在制造、运输、安装、使用、回收过程中，不会对环境产生任何影响，符合环保要求。

8.5.5　软膜天花的应用

软膜天花适用于行政楼、办公楼、商业写字楼、工业场所和卫生医疗机构、私人居所、学校、体育休闲娱乐场所、品牌专卖店、售楼处样板房、会所等处的吊顶装饰。

8.6　幻彩胶片

幻彩胶片是一种 3D 立体膜，它在聚碳酸酯（PC）薄膜中加入无数个细微的类似透镜的反光材料，通过光学作用和多透镜效应产生绚丽的立体感。其惊人的光学效应能够增加静止或运动时的视觉效果和颜色，特别是在灯光配合下可表现出华丽及幻想的气氛，是一种具有高附加值的表面装饰材料，广泛设计应用于夜场、KTV、酒吧、主题餐厅、会所、舞台、展示橱窗、促销专柜等场所（见彩图 15 ~ 彩图 18）。

8.6.1　幻彩胶片的性能指标及规格

1. 幻彩胶片的特点

1）PC 幻彩胶片具有很强的物理和化学稳定性、抗紫外线、阻燃性好、抗冲击强度和抗蠕变性能突出，有较高的耐热性和耐寒性，可在 −100 ~ 130℃ 范围内使用。

2）PC 幻彩胶片质量小、吸水率低、易清洁、耐磨性强、无毒无味、易于裁剪、易于设计造型、安装简便、维护方便、色彩立体感强，在灯光照射下能产生变幻炫目的光学效果。

2. 幻彩胶片的种类

幻彩胶片有半透光和不透光两种。

3. 幻彩胶片的花型

幻彩胶片的花型有水珠、大水波纹、小水波纹、横条纹等。

4. 幻彩胶片的颜色及规格

每种花型有10~25种颜色。

规格：标准宽幅640mm，长度为45.7m（卷材），厚度为0.38mm。

8.6.2　幻彩胶片的安装使用

1. 半透光膜

1）使用广告钉、玻璃、亚克力板夹合固定。

2）使用双面胶粘贴（透明双面背胶纸）。

光源：普通荧光灯（灯光颜色根据所选膜材的颜色而定）、LED灯、灯带。

2. 不透光膜

1）在材料背面均匀涂布胶水，粘贴到被贴面。

2）在隐蔽处用枪钉等固定，边框固定。

光源：外打光源辅助。

8.7　石英石

石英石是目前石英石板材生产厂家对其所生产的板材的一种简称，它是一种由90%以上的石英晶体加上树脂及其他微量元素人工合成的一种新型人造石材。由于其板材主要成分石英的含量高达90%以上，因此称为石英石。石英石中石英的含量越高，树脂含量越低，质量就越好，越接近天然，越不易变形。

1. 石英石台面

石英石台面是指用石英石做成的橱柜台面。石英石台面色彩多样，戈壁系列、水晶系列、麻石系列、闪星系列更具特色，可以广泛应用于公共建筑和家庭装修领域，是一种无放射性污染、可重复利用的环保、绿色、新型建筑装饰材料，如图8-18和图8-19所示。

图8-18　石英石台面

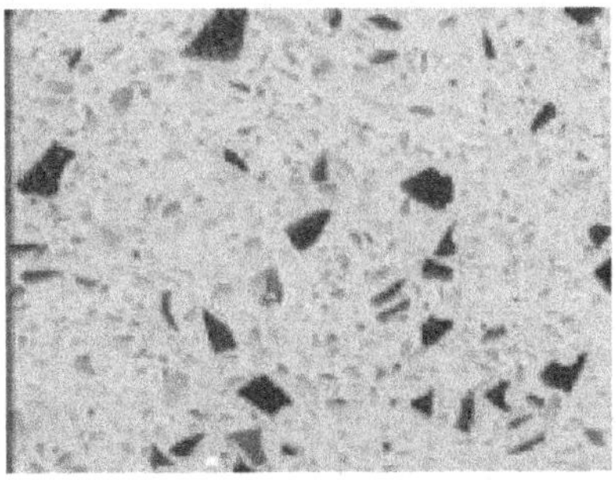

图8-19　石英石板

2. 石英石的优缺点

（1）不易刮伤　石英石中石英的含量高达90%以上，而石英晶体是自然界中硬度仅次于钻石的天然矿物，其表面硬度可达莫氏硬度7.5，远大于厨房中所使用的刀铲等利器，不会被其刮伤。

（2）耐蚀　石英石是在真空条件下制造的表里如一、致密无孔的复合材料，其石英表面对厨房的酸碱等有极好的耐蚀能力。

（3）使用寿命长　石英石光泽亮丽的表面经过了30多道复杂的抛光处理工艺，不会被液体物质渗透，不会产生发黄和变色，日常清洁只需用清水冲洗即可，简单易行。即使经过长时间的使用，其表面也同新装台面一样亮丽，无须维护和保养。

（4）耐高温　天然的石英结晶是典型的耐火材料，其熔点高达1300℃，用90%以上的天然石英制成的石英石完全阻燃，不会因接触高温而燃烧，具备其他人造石等台面无法比拟的耐高温性。

（5）安全环保　石英石的表面光滑，致密无孔的材料结构使得细菌无处藏身，可与食物直接接触，安全无毒，没有放射性。

（6）石英石的缺点　石英石台面硬度极高，不易加工，形状过于单一；相对价格略高。

8.8 微晶石

微晶石也称微晶玻璃，是一种采用天然无机材料，运用高新技术经过两次高温烧结而成的新型高档建筑装饰材料，具有板面平整洁净、色调均匀一致、光泽柔和晶莹、色彩绚丽璀璨、质地坚硬细腻、不吸水、防污染、耐酸碱、抗风化、绿色环保、无放射性毒害等优良的性能。可用于建筑物的内外墙面、地面、柱面、台面和家具装饰等任何需要石材装饰的部位。

微晶石的性能优于天然花岗石、大理石、合成石及人造大理石，这与它所含的物质成分及成形工艺有关。微晶石选取花岗石中的几种主要成分经高温，从特殊成分的玻璃液中析出特殊的晶相，因此具有很高的硬度和强度。在成形过程中又经过二次高温熔融定形，所以既不易断裂，又不吸水，不易侵蚀和污染，光泽度也高，不含任何放射性元素。微晶石的着色是以金属氧化物为着色剂，经高温烧结而成的，因此不会褪色，且色泽鲜艳。

根据微晶石的原材料及制作工艺，可以把微晶石分为三类：无孔微晶石、通体微晶石和复合微晶石。

1. 无孔微晶石

无孔微晶石也称人造汉白玉，如图8-20所示。它是一种多项理化指标均优于普通微晶石、天然石的新型高级环保石材，其色泽纯正、不变色、无辐射、吸水率为零、硬度高、耐酸碱、耐磨损，适用于外墙、内墙、地面、柱面、洗手盆、台面等场所。

图8-20　无孔白色微晶石

2. 通体微晶石

通体微晶石也称微晶玻璃，是一种新型的高档装饰材料，如图8-21所示。它是以天然无机材料，采用特定的工艺、经高温烧结而成的。

3. 复合微晶石

复合微晶石也称微晶玻璃陶瓷复合板，是将微晶石复合在陶瓷玻化砖表层（厚度为3～5mm）的新型复合板材，如图8-22所示。

图8-21　通体微晶石

图8-22　复合微晶石

8.9　生态水晶石

生态水晶石是用天然石料或动植物标本、透明树脂材料（最常用的树脂是亚克力）制成的具有较强生态艺术性的人造石。用于家具、墙柱面等装饰，更能体现出自然、华美、玲珑剔透的装饰效果。

生态水晶石主要有天然石料（石粒）生态石、动物标本（贝壳、海螺、蝴蝶、昆虫等）人造石、植物标本生态石等。

生态水晶石如彩图19～彩图24所示。

8.10　文化石

文化石并不是一种单独的石材，其本身也不附带任何文化含义，它表达的是达到一定装饰效果的加工和制作方式。文化石吸引人的特点是色泽纹路能保持自然原始的风貌，加上色泽调配变化，能将石材质感的内涵与艺术性展现无遗，符合人们崇尚自然、回归自然的文化理念，于是被称为“文化石”。

文化石从材质上分为天然文化石（见彩图25）和人造石文化石（见彩图26）。天然文化石开采于自然界的石材矿，其中的板岩、砂岩、石英石经过加工，成为一种装饰建材。天然文化石材质坚硬、色泽鲜明、纹理丰富、风格各异，具有抗压、耐磨、耐火、耐寒、耐蚀、吸水率低等优点。天然文化石最主要的特点是耐用、不易脏，可无限次擦洗。但装饰效果受石材原纹理的限制，除了方形石外，其他的施工较为困难，尤其是拼接时。

人造文化石是采用硅钙、石膏等材料精制而成的。它模仿天然石材的外形纹理，效果极富原始、古朴的韵味，具有质地轻、色彩丰富、不霉、不燃、便于安装等特点。

文化石的应用如下：

（1）室外装饰　如外墙、门廊、门柱、窗沿、烟道等。

（2）室内装饰　背景墙、主题墙、形象墙、电视墙、壁炉、走廊、厨房墙面等。

（3）景致标识　花园围栏、立柱、小品、公共标牌等。

8.11　激光雕刻材料

激光雕刻是指利用激光照射下瞬间产生的熔化和气化物理变性，达到加工材料的目的。激光雕刻是以数控技术为基础，激光为加工媒介来完成的。

激光雕刻加工的优点如下：

1）与材料表面没有接触，不受机械运动影响，表面不会变形，一般无须固定。

2）不受材料弹性、柔韧性的影响。

3）加工精度高，加工速度快，应用领域广泛。

随着光电子技术的飞速发展，激光雕刻技术的应用范围越来越广泛，雕刻精度要求也越来越高。

激光雕刻分为激光切割、激光雕刻、激光打标、玻璃（水晶）背雕等方式。激光雕刻工艺是通过激光雕刻机、激光打标机、激光切割机等设备来实现的。

常用的激光雕刻板如图 8-23 ~ 图 8-25 所示。

图 8-23　不锈钢透雕板

图 8-24　石材雕刻板

图 8-25　雕刻玻璃

激光雕刻的常见材质分为非金属材料和金属材料。非金属材料有木材、有机玻璃、双色板、玻璃、合成水晶、密度板、大理石等；金属材料包含不锈钢、铝材、铜等。

1. 密度板

（1）普通密度板　材料为高密度板，激光可以在这类材料上进行雕刻，但雕刻出的图案颜色不均匀且发黑，一般需要着色。

（2）激光专用密度板　有为激光雕刻专门设计的密度板，其上雕刻出的图案颜色均匀，不着色也有很好的效果，雕刻完后可使用湿布清洁密度板表面。

（3）填色　可使用丙烯颜料或醇酸漆填色。雕刻时可将图形颜色设置成60%的灰度，让底面有些麻点，以提高颜色的附着力。

2. 亚克力（有机玻璃）

亚克力很容易被切割和雕刻，它在激光雕刻后产生的霜化效果非常白，与原来透明的质感产生鲜明的对比。亚克力一般采用背雕方式，即从后面雕刻，前面观看，这样成品更具立体感。雕刻完后可使用湿布清洁表面。着色可使用丙烯颜料，其他颜料可能会破坏有机玻璃的光洁度。

3. 双色板

双色板是一种由两层或两层以上颜色复合而成的一种专用于雕刻的工程塑料，也叫激光雕刻板，其规格一般为600mm×1200mm和600mm×900mm。激光雕刻板的特点是表面颜色层薄。

激光雕刻板的雕刻效果非常好，对比明显、边缘清晰。雕刻完后可用湿布或酒精清洁表面，有时会有一层不易擦去的烟尘，可使用丙烯颜料或醇酸瓷漆填色。

4. 玻璃

激光能在玻璃表面雕刻，但雕刻深度浅，不能切割。通常激光可在玻璃表面形成霜化或破碎的效果，要得到霜化而不是破碎的效果，关键在于玻璃的质地和硬度。

玻璃的雕刻效果较难控制，一般情况下，激光功率应设置得小一些，精度设置在300DPI，雕刻速度要快一些。含铅的水晶玻璃在雕刻时可能引起水晶裂纹或破碎。雕刻完后可使用湿布进行表面清洁，使用丙烯颜料着色。

8.12　新型马赛克

马赛克又叫锦砖，是最古老的装饰艺术之一，它使用小瓷砖或小陶片创造出图案，分为陶瓷锦砖和玻璃锦砖两种。目前市场上出现了很多新型的马赛克，如椰壳马赛克、金属马赛克、铝塑板马赛克、石材马赛克、数码艺术马赛克等。

现在马赛克走俏市场，与其产品本身的特性、社会环境等密切相关。今天的马赛克追求极度奢华、强调细节、注重格调、突出个性、提倡环保健康，所以越来越为市场所青睐。

1. 椰壳马赛克

椰壳马赛克以天然、环保的椰子壳为主要原料，切割成小片纯手工粘贴而成，具有无穷的组合方式，它能将设计的造型和灵感表现得淋漓尽致，展现出其独特的艺术魅力和个性气质。

（1）椰壳马赛克的用途　椰壳马赛克广泛应用于酒店、宾馆、车站、娱乐场所、居家墙面、柱体、屏风、镜框、厨房卫浴、酒吧、各类家具的装饰，以及艺术拼花等。椰壳马赛克图案自然、古朴大方，充满了大自然的韵味，如图8-26所示。

（2）椰壳马赛克的特点　椰壳为天然之物，每小片之间不能保证没有色差，也会存在天然纹路不同、厚薄不同的问题，但是不影响产品质量和外观，正因为此而更能展现出它的天然之美。

图 8-26 椰壳马赛克

2. 数码艺术马赛克

数码艺术马赛克是采用最新数码印花技术制作的高清晰个性艺术拼画，是一种新型马赛克产品，如彩图 27 ~ 彩图 30 所示。

（1）数码艺术马赛克的优点

1）不褪色、不掉色、不泛黄、不怕霉、不怕湿、不怕潮、不怕撞、不怕擦。

2）高精度、高清晰、高强度、高韧性、高品质。

3）可以在树脂、瓷砖、木材、石材等材料上制作。

4）在生产前会进行调色试打，所以一般偏差不是很大，因实物和计算机成像的关系，允许存在一定的偏差，但不影响整体效果。

（2）数码艺术马赛克的适合场所 数码艺术马赛克具有高保真、高清晰、永久不变色，耐酸碱、耐蚀等特点，适合客厅电视背景墙、婚纱影像、书房、阳台、卫生间、厨房等墙面装饰，同时也是高级酒店、宾馆、商场、酒吧、茶社、洗浴中心、写字楼等环境装修设计的首选。

3. 金属马赛克

金属马赛克（见彩图 31 ~ 彩图 34）是用金属材料（铝、铝合金、铜、铜合金、不锈钢等）或金属复合材料（如铝塑板、金箔水晶玻璃、银箔水晶玻璃）经切片、表面处理、排板等工艺制成的马赛克制品，具有现代气息和强烈的金属质感，深受人们喜爱。

8.13 3D 艺术墙板

3D 艺术墙板也称三维立体装饰板、立体墙板、3D 背景墙装饰板等。3D 艺术墙板是一种浮雕装饰板，是采用植物纤维、塑料、人造砂岩材料、玻璃材料、金属板等通过特殊工艺进行立体雕刻或模塑成型工艺制成的装饰板材。

1. 3D 艺术墙板的特点

3D 艺术墙板多采用简约式立体浮雕设计，浮雕效果造型生动雅致、风格多样、个性自由，产品健康环保、安装简便，可采用环保型胶水粘贴于墙面。

2. 3D 艺术墙板的规格

3D 艺术墙板常用的产品规格有 600mm × 600mm、500mm × 500mm、300mm × 300mm 等，

产品厚度为 2 ~ 10mm，浮雕厚度为 2 ~ 50mm。

3. 3D 艺术墙板的应用

3D 艺术墙板除了常用于家装客厅电视背景墙、沙发背景墙、床头背景墙、吊顶等，也可用于公共建筑，如酒店、旅馆、办公室、会议室、学校教室、会所、餐厅、夜总会、茶室、咖啡屋、医院、商店、电影院、健身房等的大堂、走廊、玄关等处的背景墙、LOGO 墙、吊顶、包柱等，还可用于车站、机场、码头等的候车室、休息室、贵宾室的背景墙、吊顶。

3D 艺术墙板的应用如图 8-27 所示。

图 8-27　3D 艺术墙板的应用

【复习思考题】

1. 什么是艺术玻璃？艺术玻璃的加工工艺有哪些？
2. LED 玻璃的优点有哪些？
3. LED 灯主要应用在哪些地方？
4. 光导纤维的含义是什么？如何分类和使用？
5. 简述软膜天花的组成和优点。软膜怎样分类？
6. 简述幻彩胶片的含义及其安装使用方法。
7. 石英石的优点有哪些？
8. 简述微晶石的分类及应用。
9. 常用的激光雕刻材料有哪些？
10. 什么是数码艺术马赛克？它适用于哪些场所？

参 考 文 献

[1] 彭颖，叶卫良. 室内装饰构造 [M]. 南宁：广西美术出版社，2011.

[2] 张鹏. 建筑装饰材料及构造 [M]. 北京：北京工艺美术出版社，2008.

[3] 蔡红，董景一，唐肇文. 建筑装饰构造与施工技术 [M]. 北京. 中国水利水电出版社，2006.

[4] 童霞. 建筑装饰构造 [M]. 北京：中国建筑工业出版社，2011.

[5] 李朝阳. 装修构造与施工图设计 [M]. 北京：中国建筑工业出版社，2005.

[6] 施济光. 学习创造—通用构造基础 [M]. 北京：中国建筑工业出版社，2010.

[7] 刘超英. 建筑装饰装修构造与施工 [M]. 北京：机械工业出版社，2008.

[8] 张宗森. 建筑装饰构造 [M]. 北京：中国建筑工业出版社，2008.

[9] 方魏. 建筑装饰材料 [M]. 北京：机械工业出版社，2008.